知识管理学科的兴起、理论发展与体系构建研究

储节旺　郭春侠◎著

北京师范大学出版集团
安徽大学出版社

图书在版编目(CIP)数据

知识管理学科的兴起、理论发展与学科体系构建研究/储节旺,郭春侠著.
—合肥:安徽大学出版社,2014.12
ISBN 978-7-5664-0207-3

Ⅰ.①知… Ⅱ.①储…②郭… Ⅲ.①知识管理－学科发展－研究
Ⅳ.①G302

中国版本图书馆 CIP 数据核字(2014)第 243884 号

知识管理学科的兴起、理论发展与学科体系构建研究

储节旺　郭春侠　著

出版发行：	北京师范大学出版集团 安　徽　大　学　出　版　社 (安徽省合肥市肥西路3号 邮编230039) www.bnupg.com.cn www.ahupress.com.cn
印　　刷：	合肥远东印务有限责任公司
经　　销：	全国新华书店
开　　本：	170mm×230mm
印　　张：	19.75
字　　数：	342 千字
版　　次：	2014年12月第1版
印　　次：	2014年12月第1次印刷
定　　价：	35.00 元

ISBN 978-7-5664-0207-3

策划编辑：徐　建	装帧设计：李　军　金伶智
责任编辑：徐　建	美术编辑：李　军
责任校对：程中业	责任印制：陈　如

版权所有　侵权必究

反盗版、侵权举报电话：0551—65106311
外埠邮购电话：0551—65107716
本书如有印装质量问题，请与印制管理部联系调换。
印制管理部电话：0551—65106311

目 录

序 言 …………………………………………………………………… 1

1 知识管理的发展历史及阶段划分 …………………………………… 1

1.1 知识管理的起源与发展简史 ………………………………… 1
1.2 知识管理发展的历史必然性 ………………………………… 3
1.2.1 外部环境的巨变催生知识管理 ……………………… 4
1.2.2 知识管理不断凸显的价值推动其迅速发展 ………… 11
1.3 知识管理的发展阶段划分 …………………………………… 19
1.3.1 阶段划分的基本观点 ………………………………… 19
1.3.2 第一代知识管理理论 ………………………………… 20
1.3.3 第二代知识管理理论 ………………………………… 26
1.3.4 两代知识管理的差异比较 …………………………… 39

2 知识管理学产生、存在与发展的关键因素 ………………………… 41

2.1 相关学科:知识管理学产生的动力因素 …………………… 41
2.1.1 众多学科的发展奠定了知识管理学科的理论基础 ………… 41
2.1.2 对人的作用的认识决定了知识管理学的发展阶段 ………… 43
2.2 研究成果:知识管理学存在的现实依据 …………………… 43
2.2.1 国外研究成果平稳增长 ……………………………… 43

  2.2.2　国内研究成果快速上升 …………………………………… 44
 2.3　知识管理学学科体系得到初步构建 ……………………………… 45
  2.3.1　学科体系构建的必要性 …………………………………… 45
  2.3.2　学科体系构建的探索及初步建立 ………………………… 47
 2.4　研究主体：知识管理学未来发展的关键 ………………………… 48
  2.4.1　国外研究主体规模持续扩大 ……………………………… 48
  2.4.2　国内研究主体规模扩长迅速 ……………………………… 50
 2.5　研究方法：知识管理学发展的重要标志 ………………………… 53

3　知识管理学学科定位 …………………………………………………… 55

 3.1　学科定义 ……………………………………………………………… 55
  3.1.1　学科与学科体系 …………………………………………… 55
  3.1.2　专业与学科的关系 ………………………………………… 57
  3.1.3　知识管理学学科定义 ……………………………………… 58
  3.1.4　知识学、知识社会学及知识工程学学科定义 …………… 58
  3.1.5　结论 ………………………………………………………… 60
 3.2　学科研究目标 ………………………………………………………… 60
  3.2.1　知识管理学研究目标 ……………………………………… 60
  3.2.2　知识学、知识社会学与知识工程学的研究目标 ………… 61
  3.2.3　结论 ………………………………………………………… 62
 3.3　学科研究方法 ………………………………………………………… 62
  3.3.1　知识管理学的研究方法 …………………………………… 62
  3.3.2　知识学、知识社会学与知识工程学的研究方法 ………… 62
  3.3.3　结论 ………………………………………………………… 63
 3.4　学科内容体系 ………………………………………………………… 63
  3.4.1　知识管理学的内容体系 …………………………………… 63
  3.4.2　知识学、知识社会学与知识工程学的内容体系 ………… 65
  3.4.3　结论 ………………………………………………………… 68

3.5　学科发展趋势 …………………………………………… 69
　　　3.5.1　知识管理学发展趋势 ………………………………… 69
　　　3.5.2　知识学、知识社会学与知识工程学的发展趋势……… 69
　　　3.5.3　结论 ………………………………………………… 71

4　知识管理学的研究对象 …………………………………… 72

　　4.1　知识 ……………………………………………………… 72
　　　4.1.1　知识的类型及内涵 …………………………………… 72
　　　4.1.2　知识的特征 …………………………………………… 74
　　　4.1.3　知识构成 ……………………………………………… 76
　　4.2　知识活动 ………………………………………………… 77
　　　4.2.1　知识共享 ……………………………………………… 77
　　　4.2.2　知识流程 ……………………………………………… 85
　　　4.2.3　知识转移 ……………………………………………… 93
　　　4.2.4　知识管理评价 ………………………………………… 100
　　4.3　知识员工 ………………………………………………… 104
　　　4.3.1　方法 …………………………………………………… 104
　　　4.3.2　原则 …………………………………………………… 107
　　4.4　知识型组织 ……………………………………………… 111
　　　4.4.1　知识型组织的内涵和特征 …………………………… 111
　　　4.4.2　知识型组织的知识转化 ……………………………… 114
　　4.5　国家知识管理 …………………………………………… 115
　　　4.5.1　国家对社会知识资源的管理 ………………………… 115
　　　4.5.2　知识管理制度的完善和实施 ………………………… 116
　　　4.5.3　国家创新体系的建立 ………………………………… 116
　　　4.5.4　国民教育体系和终身教育体系的建立和完善……… 122

5　知识管理学的研究领域及流派 …………………………… 124

　　5.1　知识管理学的研究领域 ………………………………… 124

 5.2 知识管理学研究的主要成就 ……………………………………… 127
  5.2.1 国外知识管理学研究 ………………………………………… 127
  5.2.2 国内知识管理学研究 ………………………………………… 133
 5.3 欧洲知识管理会议及启示 ………………………………………… 141
  5.3.1 国际性知识管理会议概述 …………………………………… 141
  5.3.2 欧洲知识管理会议 …………………………………………… 142
  5.3.3 欧洲知识管理会议的研究热点 ……………………………… 143
 5.4 知识管理学的热点研究领域 ……………………………………… 152
  5.4.1 客户知识管理 ………………………………………………… 153
  5.4.2 企业知识转换 ………………………………………………… 154
  5.4.3 企业知识门户 ………………………………………………… 160
  5.4.4 虚拟企业知识管理研究 ……………………………………… 166
  5.4.5 知识管理与企业核心竞争力 ………………………………… 167
  5.4.6 知识管理与供应链管理 ……………………………………… 168
  5.4.7 知识管理与电子商务 ………………………………………… 168
  5.4.8 图书馆知识转移 ……………………………………………… 169
  5.4.9 知识管理绩效评价 …………………………………………… 174
  5.4.10 知识管理模型研究 ………………………………………… 175
 5.5 知识管理学的研究流派及主要观点 ……………………………… 176
  5.5.1 外国学者对知识管理流派的划分 …………………………… 176
  5.5.2 国内学者对知识管理流派的划分 …………………………… 178
 5.6 知识管理流派划分存在差异的原因 ……………………………… 180
  5.6.1 国外的定义 …………………………………………………… 182
  5.6.2 国内的定义 …………………………………………………… 183
  5.6.3 综合定义 ……………………………………………………… 184

6 知识管理学理论体系的构成 ………………………………………… 188

 6.1 知识管理学理论体系构成的不同观点 …………………………… 188

         6.1.1 内容观 …………………………………………………… 188
         6.1.2 业务观 …………………………………………………… 189
         6.1.3 流程观 …………………………………………………… 191
   6.2 知识管理学理论体系的主要内容 ………………………………… 192
         6.2.1 知识管理的基础理论 ……………………………………… 192
         6.2.2 知识管理的技术理论 ……………………………………… 192
         6.2.3 知识管理活动理论 ………………………………………… 192
         6.2.4 知识管理建设理论 ………………………………………… 193
         6.2.5 知识管理层次理论 ………………………………………… 197
         6.2.6 知识管理战略理论 ………………………………………… 201

7 知识管理学学科体系的构建探索 …………………………………… 211

   7.1 知识管理学学科体系构建的必要性和可能性 …………………… 211
         7.1.1 知识管理学学科体系构建的必要性 ……………………… 211
         7.1.2 知识管理学学科体系构建的可能性 ……………………… 212
   7.2 目前对知识管理学学科体系的探索 ……………………………… 214
         7.2.1 对知识管理学学科来源及相关学科的探索 ……………… 214
         7.2.2 对知识管理学学科体系构建的探索 ……………………… 215
   7.3 知识管理学学科体系构建的实践及评析 ………………………… 217
         7.3.1 国内典型知识管理学学科体系分析 ……………………… 217
         7.3.2 国外典型知识管理学学科体系分析 ……………………… 223
   7.4 知识管理学学科体系框架设计及主要内容 ……………………… 226
         7.4.1 知识管理学学科体系框架设计的出发点 ………………… 226
         7.4.2 知识管理学学科体系的主要内容 ………………………… 226
   7.5 基于研究方法论的知识管理学构建 ……………………………… 230
         7.5.1 知识管理学的构建分析 …………………………………… 232
         7.5.2 构建知识管理学体系中的关键问题 ……………………… 233

8 国内外知识管理学教育 235

8.1 国外知识管理学教育对我国大陆地区的启示 235
8.1.1 国外知识管理学教育发展的特点分析 235
8.1.2 国内知识管理学教育发展的特点分析 241
8.1.3 我国知识管理学教育发展对策 246

8.2 港澳台知识管理学教育 248
8.2.1 港澳台地区知识管理学教育现状 249
8.2.2 港澳台地区知识管理学教育的特点 256
8.2.3 结论与启示 257

9 知识管理的未来发展趋势 259

9.1 知识管理自身的发展趋势 259
9.1.1 知识管理技术和工具多样化,知识管理产品普遍化 259
9.1.2 知识管理制度化 279
9.1.3 更加适应知识管理的组织结构 280
9.1.4 知识管理将更加突出以人为本理念 289

9.2 知识管理学研究的发展趋势 290

9.3 知识管理学教育的发展趋势 292
9.3.1 知识管理学教育的依附性特点在相当长一段时间内将依然存在 292
9.3.2 知识管理即将以学科的身分出现 292
9.3.3 知识管理学教育方式多元化 293
9.3.4 知识管理学教育的办学方式多样化 293

9.4 中国知识管理的十大发展趋势 293

参考文献 296

序　言

　　1986年,卡尔·维格提出了"知识管理"概念。自此,人们开始关注、研究、学习和运用知识管理。如今,在20余年的发展过程中,由于中外学者的不懈努力,知识管理从无到有,从小到大,以罕见的速度迅速发展起来。知识管理成为当前众多学科(主要有图书情报学、计算机科学、企业管理、教育管理、科技管理等)研究的热点。有些研究是直接研究知识的采集、加工、整理、共享、创新等管理活动的,这可以看成狭义知识管理研究;有些是研究各种事物、现象的知识问题的,这可以看成广义的知识管理研究。

　　随着现代技术与经济的迅猛发展,知识管理必将广泛存在于社会和经济活动的各个领域,对社会生活和经济的发展也将产生越来越大的影响。但有一点我们必须牢记,人是知识管理的决定性因素,只有人能学习知识、运用知识改造自然、改造社会并改造着自身。

　　在知识管理的实践及理论研究蓬勃发展过程中,知识管理学的研究对象、研究领域愈来愈清晰,理论体系日益完善。但知识管理作为一门学科至今还没有被广泛认可。关键原因是知识管理学还没有真正明确自己独立的研究对象、研究方法、研究框架,整个体系尚未根本建立。本书通过对国内外众多学者的论著中的观点进行系统分析、分类、比较、归纳,对知识管理的发展阶段、研究对象、研究领域和流派进行了全面考察,指出知识管理作为一门独立的学科已经初步建立:有大量相关成果、有众多的研究者和研究机构、有自己的研究对象和较为独特的研究方法及具有较大影响力的学术期刊和学术会议。本书构建出了知识管理学的学科体系。这个体系的构建将对知识管理学科的发展具有重要意义,对我国图书情报学、管理学、企业管理、科技管理、教育管理等学科的发展及其教育体系的完善,也有重要的意义。

　　知识管理学的建立是学术界的重要任务,但其能否被人们广泛认同,却需要靠知识管理学教育的发展。在西方国家,知识管理教育已经获得广泛认同。我国港澳台地区的知识管理教育也在蓬勃发展。但在我国大陆地区,知识管理教育还未形成良好的发展氛围。本书分析了国内外知识管理教育的基本做法,提出了我国知识管理教育发展的一些对策。这些梳理、总结和创新,对我国知识管理研究将起到一定的推动作用,并对知识管理教育有更好的理论指导作用。

本书采用文献调查、专家调查、统计分析、归纳推理、分析与综合等方法,按照如下思路进行研究:①分析知识管理学科兴起的基础。②分析20余年来国内外知识管理研究者的众多论述,按照他们的观点和学术背景进行分析、归纳,划分成相应的流派,并对每一个流派的观点进行总结分析。③对发表的论文进行统计分析,列出知识管理研究的领域,在众多学者的研究成果基础上构建知识管理的内容框架、学科体系。④分析国内外知识管理教育的发展情况。⑤分析当前的研究现状,根据一些学者的观点分析出知识管理研究的发展趋势,也就是对未来知识管理的学科走向进行了预测。

本书是作者主持的国家社科基金项目《国内外知识管理理论发展及学科体系构建研究》(项目批号:06CTQ009)的结项成果,并补充了作者的最新研究成果。《国内外知识管理理论发展及学科体系构建研究》结项成果被国家社科基金委评审为良好等次,且被《国家社科基金项目成果选介汇编》(第六辑)收录。

本书的出版得到了众多领导和学者的关心和支持,在此诚致谢意。感谢国家社科基金的支持,经费的保证是本项目研究得以进行的基本条件。感谢吴春梅副市长、安徽省委宣传部理论处杨俊龙处长及安徽大学文科处张启兵处长的关心和帮助。感谢我的研究生朱永、闫士涛在课题研究中及安徽大学出版社的徐建老师在本书出版过程中的辛勤付出。另外,特别要感谢本书参考文献的作者,这些作者的成果是本课题研究的基础。

囿于作者的知识水平和研究时间,书中不当乃至谬误之处在所难免,敬请读者批评指正。

储节旺于学府花园
2012年5月16日

1 知识管理的发展历史及阶段划分

短短几十年间,知识管理从萌芽到如今的蓬勃发展,有其历史的必然性。知识管理的发展历经了若干阶段。本章根据知识管理研究的成果和一些学者的阶段划分观点,将知识管理划分为两个大的阶段。

1.1 知识管理的起源与发展简史

虽然"知识管理"一词最早是由卡尔·维格于1986年提出的,但应该说,知识管理作为人类的一种活动,早在原始社会就已存在。但那时,由于生产力极低,物质资源占据突出的地位,所以,知识的作用没有引起人们注意或重视。但是远古时代的许多事情如结绳记事、钻木取火、狩猎、农作物栽培、剩余猎物的饲养、氏族之间的战争等都包含着知识管理活动。

奴隶社会和封建社会的知识管理活动更加丰富,如《易经》是人们对自然知识的高度概括,《孙子兵法》是对战争规律的全面剖析,《天工开物》是对民间手工技艺的详细描绘,《君王论》是对王者之道的精辟论述,《国富论》是对经济规律的深刻揭示,《本草纲目》是对中药知识的系统总结等。但这个时候,知识的作用仍然没有如劳动力(奴隶、农民)、自然资源(土地)重要。

到资本主义社会,知识管理的作用开始显现。第一次工业革命使英国一跃成为世界头号强国。对资本主义社会取得的非凡成就,恩格斯说仿佛是一夜之间从地底下冒出来的。自资本主义出现以来的数百年间,家族企业的商业智慧世代相传、工艺大师们呕心沥血授艺于徒,工人们在一起交流心得和技艺等,从未间断。但是,在这个时期,起第一位作用的是资本,知识的作用仍是从属性的。

发端于20世纪中叶的信息革命,对人类社会发展产生了深远影响。它不仅带来了全球的信息化浪潮,还直接促进了知识经济社会的到来。在知识经济社会中,经济的基础已从自然资源转为知识资产,这种变化迫使人们返身审视自己、组织和国家的知识基础及其利用情况。与此同时,电脑网络的日益普及,也使人们能更加便捷、经济地进行知识的编码、存储、共享和创新,拥有丰富知识和智慧的人(即人才、知识型员工)成为决定组织乃至国家生存发展的关键因素,自然生产要素、资本、劳动力都围绕知识资源来配置。对知识的有效管理,已成为事关组织与国家生存、发展与繁荣的大事之一。自此,以知识及相关因素为研究对象的知识管理正式登上了历史的舞台,人们开始关注和谈论知识管理。

用"知识管理"一词来形容企业的知识活动过程,始于美国的管理大师彼得·德鲁克。也有学者认为其本源可以追溯到20世纪中期北美洲的商务实践。20世纪50年代William Allan Whyte的《上班族》和Sloan Wilson《穿灰色法兰绒制服的人》,对开展知识管理的理由和知识管理的定义作了深入的诠释;1959年,彼得·德鲁克在《明日的里程碑》中首创了"知识工人"一词;1966年,迈克尔·普拉尼定义了显性知识和隐性知识;1982年,托马斯·彼得斯和罗伯特·小沃特曼出版了《追求卓越:美国最佳公司的经验》,他们在书中指出要发展公司共有的价值观和实践。① 1975年,Chaparral Steel公司已经开始关注知识的管理实践问题,并以此来确保其在技术和市场上的领先地位。1980年,DEC公司采用大型知识库支持其结构化工程建设和销售活动。随后,Arthur D. Little公司应用人工智能技术为其商业和政府客户开发了基于知识的系统KBS。而USAA用KBS将专家的知识传递给使用者。

早期的知识管理主要是围绕信息技术的发展而展开的。因此,人们的理论和实践活动主要是探讨信息技术在知识管理中的应用,并利用信息技术对企业现有的知识进行管理。② 1985年,保尔·斯特拉斯曼出版了《信息盈利》,使人们明白了知识是可以鉴别和度量的。1989年,《财富》杂志调查了美国100家大公司的执行总裁,他们均认为知识是企业最重要的资产。同年,美国成立了知识资产管理研究会,对知识管理进行深入研究。

进入20世纪90年代,以知识为背景的商业观念成为主流。麦肯锡、埃森哲都是知识管理实践领域的引领者,其中一些管理大师从理论层面将知识

---

① [美]弗莱保罗.知识管理.徐国强译.北京:华夏出版社,2004。
② 和金生,熊德勇.知识管理应当研究什么.科学学研究,2004(1):70—75。

管理研究发展到了新的高度,如美国学者彼得·圣吉、日本的野中郁次郎等。1990年,彼得·圣吉出版了《第五项修炼——学习型组织的艺术与实践》;1991年,《哈佛商业评论》第一次发表有关知识管理的论文——《脑力》;1992年,Michael Hammer 和 James Champy 发表了《再造公司》,引发了全球的公司再造潮流;1993年,维格博士出版了第一本知识管理的专著。1994年,第一次知识管理学术大会在美国召开,一些著名的咨询公司开始向客户提供知识管理服务。同年,知识管理网络首次大会吸引了100位欧洲企业家。在20世纪90年代中后期,Leif Edvinsson 成为全球第一个CKO,1997年他和Michael S. Malone 合作发表了关于知识资本的权威著作《发掘隐藏的智力,实现公司的真实价值》。在日本,Nonaka Ikujiro 在1995年发表了《知识创造公司》,提出了著名的知识螺旋模型。1997年,知识管理国际联盟在美国成立,该联盟拥有IBM、惠普、施乐等46个大公司和机构的代表200多成员。1999年,美国有80%的企业已经或正在实施知识管理计划。2000年被确认为知识管理年。[①] 我国的知识管理始于1998年。1999年,中国《IT经理世界》进行了第一次知识管理调查。知识管理在中国的应用基本上是始于2000年,其中软件公司和咨询公司的介入起了非常大的作用。从2003年开始,我国已经举办了3次知识管理高峰会议,讨论知识管理的理论和实践问题,产生了很大影响。2005年,《IT经理世界》、《计算机世界》、《首席财务官》、计算机世界网等媒体与国内知识管理领域的领头羊深圳蓝凌公司,在北京共同推出了"2005中国知识管理调查报告"。这表明中国的知识管理正在全面展开。

1.2 知识管理发展的历史必然性

知识管理能够得以迅速发展,主要取决于内外部两个方面的原因。外部原因主要表现在三个方面:①新技术革命的兴起;②由于新技术、尤其是信息技术的蓬勃发展,促进了知识经济的崛起;③知识经济改变了个人、组织、国家的外部环境。内部原因是指知识管理自身的巨大作用的不断凸显而促使其迅速发展。

---

① 张秀梅.知识管理与图书馆.[2006-12-11]. http://211.81.31.9/news/20040325/2.ppt 1650K 2004-3-25。

1.2.1 外部环境的巨变催生知识管理

1.2.1.1 新技术尤其是信息技术革命的兴起

20世纪是人类理性日益成熟的世纪,在物质、生命、思维三大方面的研究中,都取得了创造性的重大进展,对物质、能量、信息的认识和利用水平不断提高。20世纪初叶,最富有创新力的重大科学发现是相对论、量子论、基因论和信息论。在这四大现代科学理论的基础上,构建起微观结构的夸克模型、宇宙起源的大爆炸模型、地壳运动的板块结构模型、DNA双螺旋结构模型和图灵计算模型等五大科学世界的崭新图景;促使了信息、生命、新材料、新能源、海洋和空间、环保、管理等现代高技术的迅猛发展。技术进步,特别是微机的出现和网络技术、通信技术的快速发展和普遍应用,为整个世界经济体系注入了强大的动力,使得全球经济得以迅速增长,并迈入了知识经济的新时代。这其中最明显的是信息技术革命在全世界范围内的日渐兴起,互联网(Internet)的建设和多种通信方式的使用,特别是商业通信卫星的使用,使跨国界、远距离的信息传送成为可能,信息技术开始迅猛地扩张并向社会生活的各个领域渗透。

冷战结束以后,国际竞争的重点开始转向以科技为先导、以经济为中心的综合国力的竞争,这更加速了全球经济知识化的步伐。以互联网和多媒体技术为标志的新技术革命使得信息产业逐步形成,随之带动了知识经济的快速发展。在许多国家,信息和网络产业已经开始取代房地产、汽车等传统行业,成为新的经济增长点。互联网不断以令人咋舌的速度推出一个个像比尔·盖茨、戴尔、杨致远这样的亿万富翁,如果说汽车大亨福特、石油大王洛克菲勒堪称昨日美国财富与繁荣的象征,那么微软(Microsoft)、雅虎(Yahoo)、戴尔(Dell)、思科(Cisco)则代表了全球财富潮流的新方向。美国前总统克林顿感叹地说:"互联网是获取财富的关键!"Internet目前仍处于爆炸性增长期。许多专家断言,人类的新文明时代将因此而到来。

从本质上讲,推动知识高速发展的内在动力,依然是信息技术快速发展所导致的生产与服务成本的下降,以及产品经济向知识经济的转型。信息技术进步对经济的实质性影响,可以通过著名的"摩尔定律"来略窥一斑。20世纪60年代以后,半导体的集成度每18个月翻一番。摩尔定律(Moore Rules)揭示了半导体和计算机工业作为信息产业内部的动力,以指数形式实现持续变革的作用。这种局面已经持续了30多年,预计还将在未来持续多年。同时,信息技术产品价格的下降使得它们的普及成为可能。计算机网络为组织员工提供协同工作和相互学习的廉价易用工具,使虚拟化经营成为潮流。因此,知识管理将成为组织管理的主要内容和全新课题。

当前信息经济中最活跃的是网络经济。①网络经济改变了人们对资源的认识,"新经济"(New Economy)给社会带来的最大贡献在于:对"人"和"信息"作出了全新的解释;对知识重新进行了定义与定位,并将其放在经济和管理中的核心地位;对传统的经济模式和管理理念从根本上提出了挑战,从而彻底改变了人们的观念。现代组织面对着社会经济高速信息化的进程,对资源、对管理都在寻找新的行之有效的方法,只有构建网络化、知识化管理平台,运行新型管理模式,才能适应新的形势,得到持续快速的发展。②网络经济的发展为知识重新找回了地位。网络再一次把人们的注意力引导到了科技、信息、知识、创新、发展这些主题之上。对于人类社会而言,崇拜知识英雄、网络精英,尊重科技和知识是对信仰的一次巨大变革。对于组织而言,知识、创新、信息和持续发展正在成为其生存和经营管理的新目标,同时也会为它们带来核心竞争力。"图1-1"表明了信息时代与以往历史中人类创造财富的差异。

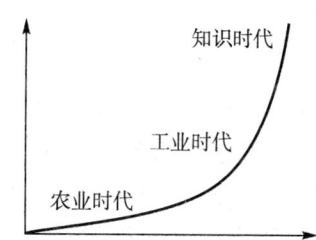

图1-1　人类社会创造财富的历史进程呈加速度格局

1.2.1.2　知识经济魅力无穷

知识经济始于一场信息革命,人们将这场革命称为"第三次浪潮"。由于第三次浪潮的出现,社会经济将经历一场深刻的变化,高科技部门的崛起推动着第三次浪潮发展。

按照经济合作组织(OECD)公布的定义,知识经济(Knowledge Economy)首先是由信息技术(Information Technology)和其他高新技术所带动的新的经济形态。信息技术的普及和广泛应用成为知识经济最为突出的特征。全球当前GDP中约有2/3以上都与信息产业直接有关。2001年,美、日、德等国 GDP 总量与 IT 产业的对比,如"图 1-2"所示。

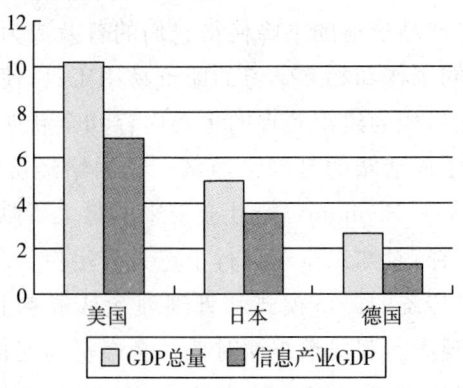

图 1-2　美、日、德等国 GDP 总量与 IT 产业的对比

1.2.1.3　知识经济的基本特征

首先,知识经济的出现是以信息产业的形成和发展为前提的,这也是工业经济向知识经济转变的关键。新兴的信息产业是一种知识和技术密集型的低耗高效产业。知识经济是以知识和智力为基础,通过信息技术和其他高科技广泛渗透到生产的各个环节来推动经济增长的。在工业经济中,劳动和资本密集型产业是主导产业,资金、原材料和能源是主要战略资源;而在知识经济时代,起主导作用的产业是信息产业,知识、智力和信息是战略资源。高新科技特别是信息产业还是促进其他产业发展的基础,信息产业的发展将逐步改造和取代传统的产业部门,带来一系列新兴产业的蓬勃兴起,极大地提升全世界经济的增长速度。信息技术的发展带动了传统产业的信息化和高技术化,大大提高了劳动生产率。据估计,当前科技进步对世界经济增长的贡献率为 70%~80%。美国政府十分重视发展新兴产业,不惜斥巨资优先发展以微电子、数字技术为核心的高科技信息产业。自 1993 年起,美国企业在计算机、电信和其他高科技方面的投资,以每年 25% 的速度增长。90 年代以来,美国电脑软件业已经成为仅次于汽车和电子业的第三大产业;信息技术为美国共创造了几千万个新就业机会,对美国 GDP 的贡献率超过 30%。

其次,知识经济是一种可持续发展经济。高科技和信息产业不同于传统产业,不能简单使用传统经济学中的边际效应递减规律和通货膨胀规律来解释其发展过程。信息技术的应用极大地提高了产品产量、降低了生产成本,在价格不断下降后,反过来又刺激了需求增加,这就促使企业投入更多的资金用来开发新技术、新产品,形成消费和需求的良性循环。

再次,知识经济是一种全球化(Globaliaztion)经济。信息技术革命为经济全球化提供了必不可少的技术条件。全球化是当代世界经济最根本的特征,信息技术的特点决定了以信息产业为核心的知识经济一开始就是世界性的。信息技术革命的不断深入,使不同社会制度和发展水平的国家都不可避免地被纳入一体化的全球体系之中。信息技术的发展使信息的获取变得更容易,国际贸易和投资也变得更加简单快捷。国际贸易、金融和投资的全球化趋势已经相当明显,在国际金融市场上,通信技术的发展使全球资金的流动量增大,流速进一步加快。与此同时,信息产业自身及全球贸易、合资合作、跨国联营都取得了长足的进步。信息技术和信息产品的国际交流成为全球知识经济的重要组成部分,包括计算机软硬件和相关服务在内的全球信息技术市场以年均8%的速度增长,无论是发达国家还是新兴的工业化国家和发展中国家,都力争在前途无量的信息市场占有一席之地。

最后,知识经济不再是稀缺经济,它依靠知识,对自然资源进行合理的、科学的、综合的配置,实现了资源的优化利用。并且有可能通过知识开发出富有的甚至是取之不尽、用之不竭的自然资源,从而创造出巨额的财富。于是在知识经济时代,知识成为最主要的资产,它对整个国民经济的贡献越来越大。

伴随着信息技术革命和经济知识化,知识产品和要素市场的范围迅速扩大,以知识为基础的知识型组织不断涌现,组织所拥有的不同类型资源创造价值的能力也随之发生戏剧性变化。一方面,知识资源成为知识型组织的关键性资源。据对美国500家最大上市公司的市场价值分析,其6美元中只有1美元是由金融和物质资源带来的,而另外5美元则反映了知识资源的价值。在知识经济时代,组织正面临着从看得见的资源(机器设备)到看不见的顾客(具有特定爱好和需求的个体消费者)的革命性转换。组织持续竞争力的源泉日益集中于组织内部特有的、难以模仿的知识资源。另一方面,由于知识资源与人力资源联系紧密,人力资源管理成为知识型组织管理的核心。人是知识最根本的载体,人力资源管理的目的就是开发和利用其内涵的知识与能力资源。所以,关注人力资源对实现组织战略目标的作用,也必然关注知识对实现组织战略目标的作用;强调对组织人力资源的整合与管理,也必然强调对组织知识资源的整合与管理。正是基于这一原因,人力资源研究者在20世纪90年代末期开始关注知识及知识管理问题。

知识资本的投入对每个公司的商业表现和知识管理都有直接的关系。

因为在知识经济时代,决定企业成功的最主要的因素就是企业所有人的知识创新能力,知识管理的目标就是要提高企业所有知识的共享水平和知识创新的能力。Yahoo公司创业的成功经历,就是这种经营思想的最好写照。

Yahoo当年既没有微软庞大的财力,也没有IBM那样成熟的经验和技术资本。而Yahoo的两位创始人杨致远和David Filo当时还是美国斯坦福大学攻读博士的穷学生,他们几乎是从零开始。为方便查找网上资料,他们合作编出了一个专门用于整理网上各个节点资料的程序,并于1994年4月正式在互联网上推出。可以说,从此在信息领域,Yahoo重新组织了世界。许多上网的人就是从Yahoo起步、进而才较全面地认识互联网的,这就是互联网上的第一批"数字金矿"。

1995年4月12日,Yahoo正式在华尔街上市,上市的第一天的股票总市价就达5亿美元,一夜之间,杨致远与David Filo就名垂青史,步入了"亿万富翁"之列。而取得如此骄人成绩的Yahoo仅用了1年的时间,它实现资金积累的速度与它在信息世界对人类知识劳动的贡献都是工业经济时代的企业绝对无法达到的。而其成功的最关键因素就是他们的知识创新能力。

可见,以"人"、"知识"为中心比农业时代以"土地"为中心和工业时代以"资本"为中心的管理思想更具有科学性,更适应以信息网络为基础的知识经济的时代。将人看作一种最重要的资源,使人尽其才、才尽其用、用得其所,从而最大限度地实现知识创新,这既是人类社会进步发展追求的目标,也是知识管理的最高境界和核心内容。

1.2.1.4 知识经济的基本规律:边际收益递增

边际收益(实物报酬)递减规律是新古典经济学的基本理论,其重要的假设前提是:现有的技术含量、生产工艺是不变的。在不变的技术条件下,保持其余生产要素不变,随着资本、劳动力、土地中某一种物质生产要素从无到有的逐步递增,该生产要素的边际收益先出现递增,然后表现出递减的特征。由此规律还可以导出,在传统经济条件下,为维持同等产量,以一种物质生产要素所能替代的另一种物质生产要素的数量,呈现出越来越少的现象,即边际技术替代率递减法则。边际收益递减规律的出现,是因为不变生产要素已经被充分利用,若还要继续增加变动要素的投入,在技术上若没有必要数量的不变生产要素相配合,变动要素的效率就必然下降,边际产量也就下降。知识经济时代,依赖稀缺物质资源的生产逐渐转变为依赖技术与知识的生产,创新活动层出不穷,高技术在全世界范围迅速地传播和扩散,新产品和服务快速改变着工业革命以来的生产和生活方式。企业知识资本在相当大的范围内表现出其对物质生产要素的边际技术替代率的递增;换言之,同等数量物质生产要素能够与越来越多的知识要素相结合,从而带来企业产量的大幅增加,即知识资本边际收益递增或不变的区间明显扩大。如"图1-3"所示。

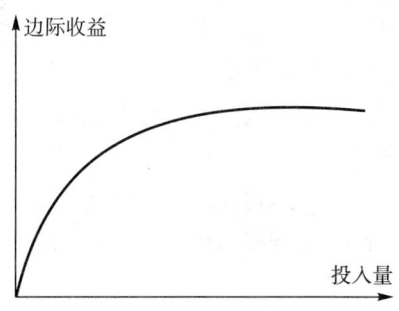

图1-3 知识要素的边际收益

知识经济时代,企业用大量信息、技术结合少量物质资源生产出产品,对于相近产品的生产过程而言,信息、知识等软要素不必支付额外成本而可实现从一个生产过程转到另一个生产过程,从而实现平均成本降低的目的,即获得范围经济性。由于日益多样化的消费偏好,企业的竞争由价格竞争转向新产品的竞争,产品的知识含量越高,由范围经济性实现的收益增加就越明显。

一种产品的知识含量越高,能实现的附加值就越大,往往也容易获得消费者的青睐,从而为企业创造更多财富。知识经济时代,生产、交换、分配、消费等经济活动越来越多地选择在网络上进行,经济活动在网上进行较之用传统方式进行所获得的成本节约和收益递增的效果都十分明显。一是网络经济的边际成本随着网络规模的扩大而呈现递减趋势;二是在使用规模足够大的情况下,网络会自动生成信息,甚至生成层次更高、价值更大的综合性信息。目前已有许多软件能自动归类整理每一网络交易行为。零散、片面、无序的廉价信息,若按使用者的要求进行加工、处理、分析、综合,可以形成有序的、高质及高价的信息资源,为经济决策提供科学依据。在信息和知识成本几乎不再增加的情况下,信息知识使用规模的不断扩大,可以带来不断增加的收益。

1.2.1.5 组织生存环境正发生重大变化

近代大工业生产所形成的管理思想,由于受生产力水平的限制和与组织管理所处环境结合不够,而忽视了知识作为资源的重要性。其特征集中表现在：

(1) 物本观念突出，即偏重于对仪器、设备、厂房、实验室、物料等的管理，对于员工及其智慧能力，只是当作一种静态的生产要素而随意安排。

(2) 个体观念明显，即管理的对象总是针对某一孤立的对象，管理的着眼点总是某一单独事物，或是生产、或是营销、或是人事、或是资金的管理，多是就事论事，整体化、系统化的考虑不够。

(3) 简单决策，即决策是直观、经验和线性思维的，不经过知识信息部门的整理分析，就进行主观臆断。

(4) 战术意识强烈，即问题的揭示分析、措施的制定、管理方法的调整大多是针对企业内部某一工作环节的，或是针对当前状态变化而进行的，多属一种狭隘的技术行为。

(5) 创新严重不足，即管理行为的实施、选择基本上是依据经济判断，一种管理方式或手段在某一范围内获得成效，很快就变成一种公认的"经典"做法，容易形成管理定式；同行业的盲目效仿情况也十分严重，不同规模、不同管理模式的同行企业一味盲目效仿，缺少创新和发展。

(6) 静态管理。管理思想是管理行为的灵魂。传统管理重在管物，重在对物的分配、调度、收入和支出，"以物为本"是传统管理的中心，因此静态特征十分突出。在信息时代，组织环境内外有规范性、程序性的不变因素，但同时更多的是大量不可预测和变化的因素。静态管理的大量内容是固化、框架性质的程式，缺乏发展和创新的空间，随着市场的变化，组织的机制创新、技术创新、管理创新、文化战略创新都难以开展。静态模式的管理行为，已经不可能适应动态发展、不断创新的组织。

组织的兴衰，不可忽视管理因素的重要性。组织管理既有科学的规律可循，又有艺术的运用之妙。组织只有通过管理才能将资本、资源、信息、员工等要素有效地组合起来，并加以协调，以达到最优配置，进而在不断变化的客观环境下有效地运用，以达到预期目标，实现组织的成功运营和持续发展。面对知识经济时代，组织管理也面临着许多新的课题，最大的课题之一就是如何改变传统管理忽视知识的状况。组织管理形态从工业社会的生产管理向知识社会的创新管理和知识管理转变的必然性，主要体现在以下几个方面：

(1) 在发达国家，无形资产的投资大于有形资产的投资，人力资本在组织各种要素中的作用越来越明显，智力资本经理、知识经理、知识主管这些职位的出现,意味着知识在组织中具有重要地位。知识成为组织的最重要的经济资源。

(2)知识密集型的高科技企业是过去几十年发展最快的企业。

(3)知识创新成为组织最重要的活动。

(4)知识工人的需求与日俱增,传统的创新方式受到了挑战,新的创新方式正在兴起。这一系列的变化都要求有一个新的管理模式,即以知识为基础和核心的管理。

(5)全球经济一体化加剧了市场竞争,顾客对产品和服务的质量、差异化等方面的要求提高。经济全球化要求组织对环境具有良好的适应性、快的反应速度、较强的创新能力,因此,必须把经营的目标扩大到时间、质量、成本、服务和环保五个方面。技术创新成为组织的永恒主题。

客观环境的变化使得组织机构(目前着重在企业)面临着巨大的挑战。在知识经济时代,知识已经成为经济增长、社会发展及组织成长的关键性资源。正如彼得·德鲁克所说:"目前真正的控制性资源和生产决定性因素既不是资本,也不是土地和劳动力,而是知识。"变革速度的加快,使知识更新速度加快,为此人们需要以超常规的学习方式来缩短学习时间。员工的流动成为必然的现象。对个人来说,知识成为抓住机遇、开拓事业的最重要资本。而对企业而言,产品和服务的知识含量越来越高,知识不但成为最重要的生产要素,而且是可供直接销售的商品。人才是组织最宝贵的资源。如何保证知识的可持续性、核心知识不外流成为重要的课题。面临这种形势,组织想取得自身的竞争优势,在新形势下继续生存和发展,就必须找到自身的核心竞争力,而成功实施知识管理可以塑造和提高组织的核心竞争力。

1.2.2 知识管理不断凸显的价值推动其迅速发展

1.2.2.1 知识是组织赖以生存的关键资源

伴随着经济全球化和知识经济时代的到来,知识正在成为推动社会发展的关键因素,也正在成为组织的最重要的资源,成为组织获得利润、维持生存与发展的主要手段。在知识化的经济环境中,面对急剧增长的知识和信息,组织将面临的是一种以知识为基础的更高形态的竞争。其兴衰成败,不再完全取决于它拥有的物质资本的多少,而取决于它拥有的知识的多少和创新能力的大小,取决于它是否善于进行知识管理和推进管理创新。

组织知识(Organization Knowledge)是社会知识的一种形态,但是,组织知识与社会知识有共性，也有着明显的个性特征。对于企业而言，知识能够为其创造价值，是企业特有的而不是社会"通用"的一种"稀缺"的经济资源。企业作为知识需求方(Knowledge Acquirer)所需要的是能够落实到产业化、能够商品化的知识。从本质上讲，成功的组织应该存在着一个独特的知识体系。不同层次的组织肯定有不同层次的知识体系，同样，组织内部的某个人、某个团队也具有不同于其他人和团队的知识体系，组织必须加强对这些不同但相互关联的知识体系的管理。但无论如何，从组织层次看，知识就是资源，知识就是财富，知识就是价值，知识就是竞争力的源泉。

组织作为社会经济活动的主体，其职能是投入各种生产要素，经过适当的组合与转化，生产出人们需要的产品和服务。组织拥有生产要素的种类、数量和质量决定着组织的产出、绩效与竞争地位，从而决定着组织本身的价值。

在农业经济时代，最重要的生产要素是土地与劳动力；在工业经济时代，最重要的生产要素是劳动力与资本。传统的、主流的新古典经济学的生产函数理论注重的就是劳动力、资本、原材料等生产要素的投入，认为知识和技术是生产和经济增长的外生因素。知识经济时代，组织最重要的生产要素是知识，知识成为生产要素中最具创造力、最具价值的核心资源，而传统的生产要素则处于次要地位。知识资产成为组织的内生性生产要素，其对组织的贡献率越来越大。有统计表明，发达国家中知识和技术进步的增加已占生产率增长总要素的80%左右。知识经济时代，每个企业拥有知识的多少，取决于企业对知识的研究与开发、引进、改造、消化与创新、利用及有效管理的能力的大小。管理知识资产，并将知识转化为产品和服务的能力正迅速成为组织的关键技能。

1.2.2.2　知识是组织核心竞争力的根本

核心竞争力理论最早是由美国经济学家普拉哈拉德(C. K. Prahalad)和米歇尔·哈默(Michael Hammer)于1990年提出的，他们在当年的《哈佛商业评论》(Harvard Business Review)上发表的论文《公司的核心竞争力》中称，就短期而言，公司产品的质量和性能决定了公司的竞争力；但就长期而言，起决定作用的是公司的核心竞争力。核心竞争力是组织所有能力中最重要、最关键、最根本的能力，核心竞争力的强弱，决定了一个组织在市场竞争中的地位高低和命运长短。知识在打造组织核心竞争力的过程中扮演着重要的角色。人们发现、配置和利用知识资源的能力，给组织带来了核心竞争优势。

核心竞争力(Core Competence)，简单地说，就是组织在经营过程中形成的、不易被竞争对手效仿的、能够带来超额利润的独特的能力，它是组织在生产经营、新产品研发和售后服务等一系列营销过程和各种决策中形成的，是由自己具有独特优势的技术、文化和机制所决定的巨大的资本能量和经营实力。

核心竞争力主要包括核心技术能力、组织协调能力、对外影响能力和应变能力，其本质内涵是让消费者得到真正好于或高于竞争对手的不可替代的价值、产品、服务和文化。普拉哈拉德和哈默尔认为，企业核心能力是组织中的积累性学识，特别是关于如何协调不同的生产技能和有机结合多种技术流派的学识。而且是企业技术和技能的有机结合，是企业整体的能力，是渗透在组织中的能力，是通过长期积累起来、其他企业难以模仿的能力。麦肯锡咨询公司的科因等人认为，企业核心能力是群体或团队中根深蒂固的、相互弥补的一系列技能和知识的组合，借助该能力，企业能够按世界一流水平实施一个或多个核心流程。蒂斯等人认为，核心能力是提供企业在特定经营中的竞争能力和支柱优势基础的一组相异的技能、互补性资产和规则。埃里克森和米克尔森认为，核心能力是组织资本和社会资本的有机结合，组织资本反映了协调和组织生产的技术方面，而社会资本显示了社会环境的重要性。巴顿把核心能力定义为识辨并提供竞争优势的知识集合，包括员工的知识和技能、有形的技术系统、管理系统、价值观和规范四方面的内容。

核心能力有四方面的基本涵义：①核心能力是由组织各种能力组成的系统，是一种比较优势能力；②核心能力是组织多种技能和知识的整合；③核心能力为顾客和组织创造更多的价值；④核心能力是一种不断发展的能力，能为组织提供持久的竞争优势。

核心能力的本质是组织的知识及知识管理。这是因为组织的能力源于组织拥有的知识，组织的知识存量和不断学习的能力决定了组织开发新产品、创造市场、为顾客服务的能力，也决定了组织对资源的利用程度和对未来的洞察力。核心能力源于组织独特的知识和知识体系，从而形成稀缺的、独特的、不易被替代的差别优势，也因知识具有较强的新陈代谢功能，而保证了核心能力的先进性、有效性和持久性。

追根溯源，组织的"核心竞争力"源于组织所拥有的知识，包括发现市场和识别市场机会的市场拓展能力、开发新产品以满足市场需求的科研开发能力、将个人创新整合到新产品中的能力、将生产的知识产品推向市场的能力和传播知识的能力等。也就是说,适应能力是组织核心竞争优势的源泉。组织现有的知识存量决定了组织发现市场和配置资源的能力,资源发挥效率的程度也和组织拥有的知识密切相关。知识是创造组织持续的核心竞争优势的基础。从某种意义上讲,现代组织管理就是知识管理,组织的管理首先是对知识的管理。组织管理就是要创造一种知识管理的环境,包括对知识管理有利的组织文化与相应激励机制的建立、促进个别知识向组织知识的转化、并将这些知识有效地转化到产品和服务中去等。知识将成为创造和巩固组织核心竞争优势的关键因素。

知识作为组织核心能力的主要成分,既蕴藏于组织经营的各种活动与过程之中,也蕴藏于成员、管理、文化和有形的产品和设备之中。知识不是一时冲动而产生的,它是一个持续孕育的过程。对于组织来说,其知识的水库并不是一个静态的蓄水池,而是一个充满了新思想、不断涌动的源泉,这是组织成长、壮大的源头。对组织的知识进行管理的过程,也是发掘并维护知识源泉、提升核心能力的过程。组织的核心能力并非是一成不变的,也会流失或受到侵害,要想使组织之树长青,还要不断地培育和增强核心能力。组织的核心能力归根结底取决于知识管理的效果,组织获取、转移、应用和创造知识的管理过程,就是组织培育和增强核心能力的过程。因此,组织知识管理的出发点和归宿都是培育和增强核心能力。

1.2.2.3 知识管理是适应资源环境变化的结果

传统工业经济对有形物质资源的投入非常多,因为这种投入对组织的财富增长起着决定性作用。进入知识经济时代,一是传统意义的经济资源日趋紧张,同时人类要求加强环境保护、人与自然和谐发展的呼声越来越高,因此,一个组织乃至一个国家的经济持续发展不可能更多地寄希望于这些物质资源方面。而知识资源相对物质资源来说更为丰富。科学技术的突飞猛进使得组织可以创造并拥有以知识为基础的无形资产,与组织生产相关的信息更是呈指数增长趋势。同时,组织产品新创造的价值中知识的比重越来越大,知识资源成为一个组织生产率提高和财富增长的决定性资源。组织面对知识经济的来临,面对如此丰富的知识资源,面对知识资源在生产经营和社会活动中的巨大作用,要在激烈的市场竞争中求得生存与发展,必然会加强对知识的管理。

知识管理与传统管理不同,它强调的是对组织所拥有和可利用的内外部知识资源的充分开发和有效利用,着眼于在整个经济运行环境中如何致力于组织的创新。组织的物质资源无论多么雄厚,毕竟是有限的,如果不注重将知识资源与之结合,那么只通过管理物质资源而创造新价值的潜力是十分有限的。组织可利用的知识资源是极其丰富的,而且知识所创造的边际价值不是递减而是递增的,所以组织运用知识管理,加强对知识资源的开发和利用,并与物质资源管理相结合,则给组织带来的创造价值的潜力将是十分巨大的。同时,任何管理的主体都是人,如果忽略了对人的能力的开发与提高,物的配置再优化,它发挥的作用也会大打折扣。而知识管理正是对组织的知识资源进行全方位的管理,尤其是对其中的智力资源部分的开发,从而提高智力资源的素质,而这种提高必将推动整个组织管理包括知识管理向更高水平发展。管理水平的提高将极大地增强组织的竞争优势,提高组织的市场竞争力。

知识管理是知识经济时代管理发展的必然。"知识管理就是运用集体的智慧,提高组织的应变能力和创新能力"。由此可见,知识管理为组织实现显性知识和隐性知识共享提供了新的途径。此外,知识管理还强调知识的流动,只有在相互联系和使用中,知识才能派生出新的知识。那么采用知识管理就能够明智地运用内外部知识资源,预测外部市场的发展方向及其变化,对外部需求作出快速反应。这实际上就是要求组织培养一种适合自己需求的新型组织文化,真正发挥知识的作用,进而使知识管理与组织的知识交流、共享、创新和应用的全过程融合起来,实现组织业务流程的重组,成为组织知识创新的核心推动力。

因此,知识管理对组织改善和利用知识资源的积极意义至少包括如下几点:

(1)提高组织智商,把公司所有员工的知识经验汇集到一起,加以整理,共同分享,这样才能提高一个组织的整体智力,提高决策水平和知识创新能力。

(2)通过改善知识利用的方式或流程,提高和加快员工利用知识为顾客服务的质量和速度,从而提高顾客满意度和劳动生产率。

(3)通过借鉴或重复利用已有知识,避免不必要的重复研究和开发,从而降低了研发费用,并大幅度缩短了开发周期。

(4)通过改善知识的存储方式来避免因员工的流失造成的知识和经验的流失、遗忘和外泄,从而减少对关键员工的过分依赖。

(5) 开发知识资源的新用途,增加新的收入来源。

微软公司是一家有形工厂,规模较小,原材料存量较少,而其资产价值则高达 2 000 亿美元。相比之下,通用汽车公司作为工业时代的堡垒,其全球设施和库存量均居世界首位,但它的资产价值只有 400 亿美元。享誉世界的福特汽车公司在 1996 年到 1997 年间节约了 3 亿美元费用,其中的 2.41 亿美元归功于其采用了一套由内部网络 web 开发者和两位经营专家在 10 天内开发出的一套系统——最优经验答复系统,而其回报率却高达百分之几千。这些组织能创造奇迹的根本原因在于实施了知识管理。

总之,加强和改善对知识资源的利用,可以给组织带来直接或间接的效益,增强组织的竞争力,是许多组织开展知识管理的直接动机之一①。

1.2.2.4 知识管理是组织参与市场竞争的需要

对于企业来说,市场就是企业的生命;对于一般的社会组织而言,市场的意义也在日益凸显。谁占据了市场,谁就能获得生存和发展的机会;谁失去了市场,谁就注定要失败。如今的市场当中,消费者的素质越来越高,消费水平也在不断提高,并且消费越来越倾向知识含量高的产品和服务。这就导致了产品的生命周期越来越短,产品的更新换代速度也越来越快,组织面临着前所未有的产品创新的压力。同时市场的全球化也使得竞争更加激烈,因为组织所面对的不再是以往那种受一定保护的区域性市场,因此组织面临的竞争压力与开拓市场的难度也空前加大。在这样激烈的市场竞争中,组织只有不断创新才能赢得市场。而组织创新的源泉不是实物资源,也不是金融资产,而是组织的知识资源。因此加强对组织的知识的管理,增强组织创新的广度和深度,已经成为当前组织管理中最为重要的问题。只有这样,组织才有可能在激烈的市场竞争中立于不败之地,才有可能赢得更多的生存和发展壮大的机会。

首先,知识管理是培养组织能力的基础性工作。在知识经济时代,组织内部能力的培养和各种能力的综合运用被看作组织取得和维持竞争优势的关键因素。组织竞争的成功不再被视为转瞬即逝的产品开发或市场营销的结果,而是组织能力发挥作用的结果,管理者的任务是通过抉择使组织在能够发挥其能力的广阔领域中从事生产经营活动。加强知识管理以后,组织的员工通过对外来知识的学习,能迅速适应外部环境的变化,对内部知识的学

---

① 吴隽.基于知识利用状况分析的知识管理策略选择.中国软科学,2003(8)。

习能增强他们在碰到类似问题时的解决能力。组织也只有加强知识管理,才能逐步积累、归纳、提升经营和参与社会过程中的隐性知识,形成组织的一笔宝贵的财富。

其次,知识管理是组织在知识经济时代做出有效、正确决策的基础。在没有知识管理的时候,当员工需要某类知识时,他可能得不到或无法及时地得到所需的准确知识。若他得不到所需的知识,那么他做出的决策可能是"拍脑袋"式的;若他无法及时方便地得到所需的知识,就会影响到决策的效率,从而无法迅速适应环境的快速变化;若他得到的是过时的或错误的信息,就可能做出错误的决策,并给组织带来致命的后果。

第三,知识管理与其他资源管理相比有自己的特殊之处。知识资源有如下特点:①知识可以以出版物、数据库中内容的形式出现,也可以存在于员工的头脑当中。知识不像其他资源那样是有形的,而是近似为无形的、难以计量的。②组织的知识一部分来自于组织的外部,这就要求组织始终关注之,从浩瀚的知识海洋中敏感而及时发现对自己有用的知识和信息;组织的另一部分知识要靠自己在生产实践过程中积累、归纳形成。知识不像组织所需的人力资源那样可以到市场上去寻找,也不像金融资本那样可以到金融市场上去筹集。③知识不会因使用的人多而每个人分到的越少,或者产生任何的损耗,相反,其产生作用的范围越大,对组织越有价值。④一个人是否愿意把他头脑中的知识拿出来与大家共享,取决于他个人的意愿,不能强迫进行。知识的这些特点让知识管理也有自己的特殊之处,所以要对如何开展知识管理加以研究。

1.2.2.5 知识管理是组织生命周期管理的需要

市场生命周期在变化的同时,也伴随着市场的结构性调整,传统的行业市场,会随着传统产品的生命的结束或替代产品的产生而衰落,新技术产品的问世,也将带来新市场的诞生。随着以信息产业为代表的知识产业的崛起,一个不同于以往的新型市场——知识市场逐步建立。由于市场的利益主体、交换客体和交易活动的独特性,使知识组织与知识市场的关系产生根本不同于以往的市场关系。组织如果还沿用以往处理市场关系的方法来处理知识市场的新型市场关系,势必不能实现预期效果。这就是为什么这个新兴市场在发展,却有相当多的企业一直不能摆脱"老俫儒"模样的原因。

从生命周期理论来看,产品、技术、企业或某种事业,都有一个从产生到消亡的周期,具体包括培育期、成长期、成熟期和衰退期四个阶段。追求可持续发展，就要超越特定产品、技术和事业领域的制约，使组织获得更长更好的生存空间。如"图 1-4"所示。

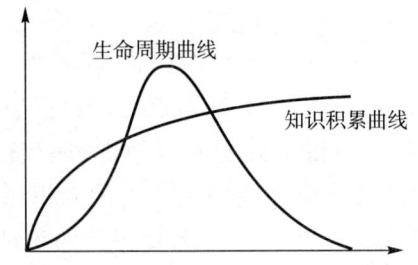

图 1-4　生命周期曲线和对应的知识积累曲线

组织的这种成长和突破过程，是同组织的知识积累和创新密切相关的。在"图 1-4"中，同时也给出了组织知识的积聚过程曲线，它是一个由知识的量的积累到质的突破相结合的过程，也是一个从持续学习到知识创新的过程。

对应于"图 1-4"，组织的每一个成长期都是基于该时期的组织的知识存量的，在此成长期中，组织知识存量不断增加；但同时组织沿着这条路径的成长历史可能会限制组织的选择，组织需要在内部实现知识创新，或从外部学习到"额外"的知识，从而形成新的知识基础，这样才能使组织进入新的成长阶段，实现可持续发展。同时，在每个成长时期，知识的积聚对组织的可持续成长也至关重要，它能够使组织经营优化、成长速度加快，获得更大的提升空间。

从组织的竞争优势来看，知识将是形成竞争优势的主要来源。如果我们回顾一下组织不同时期的竞争战略，就可以发现它大致经历了由"基于资源的积累过程"到"基于能力的资源配置过程"再到"基于知识的能力创新过程"三个阶段。企业资源计划（ERP，Enterprise Resource Management）是"基于能力的资源配置过程"的典型体现。而测度组织竞争优势的四个基本尺度，即创新能力、难以模仿、可持续性和学习能力，也都依赖于知识。

从组织运作来看，随着竞争的加剧及变化幅度的增加，组织对知识的需求也越来越从简单走向复杂化，需要充分发掘、利用和创新组织的知识，并将之以最快的速度应用于竞争。组织的运作模式呈现知识化趋向。

1.3 知识管理的发展阶段划分

1.3.1 阶段划分的基本观点

1.3.1.1 两阶段划分法

IBM知识管理咨询公司负责人Mark W. McElroy在他的《第二代知识管理》一文中明确提出知识管理的两个阶段,即以技术为中心的第一代知识管理阶段和更加侧重以人力资源为中心的第二代知识管理阶段。第一代知识管理理论主要包括:经典战略管理理论、竞争战略理论、核心竞争理论和信息管理理论,内容主要是如何收集和处理信息,以构建核心竞争力,保持战略竞争优势。所以第一代知识管理主要是以信息管理为中心,对知识的管理也基本上局限于显性知识,知识管理的方法和技术也基本上是沿用信息管理的方式。第二代知识管理又出现了四大理论:人力资本理论、生命周期理论、嵌套知识管理理论和复杂性理论,其中最重要的是人力资本理论。这种划分体现了知识管理的内在发展规律,也反映了知识管理的内容构成,是一种比较科学的划分方法。[①] 由于两代知识管理理论内容丰富、划分清晰,后文将具体介绍McElroy的两代知识管理理论。

朱晓峰(2003)认为,国内外学者对知识管理概念的认识分为两个阶段:定义描述阶段和分类总结阶段。第一阶段,国内外有关专家和学者从技术的角度、控制论的角度和战略的高度给知识管理下了上百种定义。第二阶段,针对纷乱复杂、各种各样的定义,国内外学者又试图对其进行总结与归类。这是另外一种形式的两阶段划分法。

1.3.1.2 三阶段划分法

蔡健将知识管理划分为三个阶段:①办公自动化阶段,主要是对文档进行自动化管理。有了IT发展,才有了知识管理的发展。②将知识管理和流程结合,其特征是人员+流程+文档。③定位的改变:知识管理是战略投资,是价值生成;从管理内容到管理观念(行动);目标从管理成本到提升获利能力;过程管理的变革提升知识管理的价值,关键业务的管理促进知识管理行

---

① 储节旺,周绍森,谢阳群等.知识管理概论.北京:清华大学出版社,北京交通大学出版社,2006.

动的开展。知识管理学的研究范围也进一步拓展。Metaxiotis Kostas、Ergazakis Kostas、Psarras John 将知识管理研究分为三个阶段：20 世纪 70、80 年代的以个体知识为核心的时期、90 年代到 2000 年的以群体知识为核心的时期和目前的第三代知识管理时期。第三代知识管理的主要内容是：建立评估框架和方法的标准，以及测量知识、智力资产和其他资产的体系；分析知识系统的投资和成本；用现代技术转移显性知识；将知识管理应用到社会生活中。

1.3.1.3 四阶段划分法

迈克尔·厄尔认为知识管理的演变经历了四个时期：①20 世纪 90 年代初的战略管理：认为知识是"创新的源泉"和"竞争力的必备条件"。②第二个时期，一些旧的 IT 理念和某些培训计划被包装成"知识管理"活动，就理论和实践而言，都不成系统。③90 年代末，知识管理进入第三个时期，即技术主导时期。企业内联网、门户网站和搜索引擎等主宰着有关知识共享的思维。④现在人们认识到：在产品创新、流程改进、战略决策及客户关系等方面，知识确实能够成为竞争优势的来源。① 另一方面，人们也承认：企业内部的知识尚未得到妥善管理。四阶段划分法与前面两种划分方法没有本质的区别，都反映了知识管理发展是一个不断深化的过程。

中国知识管理学的研究刚开始是从两个方向去研究的：一是偏技术角度，从人工智能、专家系统角度研究知识管理；二是偏内容角度，更多的是从组织行为学、管理思想、知识资源的角度进行研究。发展阶段先后经历了上个世纪 90 年代末期的理念导入阶段、2000 年至 2003 年的技术导入阶段和目前正处于大规模的内容开发阶段，并即将进入全面的整体应用阶段。这种认识基本反映了中国知识管理发展的现状和进程。

1.3.2 第一代知识管理理论

1.3.2.1 经典战略管理理论

20 世纪 60 年代初，美国著名管理学家钱德勒（Chandler）出版了《战略与结构》一书，首开企业战略问题研究之先河。钱德勒在这部著作中，分析了环境、战略和组织结构之间的相互关系。他认为，企业经营战略应当适应环境，

---

① 厄尔.首席知识官的使命：让自己失业.[2006-12-26]. http://finance.sina.com.cn/leadership/jygl/20050311/12461423109.shtml.

即满足市场需要,而组织结构又必须适应企业战略,随着战略变化而变化。因此,他被公认为研究环境—战略—结构之间关系的第一位管理学家。其后,就战略构造问题的研究,形成了两个学派,即设计学派(Design School)和计划学派(Planning School),其中设计学派的影响力更为持久。设计学派以哈佛商学院的安德鲁斯(Andrews)教授及其同仁们为代表。他们主张经营战略是组织(企业)在自身的条件与所遇到的机会相适应的基础上,建立的制定与实施的战略基本模型。该学派认为:首先,在制定战略的过程中要分析企业的优势与劣势、机会与威胁,即进行SWOT分析,因为,这将涉及企业的竞争环境和企业发展的外部极限。其次,高层的经理人员应是战略制定的设计师,并且他们还必须督导战略的实施。

1.3.2.2 竞争战略理论

经典战略理论的缺陷之一是忽视了对企业竞争环境的分析与选择。在一定程度上弥补这个缺陷的是迈克尔·波特。他将产业组织理论中的结构(S)—行为(C)—绩效(P)的分析范式引入企业战略管理研究之中,提出了以产业(市场)结构分析为基础的竞争战略理论。波特认为,企业盈利能力取决于其选择何种竞争战略,而竞争战略的选择应基于以下两点考虑:①选择有吸引力的、高潜在利润的产业。不同产业所具有的吸引力及其带来的持续盈利机会是不同的,一个选择朝阳产业的企业要比选择夕阳产业的企业更利于提高自己的获利能力。②在已选择的产业中确定自己优势的竞争地位。为此,必须对将要进入的一个或几个产业结构状况和竞争环境进行分析。波特提出了著名的由五种竞争力(进入威胁、替代威胁、现有竞争对手的竞争、客户和供应商讨价还价的能力)构成的模型,认为产业的吸引力、潜在利润是这五种竞争力相互作用的结果。而"战略制定的关键就是要透过表面现象分析竞争压力的来源。对于表象之下的压力来源的认识可使公司的关键优势与劣势突现出来"。企业可以通过其战略对五种竞争力量发生影响,并影响产业(市场)结构,甚至改变某些竞争规则,从而赢得竞争优势,提高自己的盈利能力。

与经典战略理论相比,竞争战略理论前进了一大步。它指出了企业在分析产业(市场)结构竞争环境的基础上制定竞争战略的重要性,从而有助于企业将其竞争战略的眼光转向对有吸引力的产业的选择上。然而,同经典战略理论一样,竞争战略理论仍缺乏对企业内在环境的考虑,因而无法合理地解释下列问题:为什么在无吸引力的产业中仍能有盈利水平很高的企业存在,而在吸引力很高的产业中却又存在经营状况很差的企业？受潜在高利润的诱惑,企业进入与自身竞争优势毫不相关的产业进行多元化经营,最终这些企业缘何大多以失败告终？等等。波特后来对此缺陷有所认识,于是,他在此后的《竞争优势》一书中,从企业的内在环境出发,提出以价值链为基础的战略分析模型,试图弥补原有理论的不足。但是,就价值链的分析方法而言,它几乎涉及企业内部所有方面,存在着对主要方面(如特定技术和生产方面)重视不足的局限性。在这样的情形下,以资源、知识为基础的核心竞争力理论便迅速地发展了起来。

1.3.2.3 核心竞争力理论

近些年来,信息技术的迅猛发展使企业的竞争环境更加恶劣,企业不得不把眼光从关注其外部产品市场环境转向关注自己的内部环境,注重对自身独特的资源和知识(技术)的积累,以形成特有的竞争力(核心竞争力)。20世纪80年代中期"资源观"(Resource-based View)和90年代初"知识观"(Knowledge-based View)的提出,正是对这种转变的积极响应。本书把这一时期的企业战略管理理论称为以资源、知识为基础的核心竞争力理论。该理论存在这样的理论假设:假定企业具有不同资源(这里的资源包括知识、技术等),形成了独特的能力,但资源不能在企业间自由流动,对属于某企业特有的资源,其他企业难以得到或复制;企业利用这些资源的独特方式是企业形成竞争优势、实现战略管理的基础。传统的战略管理是通过企业的产品/市场定位而对战略进行定义,而以资源、知识为基础的战略理论认为,企业经营战略的关键在于培养和发展企业的核心竞争力。

所谓核心竞争力是"组织中的积累性学识,特别是关于如何协调不同的生产技能和有机结合多种技术流的学识"(Prahalad & Hamel,1990年)。

因此,核心竞争力的形成要经历企业内部资源、知识、技术等的积累和整合过程。正是通过这一系列的有效积累与整合,形成持续的竞争优势后,才能为获取超额利润提供保证。很明显,该理论强调的是企业内部条件对于保持竞争优势以及获取超额利润的决定性作用。这表现在战略管理实践上,要求企业从自身资源和能力出发,在自己拥有一定优势的产业及关联产业的情况下进行多元化经营,从而避免受产业吸引力诱导而盲目地进入不相关产业经营。该理论进一步认为,并不是企业所有的资源、知识和能力都能形成持续的竞争优势,只有当资源、知识和能力同时符合价值性(能增加企业外部环境中的机会或减少威胁的资源、知识和能力才是有价值的)、独特性(企业独一无二的、没有被当前和潜在的竞争对手所拥有)、不可模仿性(其他企业无法获得的)、难以替代性(没有战略性等价物)的标准之时,它们才成为核心竞争力,并形成企业持续的竞争优势。因而,要培养和发展核心竞争力,企业应首先分析自身的资源、知识和能力的状况,然后依据上述标准,选择其中某一方面或几个方面,充分发挥这一方面或几个方面的优势,并成为最擅长者。企业应当以其独特的、有市场价值的、不可模仿的资源和能力,而不是这些能力所带来的产品和服务为基础,对自身进行战略定位。企业所拥有的资源和能力可以构成企业的竞争平台,以此为基础可以针对不同的市场开发出不同的产品。企业充分利用资源和能力从而跨越多个产品和市场,而不仅仅将目标局限于为特定市场提供特定产品。产品和市场有兴衰起伏,而资源和能力则较为持久。对企业而言,建立在资源、知识和能力基础上的竞争优势与单纯建立在产品和市场定位基础上的竞争优势相比,更具有可持续性。作为企业战略管理理论的新发展,以资源、知识为基础的核心竞争战略理论,对当前众多大公司、特别是跨国公司的战略行为作出了较为合理的解释,它对这些公司"知识管理"、"专长管理"实践经验进行总结,反过来又为它们制定新时期的核心竞争力战略提供理论指导。①

1.3.2.4 信息管理理论

"信息管理"这个术语自20世纪70年代在国外提出以来,使用频率越来越高。关于"信息管理"的概念,国外也存在多种不同的解释。尽管学者们对信息管理的内涵、外延及其发展阶段都有着种种不同的说法,但人们公认的信息管理概念可以总结如下:信息管理是为了实现组织目标、满足组织要求、解决组织的环境问题而对信息资源进行开发、规划、控制、继承、利用的一种战略管理。信息管理的优势,就是竞争的优势。彼得·F·德喜克在《新型组织的出现》中指出,组织"为了保持竞争力(甚至仅仅是为了生存下去),它们将不得不把自己改造成为信息型组织,而且要尽快改造、弃旧固新"。

(1) 知识管理来源于信息管理

在科学技术日新月异飞速发展的今天,企业有无信息管理及其先进与完善与否,是决定企业成败的关键因素。信息管理根据不同性质可分为三个层面,即通信网络层、高性能计算机服务器层和信息库、数据库系统层。其中信息库、数据库系统层是信息管理的核心。它和计算机服务器层一起组成了信

---

① 许晓明,龙炼.论企业的知识管理战略.复旦学报(社会科学版),2001(3)。

息管理系统的高性能信息、数据服务器,为把各种信息转化为知识的应用提供了有力的支持。它的功能包括:第一,存放经过整理、归类的信息;第二,提供获取专家个人经验的工具;第三,为应付人类知识的更新,提供必要的维护手段。其目标就是最大限度地实现知识资源的共享和交流。因此,对构成信息管理系统的基本要素,如数据库、文件管理系统、人工智能、电子邮件、群件技术的开发应用等都是信息管理的重要内容,也是有效地实现知识管理的硬件基础。[①] 但技术只是手段而已,只有真正发挥了人的创造力,技术和数据才能够转化成真正的财富。

知识管理是信息管理的延伸和发展。对于信息管理,卢泰宏教授提出了信息管理的分期问题,即信息管理的发展分为三个时期:以图书馆工作为基础的传统管理时期、以信息系统为特征的技术管理时期和以信息资源管理为特征的资源管理时期。根据卢泰宏教授对信息管理概念"三分法"的思路,可以把"知识管理"作为信息管理发展的第四个时期。美国学者 D. A. Marchard 指出,信息管理的发展有五个阶段,即物的控制、自动化技术的管理、信息资源的管理、商业竞争分析与智能、知识的管理。其中前三个阶段的划分与卢泰宏教授不谋而合,而知识的管理是信息资源管理的发展方向。虽然,知识管理在历史上曾被视为信息管理的一个阶段,但由于经济发展和管理实践的需要,知识管理开始从信息管理中孵化出来,正在逐步形成一个新的管理领域。把知识管理独立出来研究,更有利于信息管理的发展。

在这四个阶段的演化过程中,其基本内容由物理属性管理逐渐转变为符合战略要求的决策支持,由基于内部的管理演化为兼顾内部与外部的管理,由以物为本的管理转变为以人为本的管理。因此,可以认为,知识管理是信息管理在深度和广度上的进一步深化和拓展。与知识管理相比,信息管理只是其中的一部分,信息管理侧重于信息的收集、分析、整理与传递,而知识管理则是对包括信息在内的所有智力资本进行综合决策,并实施管理。因此,我们说:信息管理是知识管理的基础,知识管理是信息管理的延伸和发展。

(2) 信息管理的不足与知识管理的提出

信息管理作为一个系统,既有信息的搜集、加工、存储、报道、传递和咨询等服务业和产业,也有计算机硬件和软件的应用开发,以及通讯技术和多媒体技术等行业。信息管理的实质就是对信息生产、信息资源建设与配置、信

---

① 查炜.论知识经济时代的发展趋势——从信息管理到知识管理.东岳论丛,2001(4).

息整序与开发、传递服务、吸收利用等活动全过程及各种信息要素(信息、人员、资金、机构、环境……)的决策、计划、组织、协调与控制,以达到有效地满足社会需要适用信息的目的。但信息不等于知识,信息量越大,人们从"信息海洋"中即时获得自己所需要的那部分知识,并把已有的知识转化为自己的知识而加以利用的难度就越大。"知识管理"的概念正是在这种背景下提出的。Yogesh Malhotra 这样定义知识管理:"知识管理是企业面对日益增长着的非连续性的环境变化时,针对组织的适应性、组织的生存和竞争力等重要方面的一种迎合性措施。本质上,它嵌涵了组织的发展过程,并寻求将信息技术所提供的对数据和信息的处理能力和人的发明创造能力这两方面进行有机的结合。"

信息是表达、存储和分配知识的有效工具。因此,知识管理并不能脱离信息管理而单独进行,信息管理是实现知识管理的基础。在信息管理系统中,信息技术(IT)可分为三个层次:一是通信网络系统,用于支持信息的传播;二是高性能的计算机服务器系统,是存取信息、数据的关键环节,与通信网络一起为信息管理提供硬件支持;三是信息库、数据库系统,是信息管理系统的关键层,它和计算机服务器系统一起组成了信息管理系统的高性能信息、数据服务器,为各种信息转化为知识的应用提供了有力的支持。构成信息管理系统的基本技术,包括数据库、文件管理系统、人工智能、专家系统、群件(GroupWare)技术的开发应用等,这些既是信息管理的重要内容,也是实现有效的知识管理的技术基础。

但是知识管理毕竟不是信息管理,知识管理是对信息管理的扬弃,这主要表现在三个方面:一是传统的信息管理以提供一次、二次文献为主,而知识管理不再局限于利用片面的信息来满足用户的需求,而是对用户需求进行系统分析,向用户提供全面、完善的解决方案,帮助用户选择有用的文献,以提高知识的获取效率。二是传统的信息管理仅局限于对信息的管理,而忽视对人的管理。其实在信息获取的整个流程中,人才是核心。知识管理认为对人的管理既可以提供广泛的知识来源,又可以建立良好的组织方式,以促进知识的传播,这适应了知识经济时代的要求。三是知识管理通过对知识的管理,抛弃了信息管理中被动处理信息资源的工作模式,它与企业进行知识交流、共享、创新和应用,并与整个过程融合,实现企业业务流程的重组,使知识管理成为企业知识创新的核心推动力,给企业带来新的活力。①

因此,知识管理不是仅对信息的收集、存储、整理和传递的机械式的管理,而是把握知识之间的相互关系,逻辑性地创造出新的知识,以满足社会发展需要的管理。信息管理偏重于搜集和利用外部的客观信息,为行为决策积累素材;而知识管理偏重于为使用者提供知识思想,为知识创新提供条件。

在现代企业中,为了追求高效率,企业进行了精细的分工,各部门尽可能少地相互重叠,使得交流被降至最低限度。而组织结构中的个体无论是在横向还是在纵向上,离得越远,信息的交流就变得越困难。实际上,我们对这样一种现象已经熟视无睹:信息进入企业就消失了。举一个例子。一个银行普通职员的女友在 A 企业工作,而他所在的银行正联合 B 企业收购 A 企业,负责收购工作的副行长很关心 A 企业的财务状况(如它的应收款),实际上其手下的那位职员的女友这几天一直在加班列出 A 企业的应收款清单,并告诉这位职员这两天不能陪他了。这样,公司职员手中有一条重要信息,但企业没有建立起向全体职工收集信息的机制而无人去收集,因此,将为此付出代价。这样看来,信息的传递、利用比收集更加重要,公司信息资产的价值不仅在于存储、提取信息的能力,更重要的在于将信息与特定过程、未知单元进行动态匹配。这就是知识管理备受企业关注的原因之一。

1.3.3 第二代知识管理理论

1.3.3.1 人力资本理论

(1)人力资本理论发展的四个阶段及特征

①人力资本理论的萌芽。早在二百多年前,许多经济学家就有关于对人力资本思想的阐述,一直到 20 世纪 30 年代,人力资本理论的雏形才开始显现。在这一时期里,从威廉·配第、亚当·斯密到 L·杜布林、洛特卡等,众多经济学家和统计学家都有关于人力资本思想的研究。这些研究主要体现在以下六个方面:关于人的经济价值;关于人力资本概念和含义;关于人力资本投资的思想;关于人力资本投资收益的思想;关于人力资本与收入差别关系的思想;关于人力资本与生命周期关系的思想。

英国古典政治经济学创始人之一的威廉·配第(1623—1687)在其代表作《政治算术》中提出了"土地是财富之母,劳动是财富之父"的著名论断,并

---

① 郭小刚.试论信息管理和知识管理.经济师,2000(12)。

充分肯定了人的经济价值。

而英国古典政治经济学鼻祖亚当·斯密(1723—1790)则比较系统地论述了人力资本思想。在其1776年出版的《国富论》(The Wealth of Nations)里,初步提出了人力资本的思想。他认为劳动力是经济发展的主要力量,他建议由国家"推动、鼓励,甚至强制全体国民接受最基本的教育";另外,斯密还对人力资本的投资及其收益问题进行过相应的论述,他认为"学习一种才能,需受教育,须进学校,须做学徒,所费不少。这样费去的资本,好像已经实现并固定在学习者的身上。对于他个人而言,自然是财产的一部分,对于他所属的社会,也是财产的一部分。工人增进的熟练程度,可和便利劳动、节省劳动的机器和工具同样看作社会上的固定资本"。① 这些思想对后来的人力资本投资理论的形成起了决定性的作用。

大卫·李嘉图继承并发展了斯密的劳动价值学说,坚持了商品价值量取决于劳动时间的原理。并把人的劳动分为直接劳动和间接劳动两种。直接劳动是指投在直接生产过程中的劳动,它创造了商品的价值;间接劳动则是投在所需生产资料上的物化劳动,它不创造价值,只是把原有的价值转移到商品中去。他明确指出,只有人的劳动才是价值的唯一源泉。

德国历史经济学家弗里德里希·李斯特提出了与物质资本相对应的"精神资本"的概念,这些观点其实就是现代人力资本概念的雏形。英国哲学家、经济学家约翰·穆勒在其《政治经济学原理》中指出,"技能与知识都是对劳动生产率产生重要影响的因素"。他对构成人力资本投资主要内容的家庭教育投资、社会教育投资及生育和健康投资作了较为精辟的论述,并对人力资本的取酬规则进行了探讨。②

新古典学派的著名代表人物英国的阿尔弗里德·马歇尔(1842—1924)、法国的莱昂·瓦尔拉斯(1834—1910)等人都论述过有关人力资本的思想。其中,瓦尔拉斯是较早使用"人力资本"概念的经济学家。③

马歇尔在他的《经济学原理》中对人的能力作为一类资本的经济意义提出了新的看法,"老一代经济学家对于人的能力作为一种资本类型参与生产

---

① [英]亚当·斯密.国民财富的性质和原因的研究(上卷)(中译本).北京:商务印书馆,1972。
② [英]约翰·穆勒.政治经济学原理及其在社会哲学上的若干应用(上卷)(中译本).北京:商务印书馆,1991。
③ [法]莱昂·瓦尔拉斯.纯粹经济学要义(中译本).北京:商务印书馆,1989。

活动的认识是十分不足的"。他将人的能力分为"通用能力"(General Ability)和"特殊能力"(Specialized Ability)两种。前者指上述的决策能力、责任力、通用的知识与智力,后者指劳动者的体力与熟练程度。马歇尔还强调人力资本投资的长期性和家族、政府的作用,并且将"替代原理"用于说明对人力资本和物质资本投资的选择(人力与机器的替代)等方面。马歇尔对人力资本的论述较为经典,并为现代人力资本理论的形成提供了理论依据。他认为:"人是生产的主要要素和唯一目标",①并且明确指出:"一切资本中最有价值的莫过于投在人身上面的资本",从而对人力资本的基本特征及其与工业组织、制度之间的关系、企业家人力资本等问题进行了论述。马歇尔一方面认真地研究教育的经济价值,主张把"教育作为国家投资",教育投资可以带来巨额利润。但他又认为人是不可买卖的,因而拒绝"人力资本"这一概念。

这些人力资本研究的思想和观点虽没成为经济学的主流,却构成了现代人力资本理论丰富的思想渊源,成为现代人力资本理论形成的重要基石。

②人力资本理论的创立阶段。20世纪50年代末和60年代初,人力资本理论在舒尔茨、贝克尔、明塞的努力下破土而出,终于确立并逐步形成了。

"人力资本"概念是美国经济学家、哈佛大学教授沃尔什(J. R. Walsh)于1935年在一篇名为《人力资本观》的论文中首次正式阐述的。而人力资本理论的创立则经历了一个比较长的过程,先后分为宏观理论基础的确立和微观理论基础的确立两个阶段,它们的代表人物分别是西奥多·W·舒尔茨和加利·S·贝克尔。

• 宏观理论基础的确立。

西奥多·W·舒尔茨(T. W. Schultz)是芝加哥大学的教授,人力资本理论的创始人之一。他为人力资本理论的发展作出了重大的贡献,并因此获得了诺贝尔经济学奖。他于20世纪50年代初连续发表了《关于农业生产、产出与供给的思考》、《教育与经济增长》、《人力资本投资》等重要论著,这些都是现代人力资本理论的奠基之作。1960年,他的《人力资本的投资》的演讲曾引起理论界的巨大震撼。舒尔茨认为,人力资本是社会进步的决定性因素,一国人力资本存量越大,人力资源质量(人口受教育程度、科技文化水平和生产能力)越高,其国内的人均产出或劳动生产率就越高。

---

① [英]阿尔弗里德·马歇尔.经济学原理(上卷)(中译本).北京:商务印书馆,1964。

传统的资本理论无法解释二战以后发达国家形成的"现代经济增长之谜",即①根据传统理论,资本—收入比率将随着经济的增长而提高,但事实表明这个比率不断下降;②根据传统理论,国民收入的增长与生产要素投入的增长将同步进行,但统计资料显示的结果都表明,国民收入的增长要远远大于所投入的土地、物质资本和劳动等生产要素的增长;③二战后工人工资有大幅度增长,它反映的内容是传统理论所无法解释的。

舒尔茨指出用人力资本可以解释上述三个事实:①人力资本的增长不仅比物质资本而且比收入都快,因而资本—收入比率是下降的;②投入与产出间的增长速度之差,一部分是由于规模收益,另一部分是由于人力资本带来的技术进步的结果;③战后工人工资的增长正是来自于人力资本。这样,"人力资本"这一概念就得以在事实和理论的双重基础上建立起来。

舒尔茨认为,人力资本是指体现在人身上的技能和生产知识的存量,并概括了人力资本形成所包括的五个方面的投资:①医疗和保健,它包括影响一个人的寿命、力量、耐力、精力等方面的所有费用、保健活动,既有数量要求,又有质量要求,其结果必然是提高人力资源的质量。②在职人员训练,它包括企业的旧式学徒制。在职人员训练支出是相当可观的,由此产生出一个重要的问题:由谁来负担这笔费用?③学校教育,它包括初等、中等和高等教育,而教育成本是指学习者直接用于教育的费用和学生上学期间所放弃的收入。④企业以外的组织为成年人举办的学习项目,包括农业中常见的技术推广项目。⑤个人和家庭为适应就业机会的变化而进行的迁移活动。

舒尔茨的人力资本理论全面分析了人力资本的含义、人力资本的形成途径及人力资本的"知识效应",为我们揭示了教育(人力资本投资)和经济增长之间的紧密关系及教育本身的经济价值。因此,舒尔茨被西方学术界誉为"人力资本之父"。舒尔茨的分析有力地证明了人力资本在经济增长中的决定作用,这不仅大大推动了人力资本理论的发展,也确立了舒尔茨在人力资本理论创立过程中的重要地位。这标志着现代人力资本理论体系的创立。

随后,美国著名经济学家E·丹尼森对美国1929年至1957年期间经济增长之源的研究,为舒尔茨的观点提供了最为有力的证据,使得理论研究与实证分析紧密地结合起来。

同时,美国哥伦比亚大学的一位学生雅各布·明塞也正在从收入分配领域构建人力资本理论。1957年,他在其博士论文《个人收入分配研究》一文中指出,美国个人收入差别与增长率水平有着密切的关系,他从人的后天质量差别及其变化入手,提出人们的受教育水平的提高,即人力资本投资是个人收入的增长和收入分配差别的根本原因。他还在后来发表的《人力资本投资与个人收入分配》(1958年)和《在职培训:成本、收益及意义》(1962年)等文章中系统地阐述了人力资本投资与个人收入及其变化之间的关系,并建立了个人收入与其接受培训量之间相互关系的数学模型,从收入分配领域对人力资本理论作了诠释。

• 微观理论基础的确立。

彻底完成现代人力资本理论框架构建工作的人是诺贝尔经济学奖得主、美国芝加哥大学经济学教授加利·S·贝克尔(Gary.S.Becker)。贝克尔早在20世纪60年代初就对家庭生产理论和时间价值与分配理论等做过重要的研究,他从家庭生产时间价值及分配的角度系统地阐述了人力资本生产、人力资本收益分配规律及人力资本与职业选择等问题,为现代人力资本理论奠定了坚实的微观基础,使其更具有科学性和可操作性。他还发表了《生育率的经济分析》、《时间分配理论》等文章。他在1962年和1964年先后发表的《人力资本投资:一种理论分析》和《人力资本:特别关于教育的理论与经验分析》两篇文章,从微观上阐述了人力资本、人力资本投资等重要思想和观念。贝克尔认为,所有用于增加人的资源并影响其未来货币收入和消费的投资都是人力资本投资,人力资本投资主要是由教育支出、保健支出、国内劳动力流动的支出或用于移民入境的支出等形成的;人力资本投资具有较长的时效性,因此投资时既要考虑短期收益,又要考虑长期收益;在职培训是人力资本投资的重要内容;收集信息、情报资料也是人力资本投资的内容之一,同样具有经济价值;唯一决定人力资本投资量的最重要因素是投资收益率;一个人的收入水平因年龄的增长而增加,在同龄组的人口中,一个人的受教育程度越高,其收入水平也越高;受较高程度教育的孩子,未来的收益较多,给父母带来的效用或满足也较大。从而进一步构建了人力资本理论的微观经济基础,并被视为现代人力资本理论最终确立的标志。至此一个具有重要影响的新的经济学理论和经济学分析工具——现代人力资本理论形成了。而贝克尔本人也"因为把微观经济分析的领域推广到包括非市场行为的人类行为和相互作用的广阔领域",于1992年获得诺贝尔经济学奖。贝克尔的代表作《人力资本》被西方学术界视为"经济思想中人力资本投资革命"的起点。

阿罗在1962年发表的《干中学的经济含义》一文中提出了"干中学(Learning by Doing)"的著名理论,这是对现代人力资本理论的有力补充。

③人力资本理论发展的高潮阶段。继明塞尔、舒尔茨、贝克尔、丹尼森对人力资本理论作出了重大贡献后,卢卡斯、罗默尔、斯宾塞等人也都在不同程度上进一步发展了人力资本理论。特别是在20世纪80年代以后,以"知识经济"为背景的"新经济增长理论"在西方国家兴起。与60年代的舒尔茨采用新古典统计分析法不同,"新增长理论"采用了数学的方法,建立了以人力资本为核心的经济增长模型,克服了60年代人力资本理论的一些缺陷。

卢卡斯和罗默尔被公认为"新经济增长理论"[①]的代表,他们构建的模型称为"知识积累模型",简称 AK(Accumulation of Knowledge)模型。

第一,卢卡斯(1988)人力资本溢出模型。

卢卡斯(R. Lucas),美国著名的经济学家,1995年诺贝尔经济学奖获得者。1988年,他发表了著名论文《论经济发展的机制》,提出了经济增长模型。他把舒尔茨的人力资本理论和索洛的技术决定论的增长模型结合起来并加以发展,形成人力资本积累增长模型。卢卡斯在模型中强调劳动者脱离生产、从正规或非正规的学校教育中所积累的人力资本对经济增长的作用。他运用更加微观化的个量分析方法,将"舒尔茨的人力资本"与"索洛的技术进步"概念结合起来,具体化为"每个人的"、"专业化的"人力资本,提出了将人力资本因素真正内生化的经济增长理论。他认为只有这种特殊的、专业化的人力资本积累才是产出增长的真正源泉。此外,卢卡斯的贡献还在于区别了人力资本的两种效应:内在效应与外在效应。内在效应是指人力资本只影响个人自身的劳动生产率;外在效应是指人力资本对其他人劳动生产率的影响。卢卡斯的模型分为两部分:两资本模型和两商品模型。

卢卡斯生产函数则为:

$$F = AK^{\beta}(t)[u(t)h(t)N(t)]^{1-\beta}h_a^{\gamma}(t) \qquad (1-1)$$

在卢卡斯看来,全球经济范围内的外部性是由人力资本的溢出效应造成的,这种外部性的大小可以用全社会人力资本的平均水平来衡量。而人力资本的溢出效应可以解释为"一个拥有较高人力资本的人对他周围的人会产生更多的有利影响",[②]并提高全社会的生产率,但他并不因此得到相应的额外

[①] 新经济增长理论,又称"内生性经济增长理论",是产生于20世纪80年代中期的一个西方宏观经济理论分支,通常以保罗. M. 罗默尔(P. M. Romer)1986年的论文《递增收益与长期增长》和罗伯特. E. 卢卡斯(R. E. Lucas)1988年的论文《论经济发展机制》的发表作为新经济增长理论产生的标志。

[②] 朱勇,徐广军. 现代增长理论与政策选择. 北京:中国经济出版社,2000。

收益。由于人力资本存在外部性,使得不存在政府干预时的经济增长均衡表现为一种社会次优,人力资本的投资将过少。卢卡斯还进一步解释了由于人力资本的收益递增性,使得发达国家的资本利用率和劳动工资都较高,于是便产生了资本和劳动均从发展中国家流向发达国家的现象。同时,用人力资本的溢出效应解释技术进步,说明了经济增长是人力资本不断积累的结果。并认为知识是人力资本的一种形式,而人力资本则是经济增长的"发动机"。

第二,罗默的"四要素"理论。

1986年,美国经济学家保罗·罗默(Paul. Romer)提出了"四要素经济增长理论",认为经济的长期增长取决于人力资本(以受教育年限衡量)、新思想(用专利数衡量)、资本及非技术劳动力,其中以知识(即人力资本与新思想)最为重要。基于知识成为经济长期增长的关键因素这一现实,他进一步提出了修正新古典生产函数理论的要求。其基本方程为:

$$Y = F(K, L, H, A) \tag{1-2}$$

在罗默的知识溢出模型中,内生的技术进步是经济增长的唯一源泉。其核心思想是把知识作为经济增长最重要的要素。他认为:首先,知识能提高收益;其次,知识需要投资;第三,知识与投资存在良性循环关系,投资促进知识,知识促进投资。

该模型的结论是:

①长期经济增长率由社会中的总人力资本存量、研究与开发部门中的人力资本配置,以及市场利率共同决定,一个国家的人力资本水平越高,则经济增长就越快。在这里,长期经济增长并不受到自然人口增长率的影响,与人口水平毫无关系。同时,市场利率的高低,直接影响投入研究与开发部门中的人力资本的边际产值,从而决定社会固定的人力资本存量在最终产品生产与研究开发活动中的配置。利率越低、R&D部门中人力资本投入越多,技术增长速度就越快,长期经济增长率也会得到同样的结果。

②规模收益递增由内生知识增长引起。对于研究与开发部门而言,知识具有正外部性。对于中间产品部门而言,新会引起分工深化。这两种效应都造成最终产品及生产的规模收益递增。

③拥有足够人力资本的研究开发主体受到技术机会和市场需求的双重驱动,在自身发展利益的激励下,利用已有的知识存量和技术基础进行有效的技术开发活动,这为中间产品即资本品存量的增长提供了可能。新的中间产品的增加,作为内生技术的来源作用于最终产品过程,使产出增加。这种

技术开发活动,无论是技术创新还是技术模仿,都能够达到增加中间产品种类的目的。但是在国际比较的范围内,技术创新是决定性的活动,因为只有它的成果能够统御和引导整个行业的长远发展,并且通过始终领先的技术地位获取超额垄断利润。这是一个国家和地区保持工业竞争力优势和经济持续增长的关键。

第三,劳动力层次模型。

结合马克思劳动学说和西方人力资本理论、新增长理论等学说,笔者提出劳动力层次模型。该模型将劳动力分为三个层次:即①具有正常健康人所具有的一般能力的自然劳动力,他们一般不需接受正规教育和培训;②具有完成生产劳动所需具备的一般知识和技能的熟练劳动力;③具有在生产过程中进行创新,发现和解决未知问题能力的创新劳动力。

这三个层次的劳动力与美国加州大学保罗·罗默1986年提出的经济增长四要素理论中的三个要素有较好的对应关系(金融资本还是对应金融资本),见"表1-1"。发达国家教育支出都超过GDP的4%,普遍高于发展中国家。这是发达国家之所以发达的根本原因。

表1-1 劳动观与保罗·罗默资本观的比较

资本观	非技术劳动力	人力资本	新思想
劳动观	自然劳动力	熟练劳动力	创新劳动力
层次	基础层	核心层	关键层
对应的经济形态	自然经济	工业经济	知识经济

该模型比较好地解释了经济增长的动因。自然劳动力是基础,熟练劳动力是核心,而创新劳动力是关键。这三种劳动力的不同比例代表了劳动力的结构状况,它反映了经济结构的完善与否,并决定了经济发展的潜力的大小。

劳动力的三个层次不是固定不变的,通过发展教育,可以实现劳动力由较低层次向较高层次的转变。因为教育能使人认识自我,培育正确的心智模式和团体学习与协作的精神,发现社会的需求,从而自觉设计目标,激发创造热情,主动创新;教育可以优化人的智力结构,提高智力素质,学会系统思考,促进创新能力的发展。在各种形式的教育中,正规教育是最重要的,对人力资本形成所起的作用也最大,它可以大规模、高质量、快速地培养社会急需的各类人才。研究表明,学校教育确实提高了个人的技能,因而提高了生产效率,促进了经济增长。

第四，人力资本理论的新进展。

到了20世纪90年代，人力资本理论在全世界传播开来，人力资本理论向更为深入细微的方向发展，表现为三个特征：一是研究领域大大扩展。突破了单纯从经济的观点看待人力资本的框框，而多角度、多层面地对人力资本课题进行研究。二是研究方法进一步多元化和综合化。研究者主要采用数理模型分析方法，构建大量以人力资本为基本变量的模型，用以分析人力资本的性质、特点和规律，阐明人力资本与其他经济变量之间的关系。许多研究注重实证研究与规范研究、逻辑分析与历史分析的统一。第三，研究重点发生转移。60年代注重人力资本的理论体系的构建，70年代注重探讨人力资本在社会变迁中的作用，特别是教育的外部不经济问题。80年代注重研究人力资本积累与经济增长的内在联系。1986年，罗默发表的《收益递增与长期增长》一文，开创了新经济增长理论研究的先河；卢卡斯于1988年发表了《论经济发展的机制》一文，可视之为新经济增长理论的成立宣言，他把经济增长的源泉和动力归结为人力资本内生的积累和增长。90年代，对人力资本的特点和形成、人力资本的产权分配、人力资本与个人收入分配、性别人力资本等问题的研究比较多，研究的范围更大，内容更为丰富。

该时期代表性的研究成果有：1990年，贝克尔发表了《人力资本、生育率和经济增长》一文，提出了孩子的数量与质量相互影响的理论，分析了人口、人力资本与经济增长的相互作用。贝克尔与默菲于1992年发表了《劳动分工、协调成本和知识》一文，阐述了经济增长与劳动分工、协调成本的有机联系，认为专业化发展的水平取决于专业化劳动者的协调成本和一般知识的数量。1991年，杨小凯与博兰德发表了《经济增长的微观机制》，将劳动分工与交易成本及专业化学习联系起来。其他学者从不同角度研究了人力资本的性质、特点和规律。达隆·艾斯莫格卢于1996年发表了《人力资本积累的社会收益递增的微观机制》，指出人力资本的社会收益递增的机制，在于事前的人力资本与随后劳动力市场昂贵的双边搜寻之间的相互作用所形成的外部经济效果，随着厂商拥有的人均人力资本量的上升，所有劳动者的人力资本的均衡收益率亦上升。马克·罗森威格于1995年写的《学校教育的收益探源》和1996年写的《技术变革与人力资本投资及收益：来自绿色革命的证据》，研究了人力资本的收益问题。

就我国人力资本的研究而言，一方面是传播人力资本理论；一方面是利用它来解释一些经济现象，如收入分配和反贫穷等问题；也有对理论本身进行大胆探索的,如人力资本的产权问题的研究。但对人力资本的核心理论,如人力资本的形成和效率等方面,尚缺乏深入独到的研究,并且绝大部分研究缺乏实证分析,以至不那么具有说服力。但人力资本研究和发展是很有前途的,这种前途来源于人力资本强大的现实解释力。

我国对人才资源的研究比较深入。人才资源不是一般意义上的劳动力。在人才资源、物质资源和其他资源中,人才资源是最积极和最具有创造性的资源。认知科学表明,在现代社会中,体能、技能、智能三者存在两组简单的等比级数规则,即对于体能、技能与智能的获得,社会需要支付的成本分别为1:3:9;而人的体能、技能与智能对社会财富的贡献(即人才资本增值)则分别为1:10:100。可见一个仅具体能的人和一个兼具体能、技能和智能的人对国家的贡献率有近百倍的差距,这充分证实了"人才资源是第一资源,人才资本是核心资本"提法的科学性和加快人力资源向人力资本转变的重要性和紧迫性。在此基础上提出了"科学人才观"和"人才强国论",使人力资本理论更加走向实用化。

但我们不能不注意到,人力资本理论还存在一些缺陷,有学者归纳为3点:一是概念不确定;二是人力资本与资本的界限不清,造成了"资本"概念的混乱,进而导致人力资本入股观点的出现;三是重知识,轻技能。人力资本有时指劳动者,有时指劳动力(劳动能力),有时指人力资源投资。由此导致了人力资本理论的混乱。人力资本的研究路径是劳动力(劳动者)的投入产出(用于提高劳动者素质,即人力资源质量的投资与个人收入水平、企业发展及国民经济增长之间的关系),资本的研究路径是企业的投入产出(用于企业生产的投资与企业利润之间的关系);人力资本理论研究应该围绕着人力资源的投入产出进行,而不应过多涉足生产关系和产权问题。

(2) 人力资本是知识管理的核心

组织可以通过获取知识整合的优势而获取竞争优势,而知识资源源于人力资源。因此,可以说组织通过知识资源获取了竞争优势,就必然获取了人力资源优势;或者说组织获取知识整合优势的过程,也就是获取人力资源优势的过程。反之,组织获取人力资源优势的最终目的是获取知识资源的相对优势。组织运作中的关键是如何获取这种优势,这就涉及人力资源管理问题。

① 人力资本是知识管理的核心。人力资本是知识管理的核心。最早提出"知识管理"这一概念的是美国学者马爱德。根据他的理解,知识管理就是为企业实现显性知识和隐性知识的共享提供新的途径。显性知识是能进行

整理和用计算机储存的知识,而隐性知识是难以掌握、储存在雇员(知识劳动者)脑海里的知识、特别是雇员的丰富经验和创新意识等。实行有效的知识管理不仅仅是采用合适的软件系统和对雇员进行充分的培训,更重要的是管理者能把储存在个人大脑中的隐性知识转化为显性知识,再由显性知识形成企业共享的知识,也就是把所有雇员的创新潜能充分调动起来,并能实现知识集体共享。所以说知识管理的任务就是开发和管好人力资本,运用集体智慧提高应变和创新能力。不同时代首要管理资源的演变如"表1-2"所示:

表1-2 不同时代首要管理资源的演变

	第一代:产品作为资产	第二代:工程作为资产	第三代:企业作为资产	第四代:顾客作为资产	第五代:知识作为资产
核心战略	职能孤立	与商业联系	技术/商业一体化	顾客研究开发一体化;与顾客并行学习	协作创新系统
变化因素	不可预测的运气	相互依存	系统管理(通过共同探讨商业投资组合决策)	加速的非连续的全局性变化	万花筒式的动态变化
职能	职能至上	成本分摊	平衡风险/收益	生产率悖论	智力/影响
结构	等级式的职能驱动	矩阵式	分布式合作	多方位的实践团队	共生网络化(包括电子网络和人的网络)工作不同时代首要管理资源的演变
人	我们与他们之间竞争(尤其在预算分配中)	行动前的合作	结构化合作	关注价值和能力	自我管理(自我激励,创造新知识为己任)的知识工作者
过程	极少的交流	由项目到项目的基础	目标化的研究与开发/资产组合	反馈回路和"信息存留"	跨边界学习和知识流
技术	初始的	数据为基础	信息为基础	智能技术作为竞争性武器	智能知识处理者

②知识管理需要人力资源管理的支撑。人力资源(Human Resource)作为知识和技术的载体,是实现知识应用、为企业创造价值的最重要因素,也是企业资源要素中最活跃、最具创造力和最具能动性的部分。人力资源管理(Human Resource Management,HRM)是企业实施知识管理的核心。良好的人力资源状况,将为企业提供无穷的动力,为企业利用各种资源打造核心竞争力创造必要的条件。组织中知识的最根本载体是人,因此知识的获取、整合和利用过程与人力资源的获取、整合和利用过程密不可分。匹配于组织

目标的有效的人力资源管理必然大大促进知识管理的进程,因此,组织在制定和运行其知识管理体系时,一定要有相应的人力资源管理体系加以支持。

人力资源管理强调知识是为组织创造高于竞争对手价值的最重要资源,强调组织应该有效获取、创造、利用和提高人力资源所需要的知识,以充分发挥其人力资源的作用和潜力,保证组织战略的正确实施,促进组织的持续稳定发展。就知识的获取而言,组织可以通过获取拥有知识的个体成员来获取,也可以通过组织内部的知识创造来获取,还可以通过组织间的合作来获取。这就是人力资源管理的核心所在。

在知识领域,关键型人才能够解决关键性问题、创新关键性产品,这些往往是组织的利润或利益的主要来源。因此人力资源管理必须建立特殊政策,保证为组织提供足够的高级知识工作者,以调动关键人才的积极性、增强组织对他们的吸引力。例如海信集团实行的针对关键人才的"特区政策"、西方先进国家的企业组织对关键性人才采取的股权期权激励计划等,都是这方面的具体举措。

组织人力资源管理,要适应其所处的知识经济时代对组织发展提出的变革要求。面对日益激烈的市场,知识经济时代的组织必须变得更加高效、灵敏。为此,其组织管理将发生以下日益明显的变化:由"金字塔"式的多层级组织变成扁平化、信息化的扁平式组织,由独立式工作方式转变成网络化、团队式工作方式,由机械式、教条化组织转变为有机式、弹性化组织,由集权式官僚型管理转向放权式民主化管理,由外行型领导转向专家型领导。人力资源管理必须通过促进组织变革和管理创新,以适应和促进这些转变,否则就容易被时代所淘汰。

人力资源管理,要努力提高组织的创新力和学习力。首先建立合作型工作环境或合作型组织文化,形成团队型、网络化工作组织,鼓励员工在团队学习中分享知识、优势互补,在合作中追求新知识,从而提高组织的学习力和创新力。其次是建立学习型组织,不断更新员工个人和组织的知识,以保持知识的创新速度及对外部竞争的反应力。更为重要的是,许多企事业单位应建立起团队型、网络化工作组织,使得员工的日常工作场地成为学习知识、创新知识的港湾,大大增强员工的学习力、创新力和企业竞争力。

1.3.3.2 其他第二代知识管理理论

(1)生命周期理论(Life-Cycle)

第一代知识管理理论假定知识自然存在,因此并不关心知识的产生;相反,第二代知识管理提出的生命周期理论认为,新知识在被用于编码和传递前,首先有其产生和验证的过程,继而代替旧知识,完成周期循环。该理论把知识的生命分为三个阶段:知识产生、知识有效性验证和知识整合。

①知识产生。是指对现有知识进行收集、初步编码,以及制定新知识发布规范的过程。其中的知识源包括两类,一类是零散分布在各种资料和文档中的显性知识;另一类是隐性知识,需要借助知识表示和智能挖掘技术才能使其显性化,还可以通过建立专家目录的方式,借助专家定位的手段,使这种人格化的经验性知识能为更多的人分享。

②知识有效性验证。包括制定有效验证标准,进行知识审查、确认和分类,然后对知识在实际运用中的作用进行评价,最后对知识进行正式编码。

③知识整合。这里的整合涵盖知识的共享和传递(通过教授和培训实现)。此外还包括对新知识的运用和对知识成品的加工。

(2) 嵌套知识域理论(Nested-Knowledge Domains)

知识是在两个层面上被人掌握的。一是人作为个体,他们拥有自己的知识,并将这些知识用于生产实践;二是作为团队中的一部分,他们掌握着整个团队的知识,并将它用于指导实践。我们每个人不仅要掌握自己的个体知识,还要掌握整个团队的知识。第一代知识管理的主要问题之一就是没有将个人学习和组织学习区别开来。

第二代知识管理的嵌套知识域理论把组织中的知识分为三个层次:个人拥有的知识、由个人组成的团体拥有的知识、组织总体上掌握的知识。个人拥有的知识被嵌套进组织知识域中。由于任何时候这三个层次间都存在着差异,从而形成了一定的张力。对这些张力进行适当的管理,会大大提高知识的创新率和企业运作的有效性。

(3) 复杂性理论(Complexity Theory)

复杂性理论最具代表性的是复杂自适应系统理论(简称 CAS:complex adaptive systems),该理论是霍兰于 1994 年提出的。该理论可以简单概括为"适应性造就复杂性"。其基本思想是:系统中的成员称为具有自适应的主体(adaptive agent。包括运作中的组织、独立的智能体,比如人)。所谓具有自适应性,是指它能够与环境和其他主体进行交互。主体在这种持续不断的交互作用过程中,不断地学习或积累经验,并且根据学到的经验改变自身的知识结构和行为方式。整个系统的演变或进化,包括新层次的产生、分化和多样性的出现,交叉、聚合而成的、更大的主体的出现等,都是在这个基础上逐步派生出来的。

围绕主体这一核心概念,霍兰提出了7个重要的有关概念:聚集、非线性、流、多样性、标识、内部模型、积木。聚集(aggregation):主要用于个体通过粘着(adhesion)形成较大的所谓多主体的聚集体(aggregation agent);非线性(nonlinearity):指个体及其属性在发生变化时,并非遵从简单的线性关系,而是包括各种反馈作用而交互影响、互相缠绕的复杂关系;流(flow):在个体与环境之间及个体相互之间存在着物质流、能量流和信息流,这些流的渠道的畅通与否,会直接影响到系统的演化;多样性(diversity):在适应的过程中,由于种种原因,个体之间的差别会发展和扩大,最终形成分化;标识(tagging):标识的作用主要是为了相互识别和选择,以实现信息的交流;内部模型(internal models):每个个体都有复杂的内部机制;积木(building blocks):复杂系统是在一些相对简单的构件基础上,通过改变它们的组合方式而形成的。

在这些概念的基础上,霍兰通过三个步骤,建立了描述他所定义的具有主动性的主体的基本行为模型,即对个体是怎样适应和学习的理解和描述。这三个步骤就是:①建立执行系统的模型;②确立信用分派的机制;③提供规则发现的手段。[①]

根据CAS理论,知识正是由那些智能体为适应外界变化而不断自我调整所遵循的规则组成。通过复杂性理论,我们认识到知识是如何在智能体个体层面上形成,并上升为组织的形式,从而被所有个体共享、成为组织知识的过程。

1.3.4 两代知识管理的差异比较

两代知识存在一些较大差异,主要表现为:

(1)供应方导向型(Supply-Side)转为需求方导向型(Demand-Side)。第一代知识管理以供应方为导向。其特点在于:过分强调整个组织内现有知识的共享。第一代知识管理的参与者认为,共享现有知识有助于提高知识的传递效率,推动组织的有效运转,即典型的供应学派理论。第二代知识管理则以需求方为导向。其特点在于:强调知识的生产,强化能够产生创新和创造力的环境;同时不否认第一代知识管理中编码和知识共享的重要性,显得更

---

① 许国志.系统科学.上海:上海科技教育出版社,2000。

加均衡。以需求为导向的知识管理不仅标志着第二代知识管理的兴起,也表明了知识管理过程与组织学习过程的有机融合。

(2)以技术为中心到优先考虑基于过程的组织学习。第一代知识管理以技术为中心,试图采用信息标引、信息检索、数据仓库、数据挖掘、文件管理和图像化等技术来消除或减少知识共享的不充分性。第二代管理思想则优先考虑基于过程的组织学习,有时甚至不涉及技术的作用,可以看成学习型组织和知识管理团队两种思想的合理统一。第二代知识管理作为学习型组织的一种实施性战略,提出了一种帮助组织提高其认知、创新,以及改进其运作环境的新的从业模式。

(3)管理重心由知识的共享、传递到新知识的持续生产和创新。第一代知识管理只注重从日常商务流程中促进知识的流通,只关注知识对企业内部商业运作过程的支持,管理重心放在知识的共享和传递上,很少涉及组织层面的知识创新。第二代知识管理一方面不否认知识共享和知识传递的重要性,一方面又在新知识的持续生产和创新上投入了更多的精力。这表明:第二代知识管理的定位更加准确、全面,贯穿整个知识生命周期,而不是仅仅局限于眼前的商业运作。

2 知识管理学产生、存在与发展的关键因素

随着知识管理实践经验与理论知识的不断积累,知识管理作为一门学科已经获得了众多学者的认可。知识管理学产生、存在和发展是由一些关键性的因素决定的。一般而言,判断学科形成有三个基本条件:①独特的、不可替代的研究对象;②理论已成或初成体系;③有学科研究方法,甚至是独有的研究方法。

2.1 相关学科:知识管理学产生的动力因素

2.1.1 众多学科的发展奠定了知识管理学科的理论基础

从各个学科中的思想对知识管理学科产生的影响来看,各学科中对人的重视在一定程度上都或多或少地促进了知识管理学科的萌芽,如哲学,知识中的显性知识和隐性知识分别对应了哲学中的理论和实践,当人们获取显性知识(理论部分)后,就必然在日常的实践中内化为隐性知识(通过实践)。因此,哲学中理论和实践的辩证关系也间接地说明了知识有显性、隐性转化的特点。而人在隐性知识和显性知识的转化中起着举足轻重的作用。哲学更加注重人作为隐性知识的载体的作用。社会学中对人的研究也使得人们开始研究人类在生活实践中的显性知识和隐性知识的转化关系,因此也促进了知识管理学的诞生。

霍桑试验以后,管理学界开始注重人的因素,认为人是社会人,而不是简单的经济人,对人的重视已成为企业或工厂提高效率的关键因素。但那个时候,还没有注意到人之所以在企业竞争中起到关键作用就是其知识获取、传递、加工及有效的利用,只是单纯地把社会人影响生产效率的因素归结为人的情感。但是管理学界强调对人的重视却影响了知识管理学科的发展。这

促使人们在兼顾人的情感的同时，也在研究如何有效地提高人的知识产出利用率，即用自身知识创造更多的价值。

经济学中的人力资本论说明了人是资本积累的基础。早期的资本家只重视劳动者的体力劳动，其资本积累一般是靠体力劳动获得，但是随着二战后西方资本主义的兴起和经济的快速发展，价值创造逐渐由体力劳动向脑力劳动转变，使得经济学界也开始重视知识这一因素在资本积累中的价值。因此也更加注重创造知识的员工的发展，和对员工的经济投入。从侧面促使经济学界对知识管理在经济学中的应用展开研究。

以上学科的发展对知识管理学科的形成起到了奠基性作用，除此之外还有其他众多学科的作用也不可忽视。如"图 2-1"所示。Karl Wiig 在《知识管理：一门渊源久远的新兴学科》等文中，强调知识管理成为一门新兴学科，需要有认知科学、教育方法、管理科学、经济学、人工智能，以及信息管理与技术科学等学科的支持。[①][②]

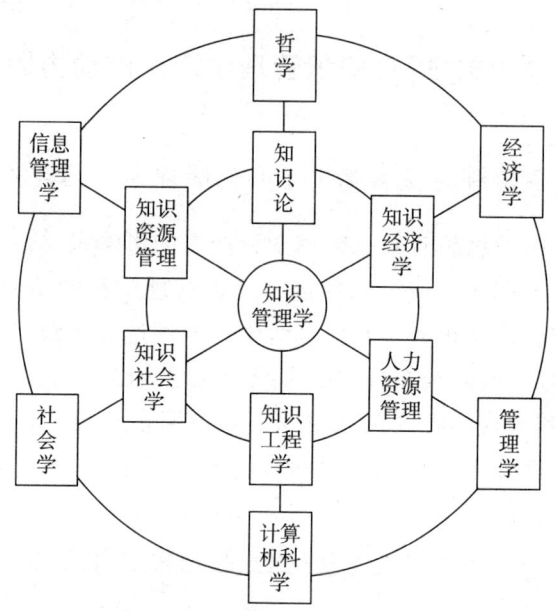

图 2-1 知识管理学发展的学科基础

---

① Wiig K M Knowledge Management Foundations: Thinking about Thinking-how People and Organizations Create, Represent, and Use Knowledge. Arlington, TX: Schema Press, 1993。

② 刘庆林. 知识管理的现在与未来. 北京：人民邮电出版社，2004。

2.1.2 对人的作用的认识决定了知识管理学的发展阶段

如果说学科的作用是知识管理学发展的一种横向因素,那么对人的作用的认识则是知识管理学发展的纵向因素。各个学科对人的重视、对人的探索研究及注重人这一因素的影响,就在潜移默化之中促进了知识管理学科思想的发展,并决定了知识管理学科的发展阶段。因为人是知识创造的主体,也是知识尤其是隐性知识的载体。但是起初的知识管理却忽视了人这一关键因素。它从以技术为中心的知识管理阶段,发展到后来以人力资源为中心的阶段,使得知识管理学科更加趋于完善。另一方面,由于知识管理学科是一门交叉学科,它又可以渗透到各个学科中去,反作用于学科,使各个学科向前发展。如"图2-2"所示。

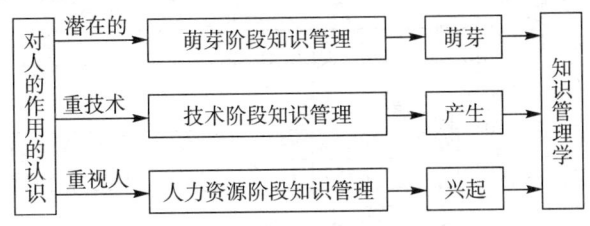

图 2-2 人在知识管理学科形成中的作用

因此,知识管理的发展主要经历了三个阶段,第一是知识管理学的萌芽阶段,这时候对人的作用的认识是朴素的;第二是以技术为中心的知识管理阶段;第三是侧重以人力资源为中心的知识管理阶段。

2.2 研究成果:知识管理学存在的现实依据

2.2.1 国外研究成果平稳增长

知识管理作为一门综合性的学科,经过多年的研究与发展,已经广泛地应用于各个领域,取得了丰硕的研究成果。通过考察国外知识管理学的研究进展,我们既可以了解国外相关领域的发展脉络,同时也可以借鉴他们在知识管理学研究方面的成功经验。①

---

① 李永梅.基于文献计量学的知识管理学科发展态势分析.情报探索,2008(9):33－36.

笔者以 Web of Knowledge(WOK)平台作为数据源,选取了 SCI、SSCI 两个数据库作为研究对象,以"knowledge management"为主题,检索了 1990 年至 2010 年所有类型的文献,共获得文献 3 280 篇,其中 2011 年出版的文献有 12 篇。

如"图 2-3"所示,从 2002 年开始,数据库才开始收录以知识管理为主题的文献。从 2002 年到 2004 年,知识管理学的研究处于成长期,文献量有大幅增长;到 2005 年后,总文献量一直保持在 400 篇以上,进入研究的成熟期。2009 年,知识管理的文献量达到顶峰,而 2008 年、2009 年和 2010 年,知识管理的相关文献量都要大于往年。

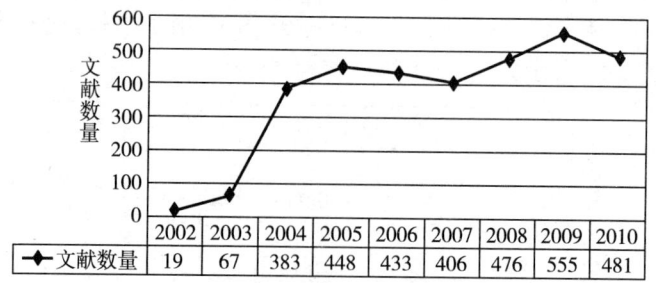

图 2-3 国外文献发表年分布图

知识管理起源于美国,最早是由美国管理学家彼得·德鲁克博士(Peter F. Drucker)提出的,所以该国在知识管理领域的研究一直处于绝对领先的地位,是知识管理学研究的中心。以全球 2002 年至 2010 年知识管理学科发文量的统计结果排序,笔者发现美国是此领域发文量最大的国家,远远领先于其他国家。中国的发文量为 217 篇,位于第 5 位,这也表明我国在知识管理领域的研究还有待提升。

2.2.2 国内研究成果快速上升

通过上述分析可以发现,我国的知识管理研究还是落后于其他发达国家的。[①] 为了更好地分析国内知识管理学的研究现状,显示当前知识管理学研究的普遍性和构建知识管理学的可行性与必要性,笔者以 1990 年至 2010 年 CNKI 中的期刊论文和博士学位论文作为数据源。在 CNKI 中,笔者以"知识

---

① 邱均平,赵蓉英,侯经川. 2002 年国内外情报学发展动向分析. 情报学报,2003(5):515—519.

管理"为关键词,以精确匹配的检索模式进行检索,得到相关论文15 299篇。

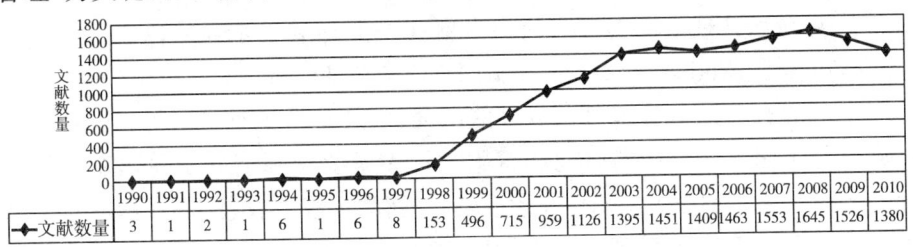

图 2-4 国内知识管理相关论文发表的年分布图

从图 2-4 中可以看出,我国关于知识管理学的研究在 1998 年前后开始兴起,发文量从 1997 年前的不足 10 篇到 1998 年猛增至 153 篇。从 2002 年开始,文献总量突破 1 000 篇,并保持着平稳上升的趋势,说明知识管理学研究进入了一个相对成熟的阶段。

20 年间,知识管理研究的文献量总体上呈逐年上升的趋势,在 2008 年达到顶峰,全年发文达 1 644 篇。虽然 2009 和 2010 年的文献量与 2008 年的文献量相比,略有回落,但文献总量仍然处在很高的水平。这表明知识管理学的研究仍会是今后一段时间内的研究热点,同样也说明我国知识管理学具有很大的发展前景。

另外,知识管理学的研究队伍在不断壮大,如武汉大学信息管理学院的信息资源研究中心、天津大学管理学院、北京大学信息管理系、哈尔滨工程大学经济管理学院、华中科技大学管理学院、西安交通大学管理学院、大连理工大学管理学院、中南大学商学院、华侨大学工商管理学院、重庆大学经济与工商管理学院、华南理工大学工商管理学院、安徽大学管理学院、吉林大学管理学院、复旦大学管理学院等都拥有在国内有一定影响的研究团队。其中,武汉大学信息管理学院、天津大学管理学院、北京大学信息管理系是三个最主要的研究力量。

2.3 知识管理学学科体系得到初步构建

2.3.1 学科体系构建的必要性

从 20 世纪初期开始,越来越多的企业开始关注对知识这种重要资源的管理,期望通过管理知识来创造企业价值,提高企业的核心竞争力。自 20 世纪60年代管理学大师彼得·德鲁克创造性地提出"知识管理"这一重要概念以后,①对知识管理全面而深入的探索就在企业界和学术界广泛展开。随着Peter Senge②、Ikujiro Nonaka③、Karl Sveiby 和 Thomas Davenport④等著名专家学者的有关知识管理研究成果的出现,国外学术界对知识管理这一新兴领域进行了深入而全面的研究和探索。许多重要国际期刊纷纷出版知识管理专刊,如《管理科学》、《管理信息系统》、《国际远程教育技术》、《国际项目管理》、《全球信息技术管理》、《国际管理科学》等。⑤ 此后,国外 Argote、⑥Schwartz、⑦Jennex、⑧等许多学者对这一学科的探索与构建进行了进一步的分析研究,在学科的研究维度、主体、客体、特征等方面取得了丰硕的成果。

  与国外知识管理研究相比,国内的相关研究起步稍晚。20世纪90年代后期,知识管理才逐渐进入了国内学术研究的焦点领域。经过十余年的探索,我国的知识管理研究已经进入了相对成熟期。形成了知识管理领域专业性的期刊,一批该领域的核心作者与研究人员共同构造了具有学科体系构建能力的创造团队。

  因此,学界的部分专家开始了对知识管理学科体系的尝试性探索。学科的理论体系对于任何一门学科的存在与发展都是极其重要的,它在一定程度上反映着研究者对其所从事的研究对象概念、原理、范畴、方法的综合认识程

---

  ① [美]彼得·F·德鲁克等,杨开峰译.知识管理(《哈佛商业评论》精粹译丛).北京:中国人民大学出版社,1999。

  ② Senge, P. The Fifth Discipline Fieldbook: Strategies and Tools for Building a Learning Organization[M], New York, NY,1994.

  ③ Nonaka, I. The knowledge-creating company. Havard Business Review,1991(Nov-Dec):96—104.

  ④ Davenport T H, Prusak L. Working Knowledge: How Organizations Manage What They Know. Harvard Business School Press,1998.

  ⑤ 李浩,韩维贺.中国知识管理的元分析.情报学报,2007(6):886—895.

  ⑥ Argote L Managing knoweldge in organizations:an integrative framework and review of emerging themes. Management Science,2003,49(04):571—582.

  ⑦ Schwartz D G. The emerging discipline of knowledge management. International Journal of Knowledge Management,2005(02):1—11.

  ⑧ Jennex M E, Croasdell D. Is knowledge management a discipline?. International Journal of Knowledge Management,2005(01):17—26.

度,是一门学科走向成熟的重要标志。① 研究知识管理学科理论体系有助于促进知识管理学学科建设与完善。知识管理学是一门新兴学科,具有广阔的发展前景,对学科体系的研究是知识管理学理论的重要基础,也必将成为深化和拓展知识管理学科理论研究领域的重要方向。② 知识管理的学科研究是知识管理所走过的从理论探索与理论尝试到实践检验与工作总结、再到理论升华、最终探讨整个知识管理学学科体系构建的一条符合科学发展规律的道路。

2.3.2 学科体系构建的探索及初步建立

邱均平教授在系统地论证了知识管理学的实践、理论与科学意义的基础上,认为知识管理学学科体系按不同标准可以分为:①宏观知识管理学和微观知识管理学;②广义的知识管理学和狭义的知识管理学;③理论知识管理学、技术知识管理学和应用知识管理学。③

柯平教授从公司治理视角入手,④引入知识治理理论,来分析知识治理与知识管理之间的有效衔接方式,进而解决知识管理学科体系构建问题,提出了三层次学科体系框架:首先是知识治理(企业知识治理、政府知识治理、全球知识治理、公共知识治理、信息机构知识治理等),其次是战略知识管理(全球战略知识管理、公共战略知识管理等),最后是一般知识管理(企业知识管理、政府知识管理、公共知识管理、全球知识管理等)。⑤

盛小平教授等通用文献计量学的方法论证了知识管理不是企业管理过程中追求的一种管理时尚,而是一门新兴学科。在综合论述了国内外学者在知识管理学学科的研究对象、学科基础与定位、学科体系与研究方法等方面的研究进展的基础上,利用库恩的学科定义标准,验证了知识管理学的学科属性。⑥

---

① 赵涛,奉继承.知识管理的进展和研究方向.http://www.kmcenter.org/blog/user1/784/archives/2005/3605.html.

② 陈颖.我国图书情报界关于知识管理研究的现状及其展望.图书情报知识,2002(1):29—30。

③ 邱均平.论知识管理学的构建.中国图书馆学报,2005(5):11—16。

④ 高爽.知识管理理论的学科构建——《知识管理学》读后.情报科学,2009(5):798—800。

⑤ 柯平.知识管理学.北京:科学出版社,2007。

⑥ 盛小平,刘泳洁.知识管理不是一种管理时尚而是一门学科——兼论知识管理学科研究进展.情报理论与实践,2009(8):4—7。

储节旺教授从知识管理理论来源与发展、研究领域、流派与成就、知识管理流程等角度总结了知识管理学的学科体系。①② 通过分析知识管理领域学科来源研究和内容体系研究的文献,结合几部具有代表性的著作中所构建的知识管理学科体系,提出了知识管理学科体系构建必须注意的几个方面,并具体构建了包含知识管理理论、知识管理技术与方法、知识管理应用3个层次的一个较为完善的体系框架。③

这些专家的研究成果,由于研究视角、研究方法、研究对象和时间范围等方面的差异,导致知识管理学的学科体系表现出复杂性和分散性的特点。同时,这些研究大多是在理论研究的基础上进行的,使用的都是定性的研究方法,缺乏定量的分析过程。④⑤

2.4 研究主体:知识管理学未来发展的关键

2.4.1 国外研究主体规模持续扩大

从高产作者的角度来看,发文量在5篇以上的作者有90人,占作者总人数的18.72%,其中10篇以上的有10人。全球有80家研究机构发文量在10篇以上,占总文献量的38.6%。各国知识管理文献量的产出主要集中在各国的大学与科研机构内,尤其是在各国的国家创新体系中起着关键作用的大学。知识管理发文量居世界前20名的高校与研究机构的论文产出情况如"表2-1"所示。从机构论文统计情况分析,证实了各国大学和科研机构是国家科技创新体系中的核心力量。在世界前20位的机构中,我国台湾和英国各占25%,美国占20%,我国香港和新加坡各占10%,加拿大和韩国各占5%。表明这些地区的以著名大学为代表的众多机构支撑了他们知识管理领域的

---

① 储节旺,郭春侠,陈亮.国内外知识管理流程研究述评.情报理论与实践,2007(6):858-861.
② 储节旺,方千平.国内外知识共享理论和实践述评.情报理论与实践,2007(5):705-709.
③ 储节旺,郭春侠.知识管理学科体系构建研究.情报理论与实践,2008(6):806-810.
④ 邬煜.社会信息学的学科体系初探.西安交通大学学报(社会科学版),2009(3):56-59.
⑤ 陈华平.公共事业管理学科体系的构建与发展难题探析.江西社会科学,2006(1):113-117.

研究,是其论文产出的主要贡献者。特别值得注意的是,我国的科研机构在知识管理相关文献总量排名的前20位中未占据1席,这反映出我国机构在国际知识管理领域的研究力量相对处于弱势。而前30名中,仅有上海交通大学发表知识管理的文献15篇,发文量排名第28位。

借助WOK我们发现知识管理研究所涉及的领域有管理学、计算机科学、情报学与图书馆学、工程学等,发文量在百篇以上。其中管理学、计算机科学和图书情报领域的论文之和超过总文献量的80%。所以我们可以得出这样的结论:知识管理研究范围很广,但研究重点在管理学、计算机科学和图书情报学3大领域。

表2-1 国际上知识管理领域的研究机构及发文情况

序号	机构名称	地区	记录数
1	NATL CHENG KUNG UNIV	中国台湾	50
2	HONG KONG POLYTECH UNIV	中国香港	38
3	NATL CHIAO TUNG UNIV	中国台湾	32
4	CITYUNIV HONG KONG	中国香港	30
5	UNIV TORONTO	加拿大	30
6	UNIV MANCHESTER	英国	27
7	NATL TSING HUA UNIV	中国台湾	25
8	NATL UNIV SINGAPORE	新加坡	25
9	UNIV LOUGHBOROUGH	英国	25
10	NATL SUN YAT SEN UNIV	中国台湾	24
11	NATL TAIWAN UNIV	中国台湾	23
12	UNIV CAMBRIDGE	英国	23
13	UNIV ILLINOIS	美国	21
14	OLD DOMINION UNIV	美国	20
15	UNIV ARIZONA	美国	20
16	NANYANG TECHNOL UNIV	新加坡	19
17	KOREA ADV INST SCI & TECHNOL	韩国	18
18	UNIV BATH	英国	18
19	CRANFIELD UNIV	英国	17
20	TEMPLE UNIV	美国	17

2.4.2 国内研究主体规模扩大迅速

为了能进一步反映文献的分布特点,笔者对国内知识管理文献的期刊来源、主要作者在知识管理领域的文献数、主要研究机构的文献数作了详细统计。具体情况如表2-2所示。

表2-2 国内知识管理期刊、作者与研究机构情况

期刊名称	篇数	作者	作者所在单位	篇数	机构名称	篇数
情报杂志	353	和金生	天津大学	50	武汉大学	312
科技情报开发与经济	303	顾新建	浙江大学	39	浙江大学	232
现代情报	283	樊治平	东北大学	36	北京大学	164
图书情报工作	249	刘希宋	哈尔滨工程大学	27	南京大学	161
情报科学	220	储节旺	安徽大学	24	天津大学	157
科技管理研究	216	邱均平	武汉大学	23	上海交通大学	136
科技进步与对策	169	郭东强	华侨大学	22	西安交通大学	128
情报理论与实践	160	张同健	乐山师范学院	20	大连理工大学	126
商场现代化	150	马海群	黑龙江大学	20	中国人民大学	124
科学学与科学技术管理	116	党延忠	大连理工大学	19	华中科技大学	122
情报探索	100	柯平	南开大学	19	四川大学	121
情报资料工作	99	张建华	郑州大学	18	南开大学	118
科技信息	94	秦铁辉	北京大学	17	华南理工大学	118
内蒙古科技与经济	94	沈治宏	四川大学	17	同济大学	115
图书馆学研究	92	喻登科	哈尔滨工程大学	17	郑州大学	113
中国经济和信息化	88	李后卿	中南大学	16	武汉理工大学	112
农业图书情报学刊	87	盛小平	华南师范大学	16	华中师范大学	103
现代管理科学	79	张庆普	哈尔滨工业大学	15	东南大学	102
经济师	71	王君	北京航空航天大学	15	清华大学	98
图书馆学刊	70	王知津	南开大学	15	中山大学	94
商业研究	70	汪应洛	西安交通大学	15	中南大学	88
科学管理研究	69	王家斌	沈阳师范大学	14	东北大学	88
图书情报知识	64	刘鲁	北京航空航天大学	14	北京航空航天大学	88
图书馆理论与实践	64	郭春侠	安徽大学	13	哈尔滨工程大学	80

续表 2-2

期刊名称	篇数	作者	作者所在单位	篇数	机构名称	篇数
情报学报	62	李长玲	山东理工大学	12	华东师范大学	79
科学学研究	61	赵涛	天津大学	12	安徽大学	78
图书馆论坛	61	蒋祖华	上海交通大学	12	吉林大学	78
商业时代	60	汪克夷	大连理工大学	12	西北工业大学	75
价值工程	56	徐福缘	上海理工大学	12	华南师范大学	74
软件工程师	54	文庭孝	湘潭大学	12	哈尔滨工业大学	72
管理观察	54	汤书昆	中国科学技术大学	12	复旦大学	72
中国图书馆学报	50	王金明	唐山学院	11	上海大学	71
企业经济	49	王前	大连理工大学	11	河海大学	71
研究与发展管理	49	温有奎	西安电子科技大学	11	重庆大学	70
科研管理	48	刘岩芳	哈尔滨师范大学	11	山东大学	67
中国科技信息	47	周九常	郑州航空工业管理学院	10	华侨大学	67
软件世界	46	苏新宁	南京大学	10	湘潭大学	63
现代商业	45	张旭梅	重庆大学	10	南京航空航天大学	63
图书馆	44	廖开际	华南理工大学	10	广东工业大学	54
黑龙江科技信息	43	崔波	郑州大学	10	山西大学	54

从表 2-2 中可以看出,知识管理学研究期刊国内有 32 种,发文量在 50 篇以上。很多期刊如《情报杂志》、《图书情报工作》等设立了专门的知识管理板块。这表明关于知识管理学的研究在专业期刊出版方面已经具有相当强的实力,拥有了本学科的理论探讨平台。

从作者发文数量上来看,有 40 名作者发文量在 10 篇以上,他们是知识管理研究领域的核心作者。[①]

从研究机构上看,有 38 所高校的发文量在 60 篇以上,这进一步表明知识管理学研究拥有自己的专业研究机构。同时,国内如安徽大学、吉林大学、黑龙江大学、兰州大学、天津师范大学、四川大学、重庆大学、华南师范大学等高校还在研究生培养中设立了知识管理学的研究方向。知识管理研究机构、课程和毕业论文的增长,证明了知识管理学已经在学术界有了一席之地。

---

① 徐慧 沈治宏.中国知识管理论文(1998~2002)的定量分析.现代情报,2005(1):7—11.

相比期刊论文,博士论文更能反映知识管理领域研究的深度、广度和系统性。① 所以,笔者对1990年至2010年间的博士论文通过CNKI数据库查询,得到175篇。从研究领域上看,既有自然科学类的论文,又有社会科学类的论文,表明知识管理应用领域之广。从研究层次上看,既有基础理论研究、行业指导研究,也有应用研究和工程技术应用研究,体现了知识管理研究层次之深。

表2-3 国内知识管理领域博士论文的机构分布情况

学位授予单位	汇总	学位授予单位	汇总	学位授予单位	汇总
天津大学	18	武汉大学	3	华北电力大学(河北)	1
大连理工大学	15	中国科学技术大学	3	华南理工大学	1
浙江大学	15	重庆大学	3	华南师范大学	1
吉林大学	10	东北大学	2	华侨大学	1
武汉理工大学	9	东华大学	2	机械科学研究院	1
华中科技大学	7	暨南大学	2	沈阳药科大学	1
复旦大学	6	清华大学	2	四川大学	1
上海交通大学	6	厦门大学	2	苏州大学	1
西北工业大学	5	上海大学	2	天津财经大学	1
中国科学院研究生院(计算技术研究所)	5	西北大学	2	铁道部科学研究院	1
中南大学	5	西南大学	2	西南交通大学	1
哈尔滨工程大学	4	中国科学院研究生院(软件研究所)	2	浙江工商大学	1
哈尔滨工业大学	4	北京邮电大学	1	中共中央党校	1
华东师范大学	4	电子科技大学	1	中国科学院研究生院	1
昆明理工大学	3	东南大学	1	中国人民解放军军事医学科学院	1
南京航空航天大学	3	对外经济贸易大学	1	中国社会科学院研究生院	1
南京理工大学	3	合肥工业大学	1	中国中医研究院	1
同济大学	3	湖南大学	1		

---

① 李长玲,翟雪梅.我国知识管理研究现状——基于学位论文的统计分析.科学学研究,2007(6):1188-1191,1215。

2.5 研究方法:知识管理学发展的重要标志

国外对 KM 方法论(methodology)的研究较多。Mervat Tallawy(2003)实证研究了 KM 方法论;V. Bures(2005)研究了 KM 实现方法论;Wang, J., H. L. Wang, et al.(2009)研究了基于产品设计的商业驱动的知识管理模型方法;Hou, J. M., C. Su, et al.(2008)研究了基于合作设计本体的知识管理方法等。[①] 这些大部分是研究知识管理在某种情况下使用的方法,而对研究方法的研究比较少。

国内对知识管理研究方法的研究主要有:张勤、徐绪松(2009)在复杂科学管理理论基础上,提出整合知识管理的研究范式;张勤与马费成(2007)、刘林青与潘春蝶(2005)[②]、廖开际等,他们研究的视角是"研究范式"。奉继承(2004)、冯鉴、姚敏(2004)研究了 KM 方法论。[③]

奉继承认为,知识管理方法论是对知识管理领域认知和实践知识管理的方法和工具,是对其性质、特点、内在联系和变化发展进行系统研究的学问。完整的知识管理方法论包含 3 个部分:知识管理框架、知识管理流程、知识管理实施指南。

张勤、马费成(2007)在确定国外知识管理研究领域 58 个高频关键词的基础上,运用共词分析法,以 SPSS 软件为工具分析知识管理的学科结构,发现了国外知识管理领域的三大学派,分别是信息技术理论导向观点、组织理论导向观点、管理理论导向观点,这 3 大观点体现了知识管理领域的 3 大学术流派,两大范式:"信息技术范式"和"组织管理范式",并预测知识管理今后将会在"知识资源"这一概念下走向范式的融合,从而得出知识管理的资源范式这一论点。[④]

知识管理学的兴起是众多学科发展交叉、衍生的结果。但作为一门新兴学科,其相关学科的发展、研究队伍、研究成果及其影响力、学科本身的体系

---

① Hou, J. M., C. Su, et al. A Methodology of Knowledge Management Based on Ontology in Collaborative Design. 2008 International Symposium on Intelligent Information Technology Application,2008.

② 刘林青,潘春蝶.论知识管理研究的范式二元性和知识结构.情报杂志,2005(9):72—76.

③ 奉继承.知识管理的哲学思想及其方法论研究.工业工程,2004(3):24—27.

④ 张勤,马费成.国外知识管理研究范式.管理科学学报,2007(6):65—75.

建立与否，都关系知识管理学的发展。另外，知识管理学的实践活动，包括企业和政府等的知识管理实践、知识管理学教育等，对知识管理学的进一步发展都提供了巨大的动力。

3 知识管理学学科定位

作为学科而存在的知识管理学必须同其他学科存在显著性差异,否则不能成为真正意义上的学科。本章从知识管理与其他学科的学科内涵、学科研究目标、学科研究方法、学科的内容体系、学科发展趋势等方面进行考察,以明确知识管理学的学科定位。

3.1 学科定义

3.1.1 学科与学科体系

学科(discipline)是什么? 它也是一个历史的范畴,最初源自于一印欧字根——希腊文中的 didasko(教)和拉丁文中的(di)disco(学)。古拉丁文中的 discipline 兼有"知识"和"权力"之意;乔塞(Chaucer)时代,英文中的 discipline 指各门知识,《牛津英语字典》对 discipline 的解释是,"为门徒和学者所属,基于普遍接受的方法和真理"。[1]

许宁宁在《行为科学百科全书》定义了词条"学科",认为学科有两个涵义:①是知识领域中一个子系统,以独特属性区别于集合内的其他子系统。因此,学科具有不依附于其他学科的独立性,主要反映在它的研究对象、语文系统和研究规范上。②学科也指学校的教学的基本单位。[2]

在高等教育研究领域,人们一般认为学科大致包括教学科目、学问分支

---

[1] 李鲁,杨天平.人文社科研究中科学与学科之辨析.光明日报,2006-7-31.
[2] 许宁宁.行为科学百科全书.北京:中国劳动出版社,1992.

和学术组织三层基本含义。① 或者认为,学科概念有四个要义:其一,有一定的科学领域或一门科学的分支;其二,按照学问的性质而划分的门类;其三,学校考试或教学的科目;其四,相对独立的知识体系。② 贾馥茗编纂的《教育大辞书9》认为:"学科是指某一个时代对于某种知识的范围、结构与体系的基本观点。从教育的观点来看,把一个范围内的知识作体系化的处理时是了便于把知识传给下一代。"③ 蔡曙山认为:"科学研究发展成熟而成为一个独立学科的标志是:必须有独立的研究内容、成熟的研究方法、规范的学科体制。"④

学者们的普遍认识是,学科一般有两种理解,即①学术的分类,指一定科学领域或一门科学的分支。学科是与知识相联系的一个概念,是自然科学、社会科学两大知识系统内子系统的集合概念,如自然科学中的化学、生物学、物理学,社会科学中的经济学、管理学等。②"教学科目"也可简称"科目",即教学中按逻辑程序组织的一定知识和技能范围的单位。也有认为是对高校人才培养、教师教学、科研业务隶属范围的相对界定。我国高等学校本科教育专业按"学科门类"、"学科大类(一级学科)"、"专业"(二级学科)三个层次来设置。根据2012年国家教育部颁布的《普通高等学校本科专业目录》,高校本科教育学科专业包括哲学、经济学、法学、教育学、文学、历史学、理学、工学、农学、医学、管理学、艺术学等12个学科门类,92个专业类,506种专业。

关于学科体系的内涵,黄崴认为学科体系是指概念、原理和方法的结构化。⑤ 陶大德认为,学科体系,是指与一定学科相关的理论知识互相联系互相制约而成的理论知识整体。⑥ 李小建等认为,所谓学科体系,是指一学科内部的分支系统。周旗等认为学科体系是指学科内部的分支系统,属于历史范畴,不仅与本学科自身的发展水平相适应,同时也与同期的其他学科发展

---

① 王建华.学科、学科制度、学科建制与学科建设.江苏高教.2003(3):54-56。
② 李鲁,杨天平.人文社科研究中科学与学科之辨析.光明日报,2006-7-31。
③ 国立编译馆主编;贾馥茗总编.教育大辞书9.台北:文景书局有限公司,2000。
④ 蔡曙山.学科发展与学科制度建设.光明日报,2002-6-4。
⑤ 黄崴.教育管理学科体系:概念,分类与整合.华南师范大学学报(社会科学版),2004(5):118-124。
⑥ 陶大德.论创立《学校经营管理学》的必要性和可能性.西南民族大学学报(人文社会科学版),2003(10):235-239。

相一致。① 对学科体系概括得较好的是叶继元教授,他认为学科体系(discipline system),一是指某一学科的内在逻辑结构及其理论框架,二是指某学科的范围和由各个分支学科构成的一个有机联系的整体。学科体系是对所属各学科按其内在联系加以归类,以符合逻辑的排列形式表述出来,它具有规范性、稳定性、系统性和开放性的特点,是一个稳定的开放系统。②

3.1.2 专业与学科的关系

按照辞海定义,专业是指"高等学校或中等学校根据社会专业分工需要所分成的学业门类",其他辞书对此定义基本一致。专业有广义、狭义和特指三种解释。广义和狭义都与职业有关。特指是指高等学校中的专业。③

学科是科学知识体系的分类,不同的学科就是不同的科学知识体系;专业是在一定学科知识体系的基础上构成的,离开了学科知识体系,专业也就丧失了其存在的合理性依据。在一个学科里,可以组成若干专业;在不同学科之间也可以组成跨学科专业。

学科与专业所追求的目标是不同的。学科发展的目标是知识的发现和创新;专业的目标是为社会培养各级各类专门人才。由此决定了学科和专业的构成也是不同的。构成一门独立学科的基本要素主要有三:①研究的对象或研究的领域,即独特的、不可替代的研究对象。②理论体系,即由特有的概念、原理、命题、规律等所构成的严密的逻辑化的知识系统。③方法论,即学科知识的生产方式。而专业的构成要素主要包括:专业培养目标、课程体系和专业人员。④

以上理解基于这样一种逻辑:专业是相对于人才培养而定的,人才培养的内容是传授学科知识,人才培养的目的是满足社会分工的需要。从根本上说,社会分工决定了学科发展,进而决定了专业的设置和变更。一个专业的发展总是以学科的发展为前提的。

---

① 周旗等.论地理学的重构.人文地理,1994(4):101−105。
② 叶继元.国内外人文社会科学学科体系比较研究.学术界,2008(5):34−46。
③ 刘正江,吴兆麟,东昉.关于航海专业与学科的划分及学科建设等问题的探讨//辽宁航海学会,大连海事大学航海学院编.航海技术与航海教育论文集,2006。
④ 朱莉.大学之路.内蒙古科学技术出版社,2007。

3.1.3 知识管理学学科定义

目前,国内外有关知识管理的定义多达几十种,大家比较认可的观点有:Yogesh Malhotm博士认为"知识管理是当企业面对日益增长的非连续性的环境变化时,针对组织的适应性、生存和竞争能力等重要方面而采取的一种迎合性措施。本质上,它包含了组织的发展进程,并寻求将信息技术所提供的对数据和信息的处理能力与人的发明创造能力这两方面进行有机的结合"。① 美国德尔福集团创始人之一卡尔·弗拉保罗认为"知识管理就是运用集体的智慧提高应变和创新能力"。② 被誉为知识管理理论之父的野中郁次郎认为"知识管理要求致力于基于任务的知识创新、传播并具体地体现在产品、服务和系统中"。③ 刘翼生和吴金希认为:知识管理就是对知识及与知识有关的资源的管理。④ 杨梅英认为知识管理是指通过对企业知识资源的开发和有效利用以提高企业创新能力,从而提高企业创造价值的能力的管理活动。⑤

综合国内外学者的观点,可以从狭义和广义两种角度来理解知识管理。狭义的知识管理是针对知识本身的管理,主要包括对知识的获取、加工、储存、传播和创新的管理;广义的知识管理不仅包括对知识本身的管理,还包括对与知识有关的各种要素、资源和无形资产的管理,涉及技术、资金、设备、系统和人员等各个方面。

3.1.4 知识学、知识社会学及知识工程学学科定义

3.1.4.1 知识学

人们对知识的探索几乎始于人类文明的开始,但人们对知识进行系统研究的历史,还只是近几十年的事。目前,人们对知识学内涵的理解尚未达成共识。归纳起来,主要有以下几位学者的定义。

柯平认为:知识学就是关于知识与知识活动的科学,是研究知识的本质

---

① 于立华,郭东强.基于组织学习的博客知识管理模型研究.科技管理研究,2009(3).
② 张晓东,何攀,朱敏.知识管理模型研究述评.科技进步与对策,2011(7).
③ 朱颖俊.面向虚拟组织的知识管理与创新研究.当代经济(下半月),2006(6).
④ 刘翼生,吴金希.论基于知识的企业核心竞争力与企业知识链管理.清华大学学报(哲学社会科学版),2002(1).
⑤ 杨梅英.知识经济与管理创新.北京:经济管理出版社,1999.

与功能、知识的形成与演化规律,以及知识生产、加工、组织、传播、利用等一系列知识活动的理论与方法,为人类社会的知识记忆与创新提供保障,并作用于科学技术与社会发展的一门综合性科学。[①] 彭修义认为:知识学,顾名思义,就是研究人类知识的科学。[②] 何云峰认为:知识科学是一门专门研究知识发展及其价值问题的科学。[③]

以上观点主要是从以下几个方面来理解知识学的内涵的:①知识学研究对象既包括静态知识,又包括动态知识。②知识学研究方法是综合运用了哲学、社会学和经济学等相关学科的理论和方法。③知识学的研究目的是为了使人们更有效地进行知识活动,如知识组织、知识传播、知识处理、知识共享和知识创新等。

知识学不仅仅探索和研究知识,还研究关于知识的各种活动、知识技术和方法在各学科领域的应用,因此,知识学是研究知识理论、知识技术与知识应用的综合性学科。

3.1.4.2 知识社会学

作为社会学的一个分支,知识社会学主要研究知识与社会结构、社会存在的关系。德国哲学家舍勒最早提出"知识社会学"这一概念,但直到1929年,德国哲学家和社会学家卡尔·曼海姆发表《意识形态与乌托邦——知识社会学导论》一书,才标志着知识社会学作为一门独立的学科正式诞生。曼海姆认为:知识是各种社会存在在人脑中的反映,[④]因此,知识社会学必须致力于探讨思想意识背后的社会存在。他所指的社会存在主要包括社会环境、社会状况和社会结构等客观的东西。

在前人对知识的不断研究和探索的基础上,现在人们对知识社会学最一般的解释是:它是对知识与其他社会或文化存在的关系进行研究的学科。必须非常宽泛地理解"知识"这个词,因为这一领域的研究实际上涉及所有的文化产物(观念、意识形态、宗教、法理及伦理信念、哲学、科学、技术等)。尽管在该学科之内存在着不同的看法,但它们有着大体相同的思想倾向,即认为

---

① 柯平.知识学研究导论.图书情报工作,2006(50):4.
② 彭修义.关于开展"知识学"的研究的建议.中国图书馆学报,1981(3).
③ 何云峰.关于建构知识科学的问题.上海师范大学学报(哲学社会科学版),2003(32):1.
④ 肖磊,刘君兰.两种建构主义理论之比较研究.上海教育科研,2009(11).

知识在某种意义上是社会的产物。①

3.1.4.3 知识工程学

在1977年第五届国际人工智能联合会议上,美国斯坦福大学计算机系教授费哥巴姆(Feigenbaum)作了关于"人工智能的艺术"的讲演,提出"知识工程"这一概念,指出"知识工程是应用人工智能的原理与方法,对那些需要专家知识才能解决的应用难题提供求解的手段。恰当地运用专家知识获取、表达和推理过程的构成与解释,是设计基于知识的系统的重要技术问题"。②

中国学者梁爱林对知识工程学作了这样解释:知识工程学是为知识库系统服务的学科,它试图在知识库系统中为某个特定的专业领域解决问题。知识工程主要涉及知识的获取、知识形式化的表达和知识的提炼,目标是让机器或者人都可以使用知识库系统。知识工程还包括可以用专家系统的推演规则来对知识结构进行表征、描述与管理。③

3.1.5 结论

从以上各个学科的定义可以看出,这四个学科在内涵上既相互联系,又相互区别。从它们的内涵上,可以得出以下几个共同点:①研究对象都包含知识,但不仅仅研究知识,还研究知识的组织、传播和创新等。②它们都与哲学、社会学、管理学等相关学科相互联系、相互融合。③都有着一个共同的目的,即为了人类更有效地进行知识活动。知识管理学与其他相关学科虽有交叉的研究领域,但却有自己独特的研究领域。知识管理中最重要的要素就是人,人是知识管理中最活跃的要素;知识学是研究知识理论、知识技术与知识应用的综合学问;知识社会学研究社会存在和社会结构与知识的关系;知识工程学主要是对知识创造的相关技术和知识系统进行研究。

3.2 学科研究目标

3.2.1 知识管理学研究目标

知识管理学的研究目标主要有以下三个方面:

---

① 刘文旋.知识的社会性:知识社会学概要.哲学动态,2002(1):42。
② 陆汝钤主编.世纪之交的知识工程与知识科学.北京:清华大学出版社,2001。
③ 梁爱林.论述语知识工程学的发展.术语学研究,2007(2)。

第一,建立一套完整的知识管理学的理论框架和体系。目前,知识管理学研究还处于经验总结阶段,大多数学者热衷于对知识进行局部研究和微观研究,而忽视了对知识管理的整体研究和宏观研究;知识管理理论非常零散,没有形成一个完整的、系统的理论体系。因此,建立一套完整的、科学的、系统的知识管理理论体系,是当前知识管理学研究的主要目标和任务。

第二,理论研究和应用研究并举。既重视理论研究,又重视应用研究。通过应用研究,就能积累理论研究的新素材,推动理论研究的发展;再将理论指导实践,在实践中应用。由此循环往复,良性循环,使得知识管理的理论研究水平不断提高。

第三,知识创新是知识管理的最终目标。知识管理是将隐性知识显性化,将无序知识有序化,建立知识库系统,尽快地实现知识的传播和共享,指导人们的决策活动,并在知识传播和共享的基础上实现知识的创新。

3.2.2 知识学、知识社会学与知识工程学的研究目标

柯平认为知识学研究的目标主要有:①建立知识学,解决图书馆学的基础理论问题;②解决知识的本质和知识世界的基本规律问题;③解决知识工程和技术的理论问题;④建立知识学,进行有关知识的综合研究。[①] 目前,知识学的研究主要集中在知识的经济价值方面,而对知识学基础理论研究较少,这将不利于知识学学科体系的建设和发展。因此,加强知识学的理论研究是当前知识学研究的主要任务。

知识社会学是在实证社会学带来很多社会弊端的背景下提出的,因此,社会经济结构的调整是知识社会学发挥作用的必要条件。当前,社会经济由工业经济逐步向知识经济转变,社会也由工业社会逐步向知识社会转变。一些发达国家已经完成了这一转变。在这个转变过程中,知识社会学的主要目的是为社会实践提供理论指导。

目前,国内对知识工程学的研究主要集中在计算机科学和人工智能领域,即利用计算机科学和人工智能,模仿人的大脑活动规律,建立专家系统和知识库系统,使计算机能够以最快的速度表示知识、获取知识、传播知识和利用知识。

---

① 柯平.21世纪知识学研究的目标和任务.图书情报工作,2009(1).

3.2.3 结论

从学科研究目标来看,以上四者都遵循着科学研究的基本目标,即促进人类社会的发展。知识管理和相关学科的共同目标是为了更有效地进行知识活动。但又有所不同:知识管理的最终目标是知识创新;知识学是研究知识的本质和知识世界的根本规律;知识社会学主要是关注社会发展及转型中的知识问题;知识工程学注重计算机在知识活动中的作用,因为,知识工程的用户是计算机。

3.3 学科研究方法

3.3.1 知识管理学的研究方法

由于知识具有宏观与微观的统一性,[①]管理又具有科学与艺术的二重性,这就决定了知识管理学具有两种研究方法。一种是以自然科学为工具的定量研究方法;另一种是以人文、社会科学为工具的定性研究方法。前者主要包括实验方法、调查方法、实地研究方法、无干扰研究方法(包括案例分析、统计数据分析)、数学模型法等,后者主要包括归纳法、演绎法、内容分析法、比较法等。

传统的研究方法有引文分析法及各种数据分析法,如 AHP、神经网络分析法、统计分析法、DEA 方法等。目前,知识管理研究还使用了一些具体的方法,如知识图谱、社会网络分析法、链接分析法、共词分析法等。这些方法在知识管理研究中发挥着重要作用。

3.3.2 知识学、知识社会学与知识工程学的研究方法

知识学研究要借鉴现代科学的方法,要运用系统科学方法,将有关知识的各个分支和各个知识单元整合起来,进行知识的系统化研究,运用计算机科学方法研究知识学,从知识库和知识链中发现知识的分布与传播规律。知识学还要运用管理学、社会学、传播学、语言学、教育学等学科方法研究知识

[①] 邱均平.知识管理学.北京:科学技术文献出版社,2006。

活动,使知识活动得到由现象的总结到本质的揭示和科学的阐述。①

沃尔夫(Kurt H. Wolff)提出知识社会学包括推理和经验两种研究范式:推理要解决知识社会学的基本问题,即知识和社会背景的关系问题;经验研究要对具体的问题做出解释。经验的知识社会学家认为,基本的概念要被视为假设,通过研究进行证明,由此,研究主题会变得清晰。②

从人工智能两个发展里程碑来看,③知识工程学的研究方法有以逻辑为基础的符号计算方法和专家系统两种方法。人工智能的研究途径主要有四条:①生理学中的仿生学的方法;②采用实验心理学方法;③运用工程技术的方法;④利用符号表示和逻辑推理的方法。④

3.3.3 结论

知识管理学及其相关学科都采用定量分析法、定性分析法和实证研究法,但知识管理学主要采取定量和定性相结合的方法,视实际情况而定。知识学和知识社会学以定性的方法为主,如归纳法、推理法,以定量分析法为辅;知识工程学主要采用工程技术的方法,以定量的研究方法为主,以定性的研究方法为辅。

3.4 学科内容体系

3.4.1 知识管理学的内容体系

张金科、江保红认为,知识管理的内容有:①知识创新管理;②人力资源管理;③知识传播管理;④知识应用管理;⑤知识网络环境管理;⑥知识产权保护管理⑤。

盛小平认为,知识管理的内容体系包括七大方面:①知识生产管理;②知

---

① 柯平.21世纪知识学研究的目标和任务.图书情报工作,2009(1)。
② Wolff, Kurt H. The Sociology of Knowledge: Emphasis of Empirical Attitude. Philosophy of Science, V01.10, No.2. (Apr., 1943):104—123.
③ 林崇德.学习与发展——中小学生心理能力发展与培养.北京:北京师范大学出版社,1999。
④ 黄荣怀,李茂国,沙景荣,知识工程学:一个新的重要研究领域.电化教育究,2004(10)。
⑤ 张金科,江保红.论21世纪的知识管理.兰州铁道学院学报(社会科学版),2001(2)。

识组织管理;③知识传播管理;④知识营销管理;⑤知识应用管理;⑥知识消费管理;⑦人力资源管理①。

姜冬云认为,知识管理学包含的内容有:知识管理目标、知识管理职能、知识管理手段、知识管理的组织形式、知识产权管理、知识管理的方法和技术、知识产品的经营。②

党跃武认为,知识管理的内容体系包括四大方面:①知识管理基础工作,包括知识管理规划组织和知识管理政策制定。②知识资本识别和维护,包括知识资本识别、知识资本审计、知识资本体系构建和知识资本体系维护。③知识资本开发和创新,包括知识管理系统建设和知识资本价值开发。④知识管理成果评价,包括识管理系统评价和知识服务体系评价。③

卢海平、张建军认为,在知识管理中:①知识的采集、加工、积累和评估是知识管理的基础。②知识的交流、传播和共享是知识管理的目标。③知识的转化、应用和创新是知识管理的核心。④知识资源的输出是知识管理的最高境界。⑤观念更新与组织创新是企业开展知识管理的前提。⑥构建学习型组织是知识管理得以长期开展并发挥作用的保证。⑦现代信息技术的发展使知识管理成为可能。④

王方等认为,知识管理包括的内容体系有:知识管理基本概念、知识管理的战略地位、知识管理的核心内容(即知识管理的流程)、知识编码、知识管理的技术、知识管理的效益及其评估方法、知识管理与企业文化。⑤

综合以上学者的观点,可以从知识管理范围和知识管理层次这两个方面概括知识管理的内容体系:

从知识管理的范围来看,目前,对知识管理的研究可以分为理论、方法、技术和应用三个部分。①知识管理的理论研究主要研究知识管理的定义、特征、知识管理的产生和发展,以及知识管理的内容、过程和模式等。②知识管理的方法和技术研究主要包括知识管理方法、工具和技术,如知识获取、知识

---

① 盛小平.试析知识经济时代的知识管理.情报资料工作,1999(5)。
② 姜冬云.论知识管理学的学科体系.长春大学学报,2006(16)。
③ 党跃武.略论现代社会组织的知识管理.图书情报知识,2000(3)。
④ 卢海平,张建军.创建知识管理学科体系培养知识管理专业人才.辽宁高职学报,2003(5)。
⑤ 王方,杨斌,毛波等.知识管理:管理教学的新领域.清华大学学报(哲学社会科学版),2000(5)。

组织、知识存储和知识利用的方法和技术,如知识库、知识地图、知识网络和知识管理系统等,以及知识管理方法体系等内容。③知识管理的应用研究主要是对知识管理实践和知识管理案例的研究,主要应用领域有:政府、企业和学校等行业。

从知识管理的层次来看,知识管理的内容体系包括宏观知识管理和微观知识管理。宏观知识管理的内容主要包括国家或政府知识管理的战略、策略及相关的法律政策等;微观的知识管理内容主要包括政府、组织和个人开展知识管理的具体措施,如政府电子政务建设、企业信息化。

3.4.2　知识学、知识社会学与知识工程学的内容体系

3.4.2.1　知识学内容体系

王续琨认为知识学的学科结构如"图 3-1"所示。①

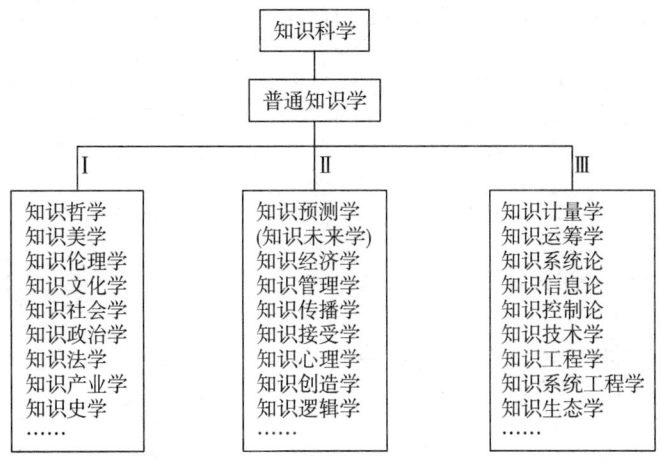

图 3-1　知识科学的学科结构

第Ⅰ群组在生成区位上是最靠近哲学、社会科学的一组分支学科。这些学科可以看作哲学、社会科学的一些学科向知识研究领域渗透的产物。

第Ⅱ群组在生成区位上是介于哲学、社会科学、思维科学与数学、系统科学、自然科学之间的一组分支学科。这些学科与第Ⅰ群组相比,其定量化、形式化程度稍高一些,同哲学、社会科学的关系稍远一些。

第Ⅲ群组在生成区位上是最靠近数学、系统科学、自然科学的一组分支

---

① 王续琨,初福玲.知识科学的兴起和发展.大连理工大学学报,2001(2).

学科。这些学科可以看作数学、系统科学、自然科学的一些学科向知识研究领域渗透的产物。

柯平提出 21 世纪知识学的主要任务与研究内容有以下方面：①研究和解决知识的基本问题，确立知识学的理论基础。②研究和解决知识活动的原理，建立知识活动的理论与应用方法体系。③研究"人—知识—机器"的知识链，将知识技术、知识工程与知识学原理结合起来研究。④研究人类知识体系与知识创新，保障知识的可持续发展的问题。⑤研究知识学的分支学科问题，构建知识学的新学科体系（见表 3-1）①。

表 3-1 知识学的研究任务和研究内容

	关于知识	关于知识活动
知识学基本理论	知识认识论；知识的术语、概念问题；知识的本质；知识的内容与特征；知识的结构与功能；知识价值与使用价值	知识的表达与表现形态；知识活动与科学；知识活动与社会
知识学基本原理	知识的基本原理；知识传播学；知识分类学；元知识；显性知识；隐性知识；科学知识；个人知识；社会知识	知识工作原理；知识工作者；知识生产与生产管理；知识加工组织；知识再生产；知识揭示；知识提炼；知识存储；知识传播；知识评价；知识利用
知识学技术	知识库与人工智能	知识技术；知识工程
知识学应用	社会知识记忆系统；知识交流系统	知识产权活动；知识创新活动；知识管理活动；知识经济活动
知识学分支学科	知识学研究方法；知识学现状与发展；知识学体系架构	科学学研究；技术学研究；知识学与相关学科

何云峰认为，知识科学至少应当研究以下 10 个基本问题：研究知识的本质和特征问题；研究知识世界的产生和发展历史问题；研究知识的进化规律问题；研究知识个体发展和演化的规律问题；研究知识内容的传递、扩散和接受问题；研究知识形式的表达、理解及其结构问题；研究知识的价值及其显现方式问题；研究知识的储存、分类问题；研究知识产权及其保护问题；研究知识工程、运用与学习的问题。②

王续琨、何云峰和柯平所提出的知识学研究的内容体系，包含了知识学

---

① 柯平.21 世纪知识学研究的目标和任务.图书情报工作,2009(1).
② 何云峰.构建知识科学：作为一个新的学科门类.中共浙江省委党校学报,2003(1).

理论研究、知识学技术研究和知识学应用研究三个层面,涵盖了哲学、社会学、经济学和管理学等相关学科的知识,比较合理。知识学的学科体系可以划分为理论知识学、技术知识学和应用知识学,可以将理论知识学和技术知识学合并为基础知识学,由此,知识学从整体上可以划分为基础知识学和应用知识学两大部分。

3.4.2.2 知识社会学内容体系

知识社会学所涉及的主要内容是知识与社会存在的关系问题。曼海姆将自然科学知识排除在知识社会学的研究范围之外,他认为知识社会学的知识仅包括人文知识,知识社会学的任务就是研究人类思想的形成、发展、变化及各种观念的相互依存关系,研究意识形态与社会群体的关系,也可称为"意识与存在"的关系,再由经验研究上升到理论高度,探讨思想意识反映社会存在的真实程度和可靠度,找出思想意识与社会存在的关系及其结构,从而,建立起检验知识的正确标准。他所指的社会存在,主要是指社会结构和社会文化因素,包括阶级、社会地位、职业群体、生产方式、权力结构、竞争、冲突、流动;他所指的社会知识或思想意识,主要包括价值观、世界观、社会思潮、时代精神、民族精神、文化心理等。曼海姆的知识社会学研究内容体系并不全面,他只是从狭义上理解知识社会学的内容体系的。自然科学属于社会意识的一部分,是社会科学技术发展的结果,同时也反映了社会发展的轨迹,因此,自然科学知识也应包括在知识社会学的研究范围之内。

在知识社会,知识社会学重点研究如下问题:

知识社会学需对知识历史进行研究。知识的发展是人类文明发展史的见证。知识对社会变化和对经济发展起着巨大的作用,但知识的社会史尚未得到人们应有的重视。研究知识对社会变迁、社会结构、社会流动及社会知识化等问题的影响,是知识社会学研究责无旁贷的任务。

知识社会学需对知识的功能进行研究。人类即将全面迈入知识时代,推进社会的知识化发展是迈入知识时代的必由之路,但推动社会知识化发展又必须正确地发挥知识的社会功能,最大限度地发挥知识的正功能,限制知识负功能的发挥,这就必须对知识的功能有个清醒的认识,因此,现代的知识社会学不仅要探讨知识的正功能,还要研究知识的负功能。

当前,知识化社会的到来,也带来了许多社会问题,如社会阶层结构的变动、职业结构的变动、社会变迁和社会流动等。这些都是知识社会学所要研究的课题。

3.4.2.3 知识工程学的内容体系

知识工程主要涉及知识的获取、知识形式化的表达和知识的提炼,目的是让机器或者人都可以使用知识库系统。知识工程还包括可以用专家系统的推演规则来对知识结构进行表征、描述与管理。从事知识工程的人主要关注专业领域主题的知识库的构建,其知识系统能够对使用者(人或者机器)的需求进行回应或者回复,并且对专业主题进行整合认知、理解,而不是对某个零散的知识进行片段式无关联的解读,这意味着人们能够在知识信息中开展符合逻辑的、智慧的'导航'(navigation)工作。[①]

笔者认为知识工程学研究的领域主要包括:①知识的表示(Knowledge Representation)。利用电子计算机处理和加工知识,首先得解决知识的适当表现形式。②知识推理(Inference)。推理机制的设计和使用的目的是如何应用已经整理好的知识来解决各种现实问题。③知识的获取(Knowledge Acquisition)。主要研究如何将所需要的知识自动化或半自动化地输入计算机中。④人的认识过程。对人的认识过程的研究,主要集中在如何表示人的智能活动、如何从专家那里获取知识,以及对知识进行重组等方面。

3.4.3 结论

从内容体系上看,知识学是知识管理学、知识工程学和知识社会学的母学科。知识社会学和知识管理学属于并列学科,但内容又相互交叉;知识工程学隶属于知识管理学,是知识管理学的一个分支。

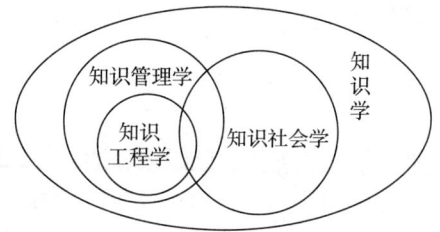

图 3-2 知识管理学与知识学、知识社会学和知识工程学在内容体系上的关系

---

① 梁爱林. 论述语知识工程学的发展,术语学研究,2007(2)。

3.5 学科发展趋势

3.5.1 知识管理学发展趋势

知识管理学的理论发展趋势:目前,知识管理学还是一门新兴的学科,国内外关于知识管理的理论研究还比较分散,但总的趋势是各个学派的研究相互影响、相互融合,逐渐形成了一个统一的知识管理学科。知识管理学的不同研究领域的学者从各自的角度出发对知识管理学加以整合。如知识学的研究者认为应该建立知识学学科体系,以统一探讨知识和有关知识研究活动;知识系统工程的学者认为应建立知识系统工程学,以知识系统工程的方法和理念对知识加以管理和研究。学者们从不同角度出发对知识管理加以整合,使知识管理理论由分散化向一体化方向发展,这是知识管理学理论研究的一大进步。

知识管理技术发展趋势:当前,知识管理的技术主要有知识共享平台和知识管理系统,但这些技术主要是对显性知识的管理,很难对难以表述的隐性知识进行管理。因此,开发人工智能和行为科学等领域的相关技术,使隐性知识显性化,是今后知识管理技术领域的研究趋势。

3.5.2 知识学、知识社会学与知识工程学的发展趋势

3.5.2.1 知识学的发展趋势

陆汝钤院士在《知识科学及其研究前沿》一文中列出了知识学前沿的八大领域:知识模型研究、常识性知识研究、非规范知识研究、知识的数学理论、知识获取的理论与技术、基于知识的软件工程、知识用于计算机技术、大规模知识网络的理论和技术。[1] 如何将技术方向的知识学研究和人文背景的知识学研究结合起来,完成知识理论与技术的整合,将是今后一个时期知识学研究的重点方向。[2]

当前和今后一段时期内,知识学的研究方向包括:①重点突破。目前,知识学的研究内容分散,研究内容分散容易使研究力量不集中,以致无法形成

---

[1] 陆汝钤.知识科学及其研究前沿.中国科技奖励,2000(4)。
[2] 柯平.知识学研究导论.图书情报工作,2006(50):4。

一个完整的知识学学科体系。事实上,我们可以在某个点上取得突破,以点带面,逐步建立知识学的学科体系。②重视基础研究。基础研究内容除包括学科对象、学科内容与性质等基本问题外,还包括学科的理论基础体系、知识学的学科定位、知识哲学、知识的基本原理、知识活动的基本规律等问题。③整合各个领域关于知识学的研究,使知识学一体化。目前,知识学研究主要借鉴管理科学、教育科学、系统科学、社会学等学科的理论和研究方法。跨学科研究有其优势,但也有其缺陷,它不能突出知识学的学科地位,也无法使知识学成为一门综合的、统一的学科体系。

3.5.2.2 知识社会学的发展趋势

知识社会学向科学知识社会学方向发展是必然趋势。知识是一把"双刃剑",它能促进人类文明的进步,也能毁灭人类的文明。随着社会的发展,我们也看到知识"双刃剑"效应日益凸显,这昭示着知识与人文关系的日益失调,解决知识与人文间的关系是知识社会学的时代使命。现代的知识社会观只有在理论上获得突破和变革,才能解决在社会发展过程中知识和人文关系的日益失调现象,为此,必须以实践为基础,构建以社会学、人类学和管理学等相关学科相互联系的科学知识社会学。

3.5.2.3 知识工程学的发展趋势

化柏林认为,知识工程旨在建立面向对象的知识库和逻辑命题的知识库,它以最贴近自然的方式描述自然界的事物,以人们可认知、计算机可理解的方式描述事物间的规律,以便能够有效地解决信息泛滥和信息爆炸等问题。知识工程技术可以对重复的信息进行过滤和筛选,得到最能反映事物本质及自然规律的清晰有序的知识。①

化柏林还指出,知识工程学的发展趋势和知识管理学的发展趋势有其相似之处,他们都向着知识表达清晰化、数据组织有序化、内容存储本体化的方向发展。自然语言处理技术的新进展、面向对象方法研究和应用的成熟,以及本体论思想的引入,为知识工程的发展提供了技术支持和理论指导。目前,知识表示的方式已经比较成熟,大多数知识类型都能够表示出来。知识获取的方式仍然有待继续发展。现在主要的知识获取方式有:半自动化、全自动化和非自动化技术。它们各有其缺陷:非自动化技术获取知识的速度太慢;全自动化技术获取知识的技术难度太大,在处理自然语言方面无法取得

---

① 化柏林,知识管理与知识工程的差异及发展.图书馆杂志.2008(11)。

重大突破之前,进行工程化实施几乎不大可能;半自动化技术是目前比较现实的和可靠的知识获取技术。随着知识工程学研究的深入,知识获取技术必然向着全自动的方向发展。

3.5.3 结论

知识工程学和知识管理学都旨在使知识向表达清晰化、数据组织有序化、内容存储本体化的方向发展,但知识工程学更注重技术研究,使用先进的技术达到目的。知识管理学不仅仅包括知识管理的技术,知识管理技术只是管理知识的一种手段。

知识管理学、知识学、知识社会学和知识工程学都向建立一个统一的、综合的学科体系的方向发展,这个学科体系的内容虽然相互交叉、融合,但各自又有着诸多不同之处,如不同的研究对象、不同的研究领域、不同的理论基础等,正是由于这些区别,才构成了不同的学科体系。

4 知识管理学的研究对象

知识管理学的研究对象主要有三个方面:①知识;②知识活动;③知识员工。

4.1 知 识

4.1.1 知识的类型及内涵

新经济时代,知识的应用与创新将成为组织和国家发展的强大推动力。知识是一个与数据、信息既不同但又密切相关的概念。

一般而言,数据是原始的、不相关的事实;信息是被给予一定的意义和相互联系的事实。韦伯字典对信息的解释是:在观察或研究过程中获得的数据、消息。数据是形成信息的基础,也是信息的组成部分,数据只有经过处理、建立相互关系并给予明确的意义后,才形成信息。知识则是对信息的推理、验证,从中得出的系统化的规律、概念或经验,它是言与行的基础。智能是知识的外在表现,是通过绩效来反映个人的知识修养的。因此,它们的关系可用"图 4-1"表示[①]。也有学者将四者的关系表示成金字塔模型,位于金字塔顶端的是智慧,是知识的具体运用;底端的是数据,是一切信息、知识和智慧的来源。

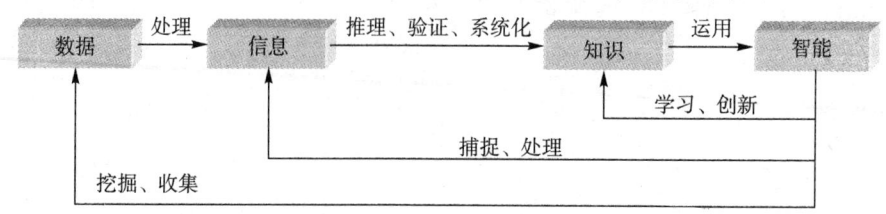

图 4-1　数据、信息、知识和智能的区别与联系

---

① 朱祖平.刍议知识管理及其体系框架.科研管理,2000(1)。

因此，从"图4-2"看出，知识是结构性经验、价值观念、关联信息及专家见识的组合。知识为评估和吸纳新的经验和信息提供了一种构架。知识产生并运用于智者的大脑。在组织机构里，知识往往不仅仅存在于文件或文章中，也植根于组织机构的日常工作、程序、惯例及规范中。

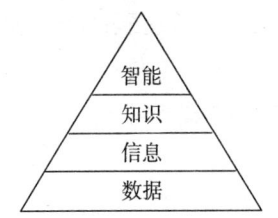

图4-2 数据、信息、知识和智能的关系

知识既不是数据也不是信息，但是他们之间存在着密切的关系。信息来源于数据，知识来自信息。如果组织拥有大量的信息，但并没有从这些信息中悟出商机，那么这些信息就不是知识；如果组织可以洞悉商机，则信息就变成为知识。经验、真理、判断和直觉是知识的重要组成部分。所以，知识指的是有价值的信息，是对信息的提炼和总结。这个定义包含以下层面的含义：

(1) 知识不简单等同于数据或信息。数据是代表特定意义的文字、数字或音像，信息是条理化、格式化的数据；而知识是有价值的信息，能指导人们开展价值创造的实践活动。因此从内涵和外延上，都不能把数据或信息简单地等同于知识。促进数据和信息向知识转化，是知识管理的重要任务。

(2) 知识的形式有两类：显性知识（Explicit Knowledge）和隐性知识（Tacit Knowledge）。显性知识是指以专利、科学发明和特殊技术等形式存在的知识；隐性知识主要是指个人创造的、通用和标准化难度大的知识，例如个人的行为经验、诀窍等。显性知识易于利用数据和IT技术进行整理和存储，可通过技术手段来管理；存在于人的大脑之中的隐性知识，则难以被他人了解。因此如何管理隐性知识，实现知识共享和交流，成为知识管理中的最大难题之一。

波兰尼（Polanyi）认为隐性知识是个人技能的基础。人们可以从教科书中学习各种知识，但却无法把它们连贯起来形成隐性知识，这一步只能是在具体的实践尤其是失败体验中获得。因此隐性知识是在"干中学"获得的。个人技能是隐性知识与显性知识综合的结果。Nelson和Winter把隐性知识扩展到组织层面，引入了今天西方在知识经济研究中常提到的"组织惯例"（Organizational Routine）概念。他们认为，组织层面的"组织惯例"相当于个人层面的技能。在大多数组织中，"如何从事"被储存于这些惯例中，组织中的个人只能通过"干中学"来掌握这类知识。当然这类知识实际上是个人层面的隐性知识在组织中的综合体现。

(3)知识是发展的而不是一成不变的,是一个不断生产的动态过程,知识的识别、获取、开发、研究、分解、使用、共享,在其存在的全过程中反复进行,通过这些过程,知识既被使用,又不断地生成和更新。

(4)知识的分类是多样性的。从知识结构(Knowledge Architecture)上讲,知识可划分为:Know-What(知道是什么)、Know-Why(知道为什么)、Know-How(知道怎么做)和 Know-Who(知道谁知道和谁知道怎么做)。以企业为例,"是什么"的知识就是企业关于发展用户和市场营销的知识,主要通过用户关系网、市场调研和对用户需求的了解来获取。"为什么"的知识就是与企业生产和服务的研究开发有关的知识,主要通过科学试验和知识购买来获取。"怎么办"的知识就是与企业的产品和服务的生产、工艺和组织方式有关的知识,主要通过实践来获取。"谁拥有"的知识就是关于企业知识资本的相互关系和存取途径的知识,主要通过建立"知识地图"等知识组织系统来提供和获取。①

对知识的定义还有如下的不同观点:

• 知识是用于解决问题的结构化信息(Woolf)。

• 知识是用于解决问题或者决策的经过整理的易于理解和结构化的信息(Turban)。

• 知识包含真理和信念、观点和概念、判断和展望、方法和诀窍(Wiig)。

• 知识是被认为能够指导思考、行为和交流的正确和真实的洞察、经验和过程的总集合(van der Spek and Spijkervet)。

• 知识是从信息中推导出来的,能够积极提升绩效、解决疑难及进行决策、教与学等(Beckman)。

另外,对"组织知识"的定义也有如下几种:

• 组织知识是以人为中心的知识产权资产、基础结构资产及市场资产的集合(Brooking)。

• 组织知识是内嵌在流转和过程中用于行动的流程知识。

4.1.2 知识的特征

作为内隐的认知过程和外显的认知结果相统一的知识,具有如下几个方面的特征:

---

① 党要武.略论现代社会组织的知识管理.图书情报知识,2000(3).

(1)情境依赖性

知识的情境依赖性是指任何知识都是在特定情境中创造的,而且还要在特定情境下获得其意义。这意味着知识是与某个具体情境下的具体认知实践活动联系在一起的,是具体的或局域的,超过这个范围,知识的准确性可能就会受到怀疑。例如,牛顿定律只适用宏观领域,它不能解释微观领域现象。知识的情境依赖性这一特点使人们对知识的理解和共享存在着一定的困难,所以知识型管理者应该将营造有利于理解、创造和应用知识的共享情境作为努力的重点。

(2)意会性

知识的意会性是指知识的不可完全表达性,即有些知识或知识的有些部分是内隐的,不能被完全明晰地表达、不能传递,只有通过自身的实践,才能理解和获取。知识的意会性特征,使即使为同一情境下的知识传递也不容易进行。鉴于此,知识型管理者一方面应该激励个体将意会性高的知识进行编码;另一方面,应该设计知识的意会性降解过程,以降低某些知识的意会性,提高其可表达性。这样才有利于知识的共享和应用。

(3)知识的离散性

由于人的时间和学习能力有限,且知识的获取和存储要以个体化形式进行,所以,一个人不可能精通所有领域的知识,在专业分工高度发达的今天尤其如此,知识只能由那些处于特定情境中的个人或团队分散化地掌握。知识在社会和组织中是离散分布的。知识的离散分布性使组织进行知识整合决策有一定的困难。组织应该寻求整合知识的良好途径,建立基于分散化知识基础上的分散化决策体系。

(4)知识的载体依托性

知识有其载体,具体包括三类:一为实物载体,如桌子、椅子、电视、房屋等。这类实物承载着人们认知实践活动的结果,凝结着人们认识世界和改造世界的智慧。二为媒介载体,如语言、文字、图形等。这类载体体现了作为认知结果的知识,同时它又是知识传递的媒介。三为人和组织。有一些知识或某些知识的某些部分,如经验、组织惯例、组织文化等是内隐的,它无法通过媒介明晰表达。这类知识存在于人们头脑或组织情境中。无论是实物承载的知识、媒介承载的知识,还是组织所承载的知识,最初都是由人脑创造和人际互动产生的,所以知识的最根本载体应该是人。这也正是管理者关注人力资源必然关注知识资源、强调对知识的管理必然强调对"人"的管理的原因。

(5) 知识的收益递增性

知识作为一种资源,与其他物质资源相比有一个显著差别,即知识资源具有收益递增性。对于一般物质资源来说,普遍存在着投资的收益递减现象。知识的收益递增性指的是对于某一特定知识资源来说,随着对其投资的持续增加,收益不但不会减少,反而会逐渐增加,直至被另外一种全新的知识资源替代为止。知识经济的魅力主要在此。

知识的上述特征一方面决定了其是组织获取竞争优势的关键资源,并且这一资源与人力资源紧密联系;另一方面,决定了组织必须对知识进行有效的整合和管理,才能充分利用知识,创造价值。这就涉及两个问题:一是从战略角度重视知识资源问题,二是从组织管理角度管理知识资源问题。

4.1.3 知识构成

4.1.3.1 知识资本

知识的构成可以从多个角度对它进行划分,如果从资本的角度划分,则可以区分为人力资本、结构资本和顾客资本三个方面。这种划分具有重要的经济意义。

(1) 人力资本是指组织员工所具有的各种知识、技能、经验和突破性思想。这种知识资本依附于个人,常以未编码的形式存在。而这些知识往往就是组织价值实现和价值增长的重要基础。知识管理的重要行为之一就是把这种未编码的个体知识或隐含知识转化为集体共享的知识,对其进行阐述和编码,使其清晰化和更具可操作性。

(2) 结构资本是指组织的组织结构、制度规范、组织文化等。它是组织个体知识共享和学习的结果。结构资本一旦形成,就成为组织的巨大财富,是组织的灵魂。

(3) 顾客资本则是指市场营销渠道、顾客忠诚度、组织信誉等经营性资产。这种资本是组织通过与外界各种联系建立起来的,是组织生存的重要条件,但却往往容易被组织忽略。顾客资本中最主要的是供应商、用户和竞争对手等利益相关者的动向、专家和顾客意见、员工情报报告及行业领先者的最佳实践调查(Benchmarking)等。

人力资本、结构性资本和顾客资本三者相互作用,共同推动组织的战略发展和市场价值的不断提高。

4.1.3.2 知识资产

从资产的角度将知识分为:

(1)体现竞争力的知识资产,如信誉、服务、商标等。

(2)体现智力劳动的知识资产,如专利、商标、版权等。

(3)体现组织内在发展动力的知识资产,如管理和经营方法、文化、信息支持系统等。

(4)体现人力资源的知识资产,如员工的知识水平、工作技巧等。这些由知识、实际经验、技术、客户关系和专业技能等组成的无形资产,其市场价值远远超过其账面价值,知识管理就是促进这些从无形资产到有形资产、潜在生产力到现实生产力的转变和实现。归纳起来,可以分为市场资产(来自客户关系的知识资产)、知识产权资产(纳入法律保护的知识资产)、人力资产(知识资产的主要载体)、基础结构资产(组织的潜在价值)四种。

学前,企业的资产在其资产负债表里得不到反映,有人认为应该在资产负债表上加上一列:知识资产。虽然对这种资产的评估是一个挑战性的课题,但这也说明了知识资产的重要性。随着知识型组织的不断扩展壮大,知识资产被列入资产负债表是迟早的事情。

4.2 知识活动

知识管理对知识活动的研究主要包括以下几个方面的内容:

4.2.1 知识共享

知识管理的目标是为了有效地开发和利用知识,实现知识的价值,其前提与基础是知识的获取与积累,其核心是知识的交流与学习,其追求的目标是知识的吸收与创造,从而最终达到充分利用知识并因此获得效益、获得先机、获得竞争优势的目的。在这个过程中,最根本的前提是知识的存在,包括知识的质与量。要想拥有足够质与量的知识,就要积累与共享知识,因为个体的经验、知识和智慧都是相对有限的。而一个组织的知识是相对无限的,如何使一个组织的所有成员交流共享知识是知识管理所要解决的重要课题。知识共享是发挥知识价值最大化的有效途径,知识共享是知识管理的基点,是知识管理的优势所在。因此,对知识共享的理论进行研究和实施就显得十分必要。

保罗·S·迈耶斯于1997年详细介绍了适合于组织系统知识共享的设

计方案。① 自此以后,专家学者们开始从不同角度对知识共享展开研究,研究领域从企业扩大到政府、教育等社会组织。有关知识共享的研究逐渐成为知识管理的重点。从笔者掌握的有关知识共享研究的文献来看,其研究内容主要体现在知识共享的定义、类型、过程、模式等方面。

4.2.1.1 知识共享的定义

由于知识内涵的开放性和知识分类的复杂性,专家学者们对知识共享的内涵理解也很难形成一致的看法,但他们还是从不同的视角对知识共享的内涵提出了许多颇有见地的观点。

(1)观点简述

①信息技术角度。Newell 及 Musen 从信息技术的角度理解知识共享,认为必须厘清知识库中符号和知识之间存在的差异。知识库本身并不足以用来捕捉知识,而是赋予知识库意义的解释过程。因此,对知识共享而言必须包括理性判断与推理机制,才能赋予知识库生命。②

②信息沟通角度。Hendriks 和 Botkin 等人认为知识共享是一种人与人之间的联系和沟通的过程。

③组织学习角度。Senge 认为,知识共享不仅仅是一方将信息传给另一方,还包含愿意帮助另一方了解信息的内涵,并从中学习,进而转化为另一方的信息内容,从而发展个体的行动能力。Nancy 认为共享就是使人"知晓",将知识分给他人,与对方共有这种知识,它的极致是整个组织都会"知晓"此知识。③

④市场角度。从市场的视角来定义知识共享,有专家认为知识共享过程是企业内部的知识参与知识市场的过程,与其他商品和服务一样,知识市场也有买方、卖方,市场的参与者都相信可以从中此获得好处。④

⑤系统角度。Zhuge、Nabuco 等学者利用系统思想来研究知识共享,认

---

① 保罗·S·戈麦斯.知识管理与组织设计.蒋慧工等译.珠海:珠海出版社,1998。
② 富立友.基于知识共享的组织文化研究.上海:复旦大学,2004。
③ Nancy M D. Common knowledge:how companies thrive on sharing what they know. [S. l.]:Harvard university Press, 2000:30—32.
④ Tan & Margaret, Establishing mutual understanding in systems design:An empirical situation. Journal of Management Information Systems,1994(10)。

为知识共享是一个整体活动,是作为一个整体而发挥作用的。①

我国也有学者从系统的层面研究知识共享。如单雪韩认为知识共享过程是知识拥有者的知识外化行为和知识获取者的知识内化行为。② 国外有学者从知识互动的角度来界定知识共享,这一观点最有代表性的就是 Nonaka & Takeuchi 的观点。Nonaka & Takeuchi 认为默会知识与明晰知识通过共同化、外化、结合、内化四个过程产生互动,这种互动的过程使得成员间的知识得以分享,并间接使得成员与组织分享彼此的知识。

⑥其他角度。在国内,随着知识管理的理论研究不断深入,知识共享问题也受到了越来越多人的关注。王德禄等专家从知识共享的重要性及与知识管理的关系的角度进行研究,指出最为有效的知识管理,是需要把握积累、共享和交流3个原则。③ 孙政顺对各种信息技术如个性化研究、搜索过滤算法、分类策略、智能代理、知识挖掘在知识管理系统中的应用做了比较全面的分析研究。綦振杰提出了建立企业内部知识交易市场的观点。陈力等提出了企业知识管理中的知识分享机制的观点。张庆普、李志超从企业隐性知识的角度出发,比较全面地分析了企业内部不同层次知识主体之间、企业内部与外部之间隐性知识流动与转化的方式和障碍因素。赵修为从组织学习的角度出发,提出了实现知识整合的实现机制。郁义鸿从组织设计的角度出发,在《知识管理与组织创新》一书中对企业组织结构与知识共享的相关性、价值识别和流程再造、企业的记忆、企业结构设计和虚拟企业都做了详尽的论述。还有不少学者,如雷玲从文化的角度对实施知识共享的企业文化进行了初步探讨。

(2)简析

综上所述,笔者认为,这些理解还存在一定的片面性,但也都在不同程度上涉及了知识共享的本质属性,这对我们理解和认识知识共享的内涵有一定的帮助。

①这些研究都侧重于知识共享的某一方面,或着眼于知识共享的技术体系,或着眼于知识共享的组织机制,没有把知识共享当作一个系统来研究,也就是说没有系统地梳理影响知识共享的各种因素,所以多数只是一种片面的

---

① Zhuge H. A knowledge flow model for peer2to2peer team knowledge sharing and management [J]. Expert Systemswith App lications, 2002, 23(1):23-30.
② 单雪韩. 改善知识共享的组织因素分析. 企业经济, 2003(1)。
③ 左美云. 国内外企业知识管理研究综述. 科学决策, 2000(3):33。

理解。

②这些研究不够深入,有观点认为知识共享是一种人与人之间联系和沟通的过程,它将知识共享视同信息沟通,这种认识显然缺乏深度。另外在许多文章中都提及应该建立一个有利于知识共享型的企业文化,但并没有谈到如何建立这种文化;对是不是文化建设好了,就能促进知识共享等问题没有进行深入探讨。

③这些研究大多集中研究组织、技术等因素对构建知识共享的影响,以及知识管理知识共享宏观层面功能等方面,而对关于知识管理与共享对企业微观层面活动产生的影响、作用及相关机理等的探讨十分有限。尤其是没有从知识共享在整个知识管理的流程中的地位和作用来整体考虑,也没有从企业管理的全局的高度来分析知识共享,带有一定的片面性。

4.2.1.2 知识共享的类型研究

从不同的角度,可将知识共享划分为以下几种不同的类型:

(1)知识共享的主体类型

知识共享可能发生在员工之间,也可能发生在项目团队或不同组织之间。根据知识共享的主体不同,知识共享可分为员工间的共享、团队间的共享和组织间的共享。

①对员工间的共享的研究主要是围绕着个体知识共享的特点、模式及影响因素展开。[1] 例如,获取别人的经验知识,只有通过个体之间的共享来实现。组织的共享文化氛围、信息技术和组织的支持,以及员工的工作成就感、工作挑战性、组织信任度、组织归属感及组织宽容度等因素会影响员工的知识共享效果。

②团队间的知识共享。为了完成一些非常规的项目,可能需要组建临时团队,有时还需要聘请外单位专家。在这种情况下,虽然存在知识共享的障碍,但是由于成员有共同的目标,所以知识共享容易实现。但团队成员对知识共享的预期显然会影响知识共享的水平。

(3)组织间的共享。关于组织间的知识共享,学者们从不同的角度,提出了不同的观点。有学者从对如何在企业内进行有效的知识共享以支持这样的经营方式的角度来研究,如闫芬等在《实施大规模定制中组织知识共享研

---

[1] 李涛,王兵.我国知识工作者组织内知识共享问题的研究.南开管理评论,2003(5):16-19.

究》一文中的观点。有学者从组织的核心职能和虚拟化职能之间的关系出发,提出随着市场环境的变化,组织保留的核心职能与虚拟化职能之间需要知识共享。

王兴元在《名牌生态系统中的知识传播与分享研究》一文中也提出了相似的看法。也有学者从企业间联盟与合作的角度出发,提出企业间的协同商务需要相关的知识共享,如张成洪、凌卓华等学者的观点。E. G. Carayannis 等学者指出,盈利组织与非盈利组织之间也存在知识共享的问题。

(2) 共享的知识类型

根据共享的知识类型的不同,可将知识共享划分为显性知识共享和隐性知识共享。[①] 知识越明确,越容易表达和编码,就越容易实现共享;知识越隐含,越不容易表达,其共享对交流媒介的要求就越高,越不容易共享。显性知识通过信息技术的交流媒介就可以实现共享,如电子邮件、电子论坛、数据库/知识库、各种文档等;隐性知识的共享则对交流媒介的"丰富性"要求较高,比如面对面的交流是"丰富性"最高的一种交流方式。因此,企业要根据知识的不同特点选择合适的知识共享方式,以达到理想效果。根据企业内的团队所要完成任务的性质、背景和共享知识类型的不同而导致的知识转移方式的不同,可以将知识共享分为:知识的连续转移(Serial Transfer)、近转移(Near Transfer)、远转移(Far Transfer)、战略转移(Strategic Transfer)和专家转移(Expert Transfer)。[②]

根据共享知识的来源不同,可分为组织外部知识共享和组织内部知识共享。组织外部知识主要是指与组织环境、供应商、销售商及竞争对手等相关的知识。[③] 这些外部知识往往不能给组织带来核心竞争优势,因为一个组织可获得的外部知识,其竞争对手往往也可以获得。内部知识主要是指组织内部制度环境、工作流程、员工个人经验、产品信息及记录信息知识等。一个组织的内部知识,尤其是关键性的内部知识,往往是竞争对手无法模仿或得到的,也是能给组织带来竞争优势的重要资源。

(3) 简析

目前,对知识共享类型的研究是比较成熟的。知识共享的主体不外乎个

[①] 张作凤.知识共享机制及其在企业中的构建.北京:中国科学院文献情报中心,2004.

[②] 南希·M·狄克逊.共有知识:企业知识共享的方法与案例.北京:人民邮电出版社,2002.

[③] 李亚辉.基于组织内部知识市场的知识共享研究.哈尔滨:哈尔滨工业大学,2005.

人、部门(或团队)和组织,知识共享是一种双方行为,提供者和接收者都必须存在,否则知识共享就是空话。还可以从提供的知识类型来研究知识共享,这就回归到知识管理的一个最基本的问题——知识类型,而这个问题的研究历史非常悠久,研究的广度和深度都达到了较高的水平。

不过知识共享的类型仅限于这两个方面,显然是不足的。对知识共享的行为模式、心理模式、方式和方法等方面进行研究,也是知识共享研究以后应该关注的问题。

4.2.1.3 知识共享的过程研究

(1)观点简述

知识共享就是如何使知识在员工个人之间、员工与组织之间进行交流的过程。王方华等在《知识管理论》一书中把知识共享的过程概括为5C,即:一个人知识创造(Individual Create)、知识的阐明(Clarify)、知识的交流(Communicate)、知识的理解(Comprehend)和知识的创新(Organizational Create)。① 这种观点过于扩大了知识共享的过程,其实将上述5个环节理解为知识管理的过程,更为合理。

日本学者野中郁次郎提出根据知识外显程度的不同,将知识分为隐性知识和显性知识两种。此外,根据知识所有者的不同,还可以把知识分为个体知识和组织知识。知识由个体知识转化为组织知识、由隐性知识转化为显性知识,都要经过诸多环节。

(2)简析

对于知识共享的过程,多数学者的观点都能找到日本学者野中郁次郎和竹内广隆所提出的SECI模型的影子。这固然反映了野中郁次郎和竹内广隆观点的合理性,但是知识共享的过程并不是如此简单。实际上一些学者如王方华等也对这个问题进行了更多的探索。

4.2.1.4 知识共享的模式研究

4.2.1.4.1 关于知识共享模式的分类

知识共享的模式有很多,有学者对这个问题进行了专门的研究。李鹏燕认为企业知识管理模式应分为人力资源管理、企业信息化建设、知识产权管理3种模式。南方等从两个维度对企业核心业务进行考察,将企业的知识管

---

① 王方华等.知识管理论.太原:山西经济出版社,1999。

理区分为 4 种模式[①]:事务模式、集成模式、协作模式和专家模式。李顺才等认为企业核心能力是由核心技术、组织管理知识和市场知识等构成的知识体系。企业核心能力的形成即是知识的转化过程,而转化的每一环节又创新和积累了知识,进而形成了富有特色的企业核心能力。因此,要培育和发展企业的核心能力,必须不断地进行知识交流、积累、应用和创新,以知识流为导向来构建企业组织结构。张苏通过(昂德森咨询公司和拜恩(Basin)、波士顿(Boston)、麦肯锡咨询公司)等实例分析了美国的知识管理模式。张福学认为企业知识管理战略模式分为编码化战略与个人化战略两种。张弦等认为企业知识管理的运行模式应分为职能知识管理与项目知识管理两种模式。

(2)基本观点

笔者在梳理文献资料的基础上,将当前对知识共享模式的研究归纳为以下几种:

①基于显性知识和隐性知识相互转化的 SECI 模型。日本著名的知识管理学家野中郁次郎提出了知识共享的 SECI 模型,他认为,知识共享包括 4 种模式:Socialization,指潜移默化(或社会化),是将隐性知识转化为新的隐性知识的形式。传统的师传徒受就是隐性知识共享的典型形式;Externalization,指外部化,是通过类比、隐喻和假设、倾听和深度谈话等方法将隐性知识转化为容易理解和接受的形式;③Combination,指组合化,是将个人拥有的零散的显性知识汇总组合起来,成为对组织有价值的显性知识;Internalization,指内部化,是成员将显性知识转化为新的隐性知识的内部升华形式。

②基于行动—结果联系的知识共享模式。南希·M·狄克逊在《共有知识——企业知识共享的方法与案例》一文中,在创造和利用共有知识(Common Knowledge)模式的基础上,提出了基于行动—结果联系的知识创造与共享模式。这种模式存在 3 个基本过程:基于行动—结果联系的内部知识创造过程、基于行动—结果联系的内部知识共享过程、外部知识的获取和吸收过程。

③基于信息传递的知识共享模式。王开明等在《论知识的转移和扩散》一文中提出了基于信息发送的知识共享模式。他们认为,知识共享类似于信

---

① Nonaka, B Ikujiro. The knowledge2creating company. Harvard BusinessView, 1991(6): 96－105.

息发送,一般包括知识的发送和知识的接受两个基本过程,这两个过程由不同的主体——发送者和接受者分别完成,并通过中介媒体连接起来。① 王开明等认为,当知识的发送者和接受者愿意共享某项知识时,发送者从自己的知识库中选取和编码知识从而形成"发送知识",并通过中介媒体,发送至接受方。接受者通过中介媒体,接受和解码知识,并根据自己的知识积累和对知识的吸收能力对其进行解释和理解,形成"接受知识",并存入接受者的知识库。发送者和接受者之间可能存在互动和信息反馈过程。

④正式的知识共享和非正式的知识共享模式。姜俊在《组织知识共享的模式研究》中,提出了正式的知识共享和非正式的知识共享模式。他指出,以正式组织结构为依托的知识共享模式包括基于团队任务的知识共享模式和基于运作流程的知识共享模式。基于团队任务的知识共享是指从团队执行任务到知识形成、知识共享和知识的再利用与创新的过程;基于运作流程的知识共享是一种与组织的运作流程紧密结合在一起,以改善和提高组织绩效为目标的知识共享模式。而非正式组织活动中的非正式的知识共享模式,是指个人或组织通过非正式的途径和方式来共享超越自己知识范围的其他个人或组织的经验知识。他认为,在一个组织中,这三种模式各有其优缺点,应相互结合,互为补充。②

(3)简析

知识共享模式的研究对于了解知识共享的本质问题有重要意义。上述的研究基本上代表了知识共享的模式研究的主要内容。这些研究从转化、"行为—结果"、信息交流等角度展开,有一定的广度和深度。但是知识共享的模式与企业的特性有关系,有什么样的企业,就有适合该企业的知识共享模式,所以知识共享模式是丰富多彩的。而概念化理解知识共享模式只能说是一种理论研究的方便。

4.2.1.5 国内外知识共享实践现状

国内外一些著名公司像施乐公司、惠普公司、莲花公司、联想集团、同方集团等,都建立了自己的知识管理网站,这不仅有效地推进了本公司的知识共享,还为人们研究企业知识共享提供了良好的氛围和基础。但是,在这一时期,也有很多企业在实施知识管理的过程中,由于没能建立起合适的知识

---

① 王开明,万君康.论知识的转移和扩散.外国经济与管理,2000(10):2-7.
② 姜俊.组织知识共享的模式研究.集团经济研究,2006(194):191-192.

共享型的文化而遭失败。在商业活动中,知识共享上的失败可以导致大量财政上的损失。根据国际数据公司(IDC)的数据显示,财富500强的公司由于知识不能充分共享每年造成的损失高达315亿美元。① 在2001年接受Hackett Benchmarking & Research 最佳实践调查的公司中,只有25%的公司在全公司内有明确的知识共享,这些公司之所以在调查中位于优势是因为它们拥有良好的成本管理。其余75%的公司中,只有7%的公司在整个公司内实施知识共享措施。但有超过一半的公司在至少两个商业部门采取知识共享措施。②

在大部分的知识共享案例中,并不缺乏对知识共享的尝试。组织没有真正去研究知识共享失败的两个最大原因是技术太过复杂和每个人对贡献自己的知识本能上的排斥,这些因素阻碍了共享的进行。知识共享是知识管理实践中最重视的问题之一,也是实践中人们最朴素的初始想法。知识能否得到共享是知识管理能否进行下去的关键环节。从目前看,实施知识管理的企业多数是为了促进知识共享、提高企业员工的业务水平、促进知识创新,但很多企业没有真正做到这些。成功的知识共享对企业提高竞争力有很大帮助,但是,失败则会对企业造成很大损失。同时,实施知识共享也可能增加因为关键知识的流失而带来的风险,所以在实践中,知识共享和保护是一对必须妥善权衡和处理的矛盾。

4.2.2 知识流程

对知识管理的最常见的一种理解是:对知识进行管理的活动流程,它可以是独立流程,也可以是依附流程,即依附于业务或工作流程。即使是其他的理解,也都少不了对知识管理流程的描述。因此,知识管理流程成为知识管理学研究的基本对象之一。

4.2.2.1 从内涵角度描述知识管理流程

(1)国外关于知识管理流程的描述

美国得而福集团创始人之一、著名经济学家卡尔·费拉保罗认为:"知识管理就是利用集体的智慧提高应变能力和创新能力,是为企业实现显性知识

---

① Edivisson L, Sullivan P. Developing a model for managing intellectual. European Management Journal. 1999(4).

② Hansen M T. Introducing T2shape management. Harvard Business Review, March 2002:107-116.

和隐性知识共享提供的新途径。"①该定义突出了知识管理的核心流程应该是知识共享、知识转移和知识创新。该观点为多数学者所认同。它不仅表明了企业的创新能力与知识管理有关,而且表明了企业的危机管理能力与知识管理有关。

墨尔本工商学院副院长和 Gartner 公司的研究员 M. Broadbent 则将知识管理直接视为一种管理流程。他认为:"知识管理"是挖掘并组织个人及相关知识,以提高整体效益的一种目标管理流程。② 在他看来,整个知识管理的流程应是知识获取、知识组织及知识创新。巴斯(Bassi)认为,知识管理是指为了增加组织的绩效而创造、获取和使用知识的过程。该定义凸显了知识获取、知识创造、知识转移和知识应用的作用。约格什·马尔香(Y. Malhotra)认为:"知识管理是企业面对日益增长着的非连续性的环境变化时,针对组织的适应性、组织的生存和竞争能力等重要方面而采取的一种迎合性措施。本质上,它嵌涵了组织的发展过程,并寻求将信息技术所提供的对数据和信息的处理能力及人的发明创造能力这两方面进行有机的结合。"该定义比较完整地说明了知识管理的整个流程,并且还说到了信息技术对管理方式的支撑作用。

(2)国内关于知识管理流程的描述

王广宇在其著作《知识管理——冲击与改进战略研究》一书中提出了一个相对全面和科学的"知识管理"定义,这个定义也被时下很多学者引用。他认为知识管理"包括知识的获取、整理、保存、更新、应用、测评、传递、分享和创新等基础环节,并通过知识的生成、积累、交流和应用管理,复合作用于组织的多个领域,以实现知识的资本化和产品化"。该定义对知识管理流程的叙述是比较全面的,具体内容包括知识获取、知识整理、知识保存、知识更新、知识应用、知识测评、知识传递、知识分享和知识创新,也就是我们常说的"K9"知识链。

丁蔚认为:"知识管理包括两方面的含义,一方面是指对信息的管理,但其手段与方法比之信息管理更加先进与完善。它充分利用信息技术,使知识在信息系统中得以识别、处理和传播,并有效地提供给用户使用;另一方面是

---

① 李志能.智力资本经营.上海:复旦大学出版社,2001。

② BroadbentM. The phenomenon of knowledge management: what does it mean to the information profession? Information Outlook,1998(5).

对人的管理,认为知识作为认知的过程存在于信息的使用者身上,知识不仅来自于编码化信息,而且很重要的一部分存在于人脑中。"从该定义中可以分析出知识管理的一般流程:知识识别、知识处理、知识传递和知识创造。

褚峻认为:"知识管理就是对企业内部的知识进行组织和管理,它包括两方面的内容:一是对显性知识的管理;二是对隐性知识的开发与管理。由于隐性知识不是编码化的,而是作为认知的过程存在于人脑中,因而可以看作对人的管理。"从他对知识管理的定义可以看出,知识流程应该包括知识组织、知识创新。前者主要体现在对显性知识的管理上,后者则体现在对人力资源的管理上。

刘冀生等认为知识管理是一个组织作为一个整体在组织内外知识的海洋中,充分利用各种工具和手段,对知识的捕获、应用和创新的过程,目的是将恰当的知识在恰当的时间传递给恰当的人,以便使组织中的个人能够做出恰当的决策,而作为组织则提高了应变能力和创新能力。从该定义可以看出,知识管理中知识的流向应是从知识采集、知识应用、知识创新、知识传递到知识应用。

乌家培教授认为"知识管理是信息管理的延伸,是信息管理发展的新阶段,是将信息转换为知识,并用知识提高特定组织的应变能力和创新能力"。从该定义中可知知识的流向应是从知识获取、知识转换、知识传递到知识应用。

(3)从知识管理内涵的角度认识知识管理流程

从以上诸定义可以看出,这些学者在研究知识管理的内涵时是围绕着对知识流程的分析进行的,可以说,这是对知识管理流程最早也是最基本的认识途径之一。纵观国内外学者对知识管理内涵的理解,不外乎两个方面:①知识管理就是对知识进行的管理,这必然涉及流程的问题,即知识如何实现从采集、组织、转移、共享到应用和创新。②知识管理就是运用知识进行的管理,即知识型的管理。任何管理活动都是由一系列的环节和过程组成的,在这些环节和过程中不可能离开知识的支撑,所以从这个意义上讲,管理的过程也就是一个知识管理的过程。知识管理必须和业务流程结合起来才能创造更大的价值。同时,知识管理的实施最终要落实到对技术的应用上来,只有具备了搭建知识流程各阶段所需的技术手段,才能实现组织的知识管理。① 所以知识管理还需要流程技术作为支撑。

---

① 谢卫军,谢谨.知识管理过程研究.九江师范专科学校学报,2004(5):478。

运用词频分析的方法分析以上定义,得出关于知识管理流程的关键词频如下:获取(7次)、组织(5次)、保存(2次)、更新(3次)、应用(5次)、评价(2次)、传递(8次)、共享(3次)、创新(8次)。由此可以看出,在各流程中利用最多的是知识获取、知识传递和知识创新,传递和共享实际上强调的是一个流程的不同侧面。其次是知识组织和知识应用。据此可知,知识管理的核心流程有5个,即知识获取、知识组织、知识应用、知识传递与共享、知识创新。

4.2.2.2 知识管理核心流程模型的研究

知识型企业在经营活动中以知识为中心,形成知识的投入—知识的转化—知识的创新的无限循环过程,在这个过程中,所有的人都被一条无形的链联系起来,这条无形的链就是知识链。① 国内外很多学者在研究知识管理流程模型的时候,往往都是从知识链引致的价值链来分析的。"价值链"是美国战略学家迈克尔·波特提出的。价值链把组织的每个业务流程看成一系列过程,每个过程都能为向顾客提供的产品或服务添加一定的价值。顾客向组织支付利润,就是因为这些过程为产品或服务增加了价值,如果我们把组织看成一个价值链,就可以识别为客户增加价值的那些重要活动。② 其他两种角度的分析也比较多,不过区别在于侧重点不同,本质上是一致的。

(1)国外的知识流程模型研究

波特认为,企业就是一个在设计、生产、销售、发送和辅助产品生产的过程中进行种种活动的集合体,所有这些活动都可以用价值链来表示(见图4-3)。③

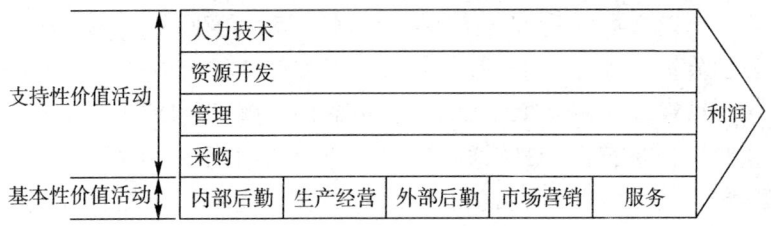

图4-3 价值链模型

C.C.Lee等人模仿Poter的知识链模型,建立了他们自己的知识流程模

---

① 陈志祥,陈荣秋,马士华.论知识链与知识管理.科研管理,2000(1):15。
② 王瑞敏,刘险峰.基于知识价值链的知识管理模型研究.情报杂志,2006(8):58—60。
③ PoterM E.竞争优势.陈小悦等译.北京:华夏出版社,1985。

型，使得 Poter 隐含的知识因素显性化，如图 4-4 所示。① 该模型中知识链由两部分组成：知识管理基础和知识过程管理。知识管理基础包括 CKO 的管理活动、知识工作者的招聘、知识存储能力和客户与供应商的关系。C. C. Lee 等认为知识管理的整个核心流程为知识获取、知识创新、知识保护、知识整合和知识分散。

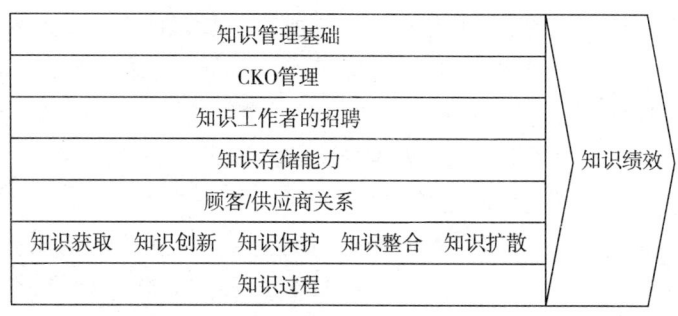

图 4-4　知识链模型

Yong-Long Chen 整合了上述学者关于知识流程的研究成果，分析并得出了自己的流程模型。该模型的知识链主要包含 3 部分：知识输入端（Input Knowledge）、知识活动端（Knowledge Activities）与价值输出端（Output Values），如图 4-5 所示。知识输入端的设计是以知识经济的发展趋势和 Drucker 提出的知识工作者为基础；知识活动端主要是根据 Porter 的价值链与 Nonaka 的知识螺旋推演而得；价值（目标）输出端则是对 Kaplan 及 Norton 的平衡计分卡与 Gardner 的多元智慧理论的整合。

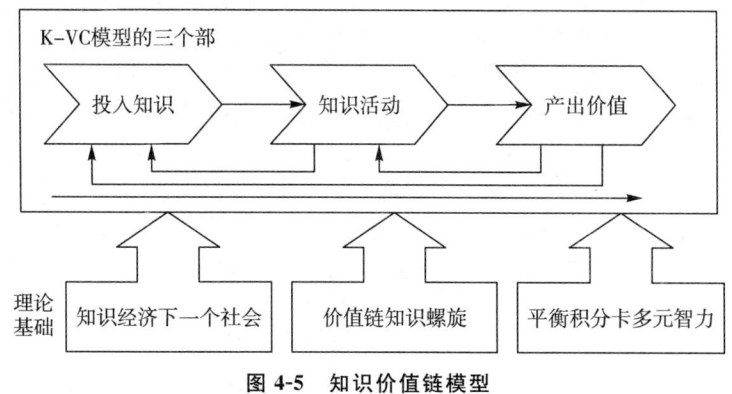

图 4-5　知识价值链模型

---

① Lee C C, Yang J. Knowledge value chain. The Journal of Management Development, 2000, 19(9): 783—794.

(2) 国内有关知识流程模型研究

夏敬华认为知识流程的核心在于"在最合适的时间和场所,将最合适的信息和知识传送给最合适的人",有效实现"信息和知识"和特定"角色"以及"场景"的关联,进而指导人们做出决策和行动。[1] 这是对知识管理流程模型最经典的认识之一。张润彤等在编著的《知识管理概论》一书中介绍了基于知识的4种流向。包括:①知识的采集与加工→知识的存储和积累→知识的传播与共享→知识的使用与创新;②知识的收集→知识的编码→知识的转移与扩散→知识的共享与交流→知识的创新;③知识获取→知识选择→知识生成→知识内化→知识外化;④知识生成、分享、应用及创新的统一。[2] 该论述基本反映了知识管理流程的全貌。

林榕航在其编著的《知识管理原理》中提出了常见的知识流程的4类形式:①隐性知识(创新)→植入→实体产(商)品→交换→价值;②隐性知识(创新)→显性化→实体产(商)品→交换→价值;③隐性知识(创新)→显性化→智力结构资产→交换→价值;④知识资产→转化→知识资产→投资→价值。[3] 他以分类的方法分析了知识管理的流程,指出不同类型的知识转化为价值的路径是不同的。这种分析具有较强的操作性。张纲在《企业组织网络化发展》一文中,在对知识链与价值链分析的基础上,提出了他自己的基于知识链的企业价值链,如图4-6所示。该模型将知识流程置于核心地位,通过知识管理将合作伙伴(供应商)与客户联系起来,并作用于企业的营销、物流管理、资本、存货和知识服务等企业经营管理各环节。

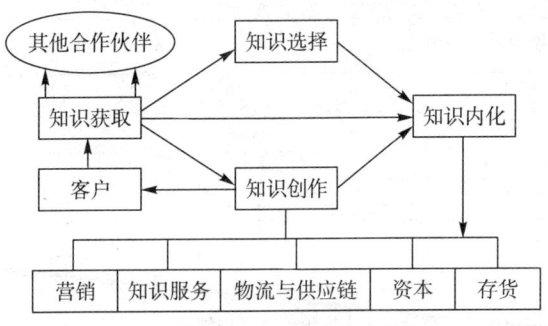

图 4-6 基于知识链的价值链

---

[1] 夏敬华. 协同的灵魂:知识管理. 软件世界, 2006(5)。
[2] 张润彤, 曹宗媛, 朱晓敏. 知识管理概论. 北京:首都经贸大学出版社, 2005(3):743。
[3] 林榕航. 知识管理原理. 厦门:厦门大学出版社, 2005(1):328。

黄卫国、宣国良在《知识价值链》一文中分析了前人关于知识管理流程的论述,提出了一个新的双循环知识价值链模型,该模型由4个部分组成:愿景与战略、投入、知识活动和产出,如图4-7所示。该模型表达了一个重要思想:知识管理是一个流程,投入是智力资本,产出也是智力资本。作为中间的环节是知识活动,即知识管理活动。所有这些都与组织的愿景和战略紧密关联。

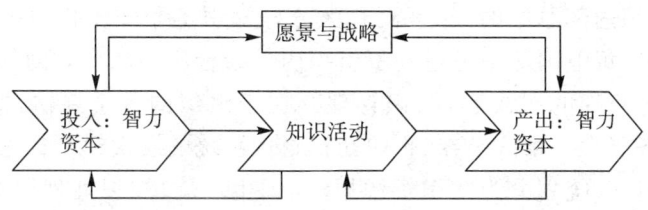

图4-7 双循环知识价值链模型

王广宇在《知识管理——冲击与改进战略研究》一书中提出知识管理的九大基本流程,并归纳为一个模型,即"PSCA"闭环模型。储节旺等在《知识管理概论》一书中更加详细地介绍了这九大流程,并补充了一个流程,将"K9"知识链发展成为新的"PSCA"闭环,见图4-8。在该流程中,知识采集是知识链的入口,知识应用和知识创新是知识链的出口。知识在知识链的循环中不断增值,即不断实现量的增加和质的提高。应该说这是目前最全面、最系统的知识管理流程模型之一。

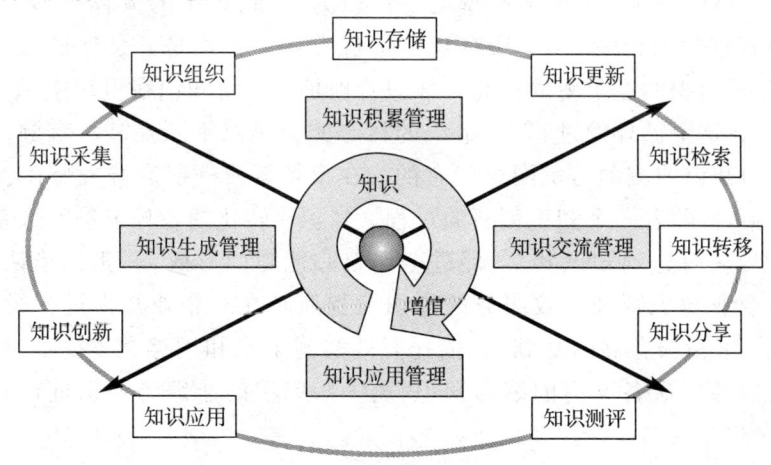

图4-8 知识管理执行流程:"PSCA"闭环

(3) 国内外知识流程模型研究的比较

将上述学者的研究成果进行比较，可以发现以下特点：

首先从组织内外环境看，知识管理对组织内外环境都会产生作用，并受到它们的影响。Poter，Yong-Long Chen 的知识链既从组织内部寻找知识管理的流程，也考虑到了组织外的协调因素；而 C. C. Lee 的价值链则只是从组织内来实现的。在国内学者的研究中不难发现，张润彤、林榕航等的知识链也只是从组织内部总结的，并且没有区分好知识链和知识价值链的关系；与此相反，张纲、黄卫国等则考虑到了组织内外结合所共同形成的知识价值链。其次，从知识管理的层次看，知识管理存在于组织的各个层次，既有战略层次，也有业务层次。韩滨等在《企业知识管理系统的层次模型探讨》一文中将企业知识管理系统划分为知识资源层、知识生产层、知识处理层和知识应用层四大部分。但从战略层面上看，Yong Long Chen，C. C. Lee 研究的知识链体系中并没有加入战略管理的思想；在国内研究中，也缺少战略管理和价值的循环利用，没有体现价值创新及波特价值链基础活动的要素。但这并不是说他们就承认知识管理的战略价值。因此知识管理最有活力的应用就是服务战略决策，只是一些观点没有将其显性纳入模型。再次，从知识管理流程的构成上看，虽观点各不相同，但基本认同知识管理是由知识获取、知识组织、知识应用、知识传递与共享、知识创新等环节构成，尤其是知识共享和知识创新被公认为知识管理的两大环节。其中王广宇的"K9"和储节旺等在该基础上发展的"K10"知识链模型是目前较为全面、系统的流程模型。最后，从知识管理的目的看，几乎所有观点都认为知识管理是为了促进知识的应用，服务于组织的竞争力的提高。知识管理是一个将知识在组织中循环推进的过程，在这个循环的过程中，组织的核心能力得以不断提高。李顺才等认为企业中知识的流动是呈网络状态的。在市场调研→研究开发→生产→销售过程中，伴随着一个知识创新的过程。知识在转化的各环节进行大量的交流、反馈，从而达到知识共享，促进企业核心能力的形成。[①] 张建华认为，一个能为企业知识管理有效服务的知识流程应是在对企业知识进行辨识、获取、表示、求精与存储的基础上，依托有效实施策略和用英文 I 技术，将分散在企业内各层次各部门的编码知识、员工头脑中的非编码知识进行有机整

---

① 李顺才，周智皎，邹珊刚.基于知识流的企业核心能力形成模式研究.华中科技大学学报，2000(4)：92－93。

合,形成系统性与协同性的知识体,以提升企业知识共享、应用与创新能力。①

知识管理流程的研究涉及知识管理的各个方面,从某种意义说,知识管理就是一种关于知识的流程管理。

4.2.3 知识转移

4.2.3.1 国外知识转移的研究现状

国外对知识转移的关注较早。1966 年,波兰尼(M. Polanyi)首次对知识进行了显性知识(Expicit/Codified Knowledge)与隐性(Tacit Knowledge)知识的划分;1977 年,Teece 首次提出"知识转移"的概念;此后知识创造、转化利用等模型相继出现。1995 年,日本学者野中郁次郎和竹内提出了最为著名的 SECI 模型,为知识转移、知识创新提供了理论依据。② 从 20 世纪 90 年代以来,国外开始了对知识转移的众多讨论。

(1)国外知识转移的研究现状

国外对知识转移的研究日益广泛化和深入化。以前学者们研究的对象主要是公司内部、合资企业、跨国公司、企业联盟等之间的知识转移,其研究领域主要是企业知识管理、人力资源管理、组织行为学、信息系统、心理学、经济学和战略管理。目前知识转移受到教育学、社会学甚至医药卫生等诸多学科领域的普遍关注。

①知识转移的模式、过程及要素研究。

Nonaka 和 Konno 提出了知识转移的 SECI 模型,将知识转移分为四种模式:从个体到个体的隐性知识的转移,称之为"知识的群化";从个体到团体的隐性知识向显性知识的转移,称之为"知识的外化";从团体到组织的显性知识的转移,称之为"知识的融合";从组织到个体的显性知识向隐性知识的转移,称之为"知识的内化"。四种模式依次发生,构成了创新知识的一般过程。③

从 SECI 知识螺旋模型可以看出,知识转移在不同层次的主体间发生,即个体与个体、个体与团队、团队和组织、组织与组织及组织与个人等。知识

---

① 张建华.KM 中的双线知识集成策略.科学学与科学技术管理,2006(9):113.
② 马费成,王晓光.知识转移的社会网络模型研究.江西社会科学,2006(7):38-44.
③ 唐炎华,石金涛.国外知识转移研究综述.情报科学,2006(1):153-160.

转移的对象既有显性知识,也有隐性知识。知识的转移是知识不断转化、知识扩散、共享和创新的过程。这一过程少不了人力资源的作用,知识发展过程由于人力资源的投入才使得知识实现增值。

从知识螺旋模型可以看出,知识转移并不是静态发生的,它必须经过不断的动态学习,才能达到目标。知识的转移包括知识的发送和知识的接受两个基本过程,这两个过程是由知识拥有者和知识接收者分别完成,并通过中介媒体连接起来。或者说知识转移是一个教与学的过程,是由知识提供者教导知识接受者如何将新的信息与现存的知识基础加以联结。因此,知识转移是指当知识接收者能够获得原则上与知识转移者相同知识的类似认识。[1] Szulanski 认为,可以用交流模型来研究知识转移,认为知识转移是在一定的情境中,从知识源单元到接受单元的信息传播过程,分为4个阶段:确认、识别受体需要的知识;双方促成转移通道,受体对知识进行调整;受体对新知识进行鉴别、理解;受体对转移知识吸收利用。

基于传播或交流理论对知识转移研究的学者们都对知识转移的构成要素有所论述,虽然这些理论在术语上有区别,涉及的要素也或多或少,但基本达成一致的认识是:知识转移的构成要素有知识、知识发送者、知识接受者、传输渠道、传输情境。[2] Shannon 和 Weaver's 的电子通信传播模型中引进了噪音,也为众多知识转移研究学者所认可。

②知识转移影响因素研究

影响知识转移的因素主要有:知识本身、知识发送者(知识源)、知识接受者(知识受体)、转移媒介、知识源与知识受体的距离等。

知识自身因素。从知识本身特性来看,知识转移依赖于知识是否易于被移植、理解和吸收。Kogut 和 Simmonin 的研究表明,知识的隐性、复杂性、可编码性、专有性等特点都对知识转移有较大影响。通常情况下,知识越隐晦、越复杂、越难于编码、越专有,就越难以转移。Zander 发现知识的隐性程度对知识转移过程的顺利与否有着重要影响。显性知识与隐性知识转移的难易程度明显不同。Kogut 和 Zander 的研究表明编码知识可以快速转移。

---

[1] Harem T, Krogh G, Ros J. Knowledge2based strategic change // Krogh G, Ros J, (Eds.). Managing knowledge: perspectives on cooperation and competition. London: SAGE Publications, 1996:116-136.

[2] Joshi KD, et al. Knowledge transferwithin information systems development teams: examining the role of knowledge source attributes. Decision Support Systems, 2007(43):322-335.

Lord 和 Ranft 的研究表明隐性知识在转移过程中存在困难。

知识发送者(知识源)因素。知识转移的主观意向、动机或受激励程度，对自身知识的意识程度和对知识的保护意识、知识转移的代价(经济成本及收益)，以及编码能力、语言表达能力等，都对知识转移的质量与效果产生重大影响。在信息系统环境下，当个体认为自己能力强，就会有更大的知识转移倾向；而认为自己知识不够时，是不大可能与他人共享知识的。社会对知识发送者的认同程度，或者说个人的影响力也与知识转移有密切关系。Davenport 等人认为知识转移的发生与知识发送者的能力正相关。因此，专家更易转移知识。

知识接受者(知识受体)因素。知识转移最终效果如何，取决于知识接受者(知识受体)对知识的吸收、理解及创新能力如何。因此，知识接受者(知识受体)对知识发送者的信任、对知识接受的主动意愿，[1]以及对接受知识价值的预见、捕捉能力、接受动机和机会成本、其自身原有的知识存量和对知识的领悟吸收能力，及其学习能力、思维能力、交往能力等智力因素和情感智商的高低，都直接影响知识转移的效果。[2]

转移媒介因素。转移媒介即转移渠道，即用于数据和信息传输的所有工具和手段，它是指由人、制度、组织、社区和符号系统、工具组件、网络软件等综合形成的转移通道。转移媒介包括两个要素：编码和渠道。编码是对用于交流信息的专门化表示，渠道则是编码传输的手段。媒介的优劣依赖于编码与渠道的有效结合，二者的有效结合会使知识的交流更具容量和丰富性，媒介的大容量有利于减少不确定性，而丰富性则有利于减少歧义性。如人与人之间的信任程度及人员流动、社区和制度建设的完善程度、组织的规模与正规程度、符号系统和工具软件的准确清晰程度及可操作性等，都会影响知识转移的效率和效果。

知识源与知识受体之间的距离因素。在 SECI 模型基础上，Nanoda 进一步提出了"场"(BA)的概念：源发场(Origination BA)、互动场(Interaction BA)、网络场(Cyber BA)和练习场(Exercising BA)。许多学者称之为"转移的情境"，即知识源与知识受体之间的空间位置距离、文化距离、制度距离和

---

[1] Wang P, et al. An integrated model of knowledge transfer from MNC parent to China subsidiary. Journal of World Business, 2004(39): 168-182.

[2] Duanmu J L, Fai F M. A processual analysis of knowledge transfer: from foreign MNEs to Chinese suppliers. International Business Review, 2007(16): 449-473.

知识距离对知识转移的影响。空间位置距离越大,则相互隔绝的可能性或传输噪音越大,而使知识难以转移;文化距离是指文化背景、语言背景、认知模式的差异性,差异性越小,知识转移效果越好;制度距离是指组织文化、组织结构、技术体系(如网络平台)、人际交流环境(组织内部是否和谐、组织关系的好坏)等,都会影响知识转移效果;知识距离是指专业、知识结构、认知能力和思维能力的相似程度,当知识源与知识受体之间的知识基础有重叠又有适当交叉时,知识转移的效果就较好。对于知识接受者来说,在评价和消化新知识过程中,与知识源共有相似的经验知识至关重要,缺乏这种知识往往会造成知识转移过程中大量有价值知识的丢失。

③知识转移机制与规律研究。

国外学者对知识转移的各个方面都有研究,但针对知识转移机制的研究较少。最早提出知识转移机制的学者是 Davenport 和 Prusak 等人,而最知名的是 Zack 和 Hansen 等人。他们将知识转移机制分为两种类型:即个人化策略和编码化策略。个人化方法,知识是通过面对面的交流而转移(称为 F-2-F);编码化的方法,知识是被仔细编码,技术在知识转移中扮演中心角色。显然这是按知识类型进行的划分。根据这种思想,S. M. Jasimuddin 认为应选择合适的知识转移机制,即根据隐性知识成分的多少,从电话、电子邮件、F_2F、LotusNotes 等方式中选择一种合适的手段,很明显,他所认为的机制主要是技术手段。S. M. Jasimuddin 认为知识转移机制涉及 3 个方面的变量:人际关系、地位身份、知识发送者与接收者的距离。[①] Kim 研究了知识转移机制,将知识转移的媒介分成市场媒介与非市场媒介。Morten 等人在对企业知识管理策略的考察中发现,企业知识管理需要同时采取针对显性知识和隐性知识转移的策略。

组织内的知识转移可以通过各种机制发生,这些机制包括人事变动、培训、参观、会议、技术转移、惯例模仿、提供者与用户的相互作用等。Lahti 等认为,知识转移包括传递与扩散两种方式,公司里的沟通、会议、人员接触及训练皆是知识传递的方式。外显知识可通过如书本、档案索引系统、资料库、群体软件技术等媒介来转移;而内隐知识需要通过人员的行动或人际间的合

---

① Jasimuddin S M. Exp loring knowledge transfer mechanisms:The case of a UK-based group within a high2tech global corporation. International Journal of Information Management,2007(27):294-300.

作来转移,合作需要相互间的信任和共同的理念。信任是知识交换中最为重要的因素。尤其在网络化的组织内部,信任对知识转移有重要的积极作用。Nahapiet 和 Ghoshal 认为信任体现着社会资本的关系维度,有助于智力资本的共享;愿景是共同的价值观念和共同的目标及合作关系中的相互理解,是合作的充分而非必要条件。[①]

J. L. Badaracco 认为,知识快速转移必须满足 4 个条件[②]:知识必须是明确且成体系的;组织中某一个人或团队能够了解、消化并吸收这些知识;这些人或团队必须有足够的诱因去担任此项工作;知识转移过程必须无障碍才能使人员尽力去执行。社会心理学研究表明:相似性与吸引力之间存在正相关的关系。人们愿意与同自己存在共同点的人进行交流,而且更相信来自与自己有共同点的人的信息。[③]

(2)国外知识转移研究简要评论

近些年国外学者对知识转移的研究较多。学者们的研究主要是以 SECI 模型和朱兰基(Szulanksi)的交流学说为理论基础,对知识转移的影响因素与内在机理等进行了探讨。整体来看,主要有以下研究角度:

①认知视角。这种视角实际上是将知识视同于固定的可描述的数据,可以存储于计算机、数据库、档案及手册。在这种视角下,知识是通用的,知识发送者、知识接受者和知识本身的特征几乎不值一提。这些学者的研究重点集中于对技术的研究,关注计算机信息管理系统、人工智能、群件、知识库等软件的开发设计如何促进知识的有效转移。

②交流视角。以 Szulanski 为代表的学者主要从知识的编码、发送、传播、接收、解码的过程对知识转移的机理进行研究。这种视角认为知识是具有情境性的,知识与规则还是存在差异的。因而,知识源与知识接受者之间的知识转移天然地存在困难,这不仅是共享理念、社会交流、社会关系、社会网络方面的差异所致,而且更是知识的情境性特征造成的。

③行为视角。从个体行为与组织行为的角度,研究人们如何参与知识转

---

① LiL. The effects of trust and shared vision on inward knowledge transfer in subsidiaries'intra2 and inter2organizational relationship s. International Business Review,2005(14):77-95.

② 林莉.知识联盟中知识转移的障碍因素及应对策略分析.科研管理,2004(4):29-32。

③ Darr E D, Kurtzberg T R. An investigation of partner similarity dimensions on knowledge transfer. Organizational Behaviorand Human Decision Processes,2000,82(1):28-44.

移的行为动机、影响因素、激励等。

④综合视角。一些学者试图对各种相关学说加以融合,广泛联系各学科的理论,对知识转移进行全面的研究。

国外对知识转移的研究还存在以下不足:

①一些观点偏颇、零碎,缺乏系统性,理论研究呈现不成熟状态。

②虽有多数学者公认的一些理论,如 SECI 模型,但这些理论本身有些粗糙,过于模型化而显肤浅。

③对个体知识转移的动因与激励机制研究明显较少。个体知识是组织知识的基础和源泉,个体是否愿意共享其知识关系组织知识管理活动的成败。因此,对组织内个体知识转移的动因与激励机制进行研究意义重大。

(4)缺乏对图书馆知识转移机制的研究。图书馆作为社会最大的知识宝库,如何对图书馆内部隐性知识进行整合、共享,增强其显性知识转移能力,是知识经济时代需要思考的问题。

4.2.3.2 国内知识转移的研究现状综述

国内对知识转移的研究最早始于 1995 年,2000 年之后发展迅速。研究集中在组织内部知识转移和组织间的知识转移。其中,对组织内部知识转移的研究重视隐性知识和显性知识在个体、群体和组织之间的转换过程方面。SECI 模型是很多研究的理论基础。

(1)国内知识转移的研究现状与评析

国内对知识转移研究主要从以下几个方面展开的:

①对知识转移过程和转移模式的理论研究。

较早且具有代表性的是王开明、万君康的《论知识的转移与扩散》和马费成、王晓光的《知识转移的社会网络模型研究》的观点。王开明等提出了知识转移的一般过程,并提出了知识转移噪音、失真及成本问题。马费成、王晓光指出了两种知识转移模式:基于信息网络的知识转移模式和基于社会网络的知识转移模式,并对基于社会网络的知识转移的影响因素进行了梳理。这一研究成果使知识转移的理论更加系统与清晰。周波、高汝熹在参照汪应洛、李勖提出的知识转移的两种基本途径(语言调制和联结学习)的基础上提出了 3 个拓展模型:人际网络知识转移模型、用品知识转移模型和示范知识转移模型。①

---

① 汪应洛,李勖.知识的转移特性研究.系统工程理论与实践,2002(10):8—11.

②对知识转移类型、层次的研究。

不同学者研究的出发点不同,类型划分标准迥异。董晓英以企业为考察对象,认为知识转移有3个层面:一是多元化转移,指在企业内部或企业之间将有价值的知识进行扩散、复制和共享的过程;二是横向转移,指企业将已有的知识资源应用于不同产业、不同市场或不同地点的过程;三是纵向转移,指企业将已有知识不断投资于专业化的新的能力建设的过程。左美云将企业信息化中存在的知识转移划分成6种类型:合同型转移、指导型转移、参照型转移、约束型转移、竞争型转移和适应型转移。① 朱赤红基于咨询公司对企业咨询中的知识转移内容进行了4种划分:理论的转移、方法的转移、技术的转移和工具的转移。伍晓玲借鉴国外研究成果,提出组织内部的团队层次的知识转移分为5种类型:连续转移、近转移、远转移、战略转移和专家转移。陈菲琼从企业与跨国公司知识联盟合作的不同阶段出发,将知识转移分出4个层次。王君、樊治平认为,组织内的知识转移有3种方式:第一种是个体知识向组织知识库转移,即个体隐性知识显性化为组织知识;第二种是组织知识库知识向个体的转移,即组织显性知识的个体隐性化,这样,组织中的个体可通过在组织内学习获取知识;第三种是组织中的个体之间(隐性)知识的直接共享,即组织中个体间隐性知识的直接转移。其中前两种知识转移是主要的方式。

③对知识转移影响因素及转移策略的研究。

影响因素的研究与国外研究基本大同小异,多数研究是围绕知识转移所涉及的要素的各个方面展开的。左美云认为企业知识转移的效果取决于双方的5个因素:信任、互动性、带宽、结构和再利用能力。林晶晶、周国华根据知识转移过程中涉及的各种不同要素,将企业—大学合作中的知识转移的主要影响因素分为以下几种:所转移知识的特性、组织特性、组织文化和人的因素等,并提出了知识转移的机制模型。徐金发等认为企业知识转移情境因素包括:文化、组织结构和组织技能、外部环境(产业特征、社会文化环境)。杜红、李从东指出企业中不同主体对知识转移的影响不同,包括个体、组织、知识转移平台。针对影响因素,许多学者对个体、组织及相互之间的知识转移提出转移策略,主要有:①重视组织文化建设,建立学习机制和学习型组织;②组织结构扁平化、沟通网络化、分工柔性化;③建立信任与激励机制;④利

---

① 左美云.企业信息化中的知识转移.中国计算机用户,2003(8):38.

用知识管理技术及网络通信技术提供知识转移平台。

(2)国内相关研究的简要评论

纵观我国对知识转移的一般性的研究,笔者认为有以下特点:①我国学者对知识转移的研究基本上是参照波兰尼对知识转移难易程度进行的显性与隐性知识的划分而进行的,立足于知识转化模式与交流模型,并在此基础上有所拓展。②国内学者分别从企业内、联盟之间、产学研合作企业之间、区域内企业之间关注知识转移的重要性、转移过程、障碍因素、转移对策等方面研究知识转移,这与国外学者关心的问题是一致的。[①] 但从研究的学科领域来看,国内相对集中,没有国外广泛。③与国外研究相比,国内研究更重理论,缺少案例与实际数据。④国内学者近两年比较关注隐性知识的转移,而对显性知识转移较少提及。这或许与大家认为,显性知识的管理方法与信息管理差别不大,不需要深入研究有关。

4.2.4 知识管理评价

知识管理评价是指导知识管理实践的重要手段之一。它能有效地跟踪知识管理的实施过程,评价知识管理的绩效水平和能力层次。当前,知识管理理论的快速发展,使得知识管理评价逐渐成为理论者和实践者关注的焦点。就知识管理评价的提法来看,知识管理评价内容有知识管理绩效评价、知识管理水平评价与审计、知识管理系统评价等方面。从知识管理的实施对象来看,知识管理评价内容有国家机关、事业单位等公共组织(图书馆、医院、高校等)的知识管理评价、企业组织知识管理评价、知识型员工能力评价和知识主管素质与能力评价。从知识管理实施的环境来看,知识管理评价内容有项目管理下的知识管理绩效评价、客户知识管理绩效评价、特定行业知识管理评价、知识供应链等背景下的知识管理评价。从知识管理评价的目的来看,知识管理评价内容包括:知识管理现状诊断、知识管理绩效影响因素识别、知识管理与企业核心能力关系分析等。

4.2.4.1 知识管理评价研究回顾

在信息技术革命驱动下,创业型经济和风险投资基金得以快速发展,从而促成了知识经济的形成与发展。于是,知识管理应运而生,并很快掀起了管理学界的变革,形成了知识管理理论、技术与方法,并发展成为当前流行的

---

① 王毅.粘滞知识转移研究述评.科研管理,2005(2):71—75。

知识管理学。概括地说,知识管理是指在知识经济背景下,企业为了实现经济增长而作的一切努力。就当前的知识管理研究内容来看,知识管理分为两大块:一是知识管理理念和战略研究,分析社会与个体之间知识的转化过程,营造适宜的知识管理文化与环境,探讨知识资本的结构等问题;二是研究知识的存储、转移、扩散和整合过程,以便实现知识的重复使用和创新。两块内容中都有一个重要的研究对象,即知识管理评价。

(1) 国外知识管理评价研究回顾

国外知识管理研究起源于第二次世界大战之后,在20世纪90年代随着知识经济的发展,知识管理正式成为一种新的管理模式。知识管理评价是知识管理的重要环节,笔者从研究成果的实践角度来回顾知识管理评价的研究历程。

Quitas是国外较早研究知识管理评价问题的学者之一,其评价体系包括开发、获取和共享知识的战略政策的制定和实施,企业通过知识管理实现的经营绩效和对与知识相关的管理活动效果进行评价。Wiig和Cohen等人从知识的发现与使用过程角度设计评价体系,其体系包括知识活动监控、知识基础设施的更新与使用、知识资产的形成和知识的学习及知识资源的分配等内容。A. Andersen用领导意识、企业文化、技术、评估、学习行为变化等指标来测度知识管理绩效,为知识管理者提供了一个较全面的知识管理评估工具(Knowledge Management Assessment Tool,KMAT),这一成果增大了知识管理评价的可操作性。在上述理论基础上,Teleo等人把上述理论与企业知识管理实践相结合,发起了基于德尔菲(Delphi)法的每年一度的全球MAKE(Most Admired Knowledge Enterprise)活动。Skyrme D. Associates在KMAT活动实践的基础上,从知识管理能力、知识管理工具和知识管理实施基础3个层次上提出了基于知识管理策略框架的知识管理绩效评估工具。Bukowitz和Williams等人进一步深入开展知识管理评价实践,建立了包括知识管理诊断工具(Knowledge Management Diagnostic)。[①]

为了体现知识管理的关键绩效和知识管理绩效评价结果与企业核心能力之间关系,R. Kaplan和D. Nort提出了著名的基于平衡记分卡(Balanced Score Card,BSC)的知识管理绩效评价体系。在BSC的基础上,Ahn

---

① Choi B, Lee H. An empirical investigation of KM style and their effect on corporate performance. Information and Management,2003(40):403—417.

Jaehyeon,Chang Sukgwon[①]细化了企业学习能力的表现形式,从产品设计、加工流程和知识管理过程的角度建立了知识(Knowledge)、产品(Product)、过程(Process)、绩效(Performance),即 KP3 的知识管理绩效评价体系。Lee K C,Lee S[②]在上述成果的基础上,通过对企业的知识循环过程的测度,借助于相关性分析,进一步发展了知识管理评价与企业核心能力之间的交互机理。

从上述文献可以看出,国外学者对知识管理评价体系的认识并不一致,且评估指标体系和评估过程过于复杂,评价体系的操作性、系统性等都存在一定的缺陷。

(2)国内知识管理评价研究回顾

我国的知识管理研究比国外要晚,起源于 20 世纪末,于今,知识管理评价理论与实践得到了迅速的发展。国内的研究与国外研究具有同样的特征:评价的目的与评价指标呈现多样性和定性化。研究成果局限在知识管理评价指标的明晰目录上,对知识管理系统的评价及知识管理评价系统的研究较少。在现有评价体系中,评价指标设计缺少定量分析,体系结构缺少论证;评价方法的数学模型单一,评价算法主要是从定性角度出发,采用的方法多是模糊综合评价、层次分析法,或者是两者的结合的方法;评价结果对实践的指导性差,对影响知识管理绩效因素的识别分析过程分析不透彻,评价的监控机制没有得到应有的体现。

4.2.4.2 知识管理评价模式分析

按照知识管理的实现途径和过程,学者们把知识管理学分为理论行为学派、技术学派、过程学派和综合学派。[③] 鉴于上述对知识管理评价文献的回顾,从知识管理学的流派视角分析知识管理评价理论,可以认为知识管理评价有两种模式:过程评价模式和结果评价模式。

模式 1:基于过程的知识管理评价模式。这种评价模式主要是由知识管理的技术学派和过程学派创立的。这两个学派认为知识管理主要是通过知识的创造、积累、共享、内化与应用等循环过程实现知识的价值,借助于相关

[①] Ahn Jaehyeon, Chang Sukgwon. Assessing the contribution of knowledge to business performance:the KP3 methodology. Decision Support Systems,2004(36):403—416.

[②] Lee K C, Lee S, et al. KMP I:measuring knowledge management performance. Information & Management,2005(42):469—482.

[③] 储节旺.国内外知识管理理论发展与流派研究.图书情报工作,2007(4):80—83.

环境和技术实现隐性和显性知识之间的转移,从而达到知识集成、重用、扩散、整合与创新的目的。于是,评价过程注重知识管理活动的评价,不仅包括对知识管理的技术评价,也包括对知识管理硬件环境等方面的评价。评价方法多是用定量的评价模型。其评价结果针对性强,有很好的借鉴性,但是评价结构的稳定性差。

模式2:基于结果的知识管理评价模式。这种评价模式是由社会学派和综合学派创立的。社会学派和综合学派相信在知识管理中人是核心,因而主要研究知识资本、知识价值实现的社会化背景。因此,其评价关注人的素质和能力、知识层次与结构、项目团队的制度、合作文化与激励机制。采用的评价方法多是定性评价模型,但缺少操作性。

4.2.4.3 知识管理评价发展趋势分析

(1)知识管理评价向综合评价趋势发展

知识管理评价将摆脱学派限制,向知识管理综合评价方向发展。知识管理评价模式的学派烙印将随着知识管理学学科体系的统一而趋向综合评价模式。这有利于知识管理评价指标的集中与统一,避免评价指标的冗余,增强评价指标体系的科学性与连续性。在优化后的指标体系中,根据指标的特征选择或者创造新的评价模型,使得评价指标与评价算法之间的逻辑一致性能有效反映知识管理评价的目标。同时,这样的评价结果具有规范性,增强了知识管理评价结果的可比性和对实践的指导性。

(2)知识管理评价向智能化评价方向发展

知识管理绩效的形成是一个复杂的螺旋增长过程,需要人、技术和环境等多个要素的交互作用。目前的评价模型主要依赖于传统数学,不能很好地体现非线性系统的整体特征。对人的情感的测度要有一个智能化的评价机制,应借助于神经网络等技术来描述知识管理产生绩效的机理,以便跟踪知识管理的进度和绩效。同时,准确、及时的信息处理和评价结果的反馈,以及管理效率的提高,都对评价过程的智能化产生了迫切的需求。

(3)知识管理评价体系结构中心发生转移

评价指标体系的筛选与权重确定是当前知识管理评价体系结构的核心,但随着知识管理学的发展,知识管理评价的背景将更为微观化,与具体行业管理对象结合得更为紧密。知识管理评价的核心要素也将向知识管理系统评价和知识管理评价系统两个要素转移。知识管理系统是实现知识管理的物质基础,是信息技术、系统工程理论与知识管理学相结合的产物,对系统的评价更为直接和客观。随着知识管理评价工作量的增加和知识管理理论发展,知识管理评价的智能化将更为明显。因此,知识管理评价系统将成为知识管理评价体系的核心要素。

知识成为当今社会的重要资源,而知识管理成为知识经济时代的重要管理模式,知识管理评价则是对知识管理实践的探索与总结。根据知识管理发展的需要构建多要素的评价体系,创新评价理论与技术、推广评价结果,将成为知识管理评价研究的重点。

4.3 知识员工

知识管理是以人为本的管理。知识员工是知识的重要载体,在知识管理过程中扮演着重要的角色,是知识管理学的重要研究对象。知识管理对知识员工的研究主要集中在方法和原则上,即一个组织运用何种方法、遵循什么原则才能最为有效地挖掘知识员工的隐性知识,从而实现创新,提升自身的核心竞争力。

4.3.1 方法

4.3.1.1 确保组织的知识积累

任何知识,无论是否经过规范化处理,都包含了产生、审核和利用三个阶段。它们都自然存在于包括人类组织在内的有生命力的组织体系中,拥有知识并合理加以利用,对一个组织或个人是相当有利的。

建立学习型组织,不断从外界吸收对本组织有用的各种知识,并将这些知识存储在内部的知识管理系统中,在需要的时候可以迅速被检索出来。组织面临的问题是大部分的知识信息存储在半结构和非结构化的文档中,这些文档包括电子邮件、Word 文档、Web 页面等。而这些各种格式的文档对于知识管理系统来说,一方面不便于为用户提供统一的标准的浏览工具,以进行阅读和学习,难以实现知识的充分共享;另一方面不便于对这些知识信息进行分类存储和快速检索。知识管理系统是将知识工作者日常学习到的知识、工作中获得的经验集成到一个知识库中,以供组织中成员共享和交流。可想而知,对于一个大型的学习型组织来说,知识将是海量的,纷繁复杂的。因此,在知识管理系统的建设中,如何让知识工作者在日常工作中快速地检索到自己所需要的知识,从而减少在学习过程中因查找而浪费的不必要的时间,同样也是很重要的问题。

学习型组织看重的并不是个人能力的凸显,而是越来越依赖组织中的团队协作和团队学习,而这种团队学习不仅仅包括日常的信息发布、共享和讲座等静态的相互学习,同时也包括在这种工作中动态地相互支持和相互协作,以提高知识工作者的工作效率。知识管理系统应当能支持小组中的不同人员协同工作及各小组跨部门协作。

4.3.1.2 确保员工直接而有效地得到其所需的知识

确保员工直接而有效地得到其所需的知识,至少需要确保组织内部的人知道所需的知识在何处。管理人员经常关心的一个话题是"我们拥有哪些知识"。员工们总是在不断地重复劳动,而不能充分利用已有的教训、实践经验和专家技能。知识管理的一项重要工作在于有效地对组织信息进行文档化、分类和传递,从而使"左手"能了解"右手"在做什么。任何组织都愿意挖掘出存在于人和系统中的信息内容及专家技能,从而为日常决策提供帮助。生产效率的高低取决于把创造的知识加以收集和综合,供组织内部和外部其他人再利用的程度大小。知识管理技术则可以向使用者提供工具(例如企业门户),以发现和挖掘已创造的组织知识。当员工找到了他们需要的组织知识,他们就可以将其应用于新的情况并对其加以改进。

4.3.1.3 激发、增强员工的创新意识与能力,从而增强组织的竞争能力,提高组织的快速反应能力

在技术和服务都快速变化的商务活动中,创新往往是保持长久竞争优势的关键因素。对于许多组织来说,一个很重要的问题就是如何使员工一起跨越时间和地理的界限,献计献策、交流思想。有效的知识管理体系有助于发现和培育新的想法和思维,把人们聚集到真正的知识共享流程中,将人们头脑中的创造性思维充分利用起来,通过创新而保持组织的活力。

在知识管理时代,仅考虑投资、设备等传统生产要素是远远不够的,获取新知识、新科技、开发新产品、培训生产创新产品的高水平专业技术人才,才是更为重要的。判定任何一个部门的领导者是否称职,是否有才干,主要看他有无超前意识和创新本领,是否能预测风险和回避风险。创新理论先驱者熊彼特说过:"常规生产的管理者不能被称为企业家,真正企业家的独特任务,恰恰在于敢于打破常规,创造新理论和新的管理方式方法。企业家的职能就是实现经营管理的创新。"知识管理要求领导者把创新渗透于整个管理过程之中,作为经常性的主要职责,如果能作到这一点,则每个管理者都将成

为创新者。长期以来,管理者主要以手工方式处理管理业务,文案和会议占去了大部分时间,进行创新性思维的时间极其有限。电脑的普遍应用、自动化管理信息网络系统的建立,将把管理者从手工劳动中解放出来,使管理工作效率几十倍、成百倍地提高,从而使管理者把大部分时间用于创造性劳动,研究新问题、新动向、新思路,成为创新型的工作者。[①]

4.3.1.4 激发员工的学习热情与能力

21世纪的组织应该是学习型组织。不学习不交流就没有新思想,没有新谋略。组织的竞争是人才的竞争,而人才竞争的本质是学习的竞争。新的技术、管理方式、规则问题和消费者关心的事层出不穷,组织必须不断改变其经营策略、创新产品和服务。管理人员和专业技术人员对知识不断有新的需求,因此,员工需要不断学习,组织需要激发员工的学习热情,使其与获取知识和创新三者之间形成良性循环。西方一些著名的大企业如施乐公司,可口可乐公司、IBM、道氏化工公司等,已率先开展了这方面的管理实践,并取得了明显成效。

江西泰豪公司一方面极力为员工学习营造良好的学习环境,如推出"泰豪论坛",激发员工的学习兴趣;另一方面,公司每年出资数百万对企业员工进行各项培训。如在清华、复旦进行的 MBA 高级培训、为其他员工提供大量的学习机会等。泰豪的培训体系遍布公司的各个角落,泰豪员工参加培训率达100%。其培训体系由四大部分构成:管理培训(针对管理人员)、技术培训(针对技术人员)、应知培训(针对一般员工)和职业培训(针对职能人员)。培训项目仅 2004 年 4 月至 11 月就有 187 项,内容十分广泛。

4.3.1.5 实现知识在组织内的扩散和共享

知识管理把知识共享作为核心目标。知识管理的核心目标之一是鼓励相互协作,培育知识共享的环境。知识只有通过互相交流才能得到发展,也只有通过使用才能产生出知识。知识的交流越广,效果就越好,只有使知识被更多的人共享,才能让知识的拥有者获得更大的收益。根据国际数据公司(IDC)的数据显示,世界财富 500 强公司由于彼此知识不能充分共享,每年造成的损失高达 315 亿美元。在知识交流管理中,如果员工为了保证自己在组织中的即有地位而隐瞒知识,或组织为保密而设置的各种安全措施而给知识共享造成了障碍,那么将对组织的发展极为不利。知识不进行充分的交

---

① 董其上.管理新课题—知识管理.国土资源科技管理,2000(3).

流,就无法使其为大多数人所共享,也就无法为组织的发展作出贡献。知识交流管理的目的是要在组织内部实现知识共享,但要真正做到这一点十分困难。为做好这一点,组织在处理知识产权归属时,应该从有利于知识的生成和传播的角度考虑,使员工均能共享科研开发的成果(除有合同规定以外),以鼓励员工积极进行知识生产和交流。将分散在各个员工头脑中的零星知识资源整合成强有力的知识力量,是知识管理的目的,通过对知识的积累和应用管理,使组织能够更好地运用组织的人才资源,提高对市场的应变能力和创新能力。[①]

4.3.2　原则

要有效地实施知识管理,充分挖掘知识员工的隐性知识,达到组织内的知识共享,需要遵循一些基本的原则:

4.3.2.1　学习、交流与共享原则

健全的知识管理运行机制,能使组织的管理人员获得良好的学习、利用、创造知识的途径和方法,使"知识管理系统"成为"及时知识学习系统"。为此,要在组织的知识管理活动中,建立一整套运用现代控制技术和理论的管理机制,使之能有效利用前馈控制的成果,适时调整其管理步骤。同时,为了使管理人员更好地学习知识,组织还要建立反应灵敏的知识管理的命令传输系统和管理保障体系,从而能"把握未来、适应需求、预测变化、占领先机"。

组织内部是一个知识链,处于知识链的各个环节中的每一个成员,必须进行知识的交流。要进行知识的交流,就必须建立团队的工作模式,通过团队的合作与交流,使组织的知识得以发挥最大的效益。知识具有收益递增的特性,使用得越多,产生的效益就越大,因此知识链成员之间加强知识的共享,可以分享个人的知识和经验,减少团队的学习时间。

组织的知识存在于组织中各种形式的知识结构中,相应地,融入在这些结构中的规则(如在实践中积累的知识)也能被用于解释和管理。首先有必要对组织知识进行组织层面的编码,并将其与组织文化、规章制度和信息技术很好地融合起来,以保持组织旺盛的生命力。因此,组织首先应该设立专门机构,负责获取知识和对知识进行规范化处理。除对组织知识进行编码和维护外,组织设立的专门机构还必须随时确保知识流通过程的顺畅。

---

① 郭强,叶继红.论企业知识管理的基本问题.福州大学学报(哲学社会科学版),2000(1).

由于受法律和竞争的影响,大多数组织拥有的知识都是高时效性的,组织的生命力更依赖于组织内知识的有效组织和合理利用,因此,所有组织的知识应在所有员工中充分共享。经过这个过程,组织内的知识就可以从分散的、无序的、分属于不同主体的状态向不同主体的知识扩散,提高知识的拥有面,从而形成组织的新的知识;再经过进一步的共享,新的知识体系就可以为全体成员和组织所掌握。

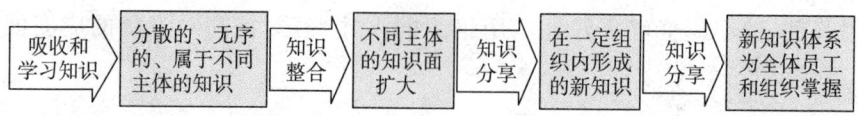

图 4-9　知识分享与整合使组织知识状态产生转变

4.3.2.2　全员性原则

在组织中,从最高管理决策层到一般管理者,人人都要认识到知识管理的功能与作用,人人支持知识管理的系统建设,人人参与知识管理的活动。因此,不仅要有专门的知识管理部门来完成知识管理的具体业务工作,而且要强化知识管理系统与其他业务系统的联系,并要求各级管理者坚持全员性管理原则,把知识管理放在组织管理发展的最顶层。

要使组织的员工们彼此积极协作,彼此能达到充分信任的程度,需要注意以下四个基本原则:参与原则、解释原则、熟悉原则和知识资本化原则。所谓参与原则,就是指组织应建立起鼓励员工积极参与组织经营各项事务的机制和氛围,员工的参与可以使员工交流他们的思想、修正他们的观点,从而得到一个集体的更好的意见,也正因为员工参与了决策,使得决策的执行难度也大大降低。解释原则是指管理者能够解释一项决策为什么是这样而不是那样。这样的解释往往能使员工相信管理者已经充分考虑了他们的意见,做出这项决策是从组织整体利益出发的。从而建立起一种开放和信任的环境。熟悉原则是指新的规章制度出台之后,决策者必须向相关人员说明新规则的所有细节及奖惩措施,直到他们完全理解。知识资本化原则是指组织内各成员都必须树立知识这种无形资产是组织竞争力的关键的观念,并积极开发和管理知识资源。

4.3.2.3　动态性原则

知识管理必须具有新的管理观念、良好的管理技术及强大的管理功能。管理环境的变化,要求管理者密切关注组织内外环境的变化,尤其是知识需求环境和管理技术环境的变化。同时,由于知识管理本身是一个新生事物,其动态性更为突出。因此,组织的知识管理,既要主动适应社会技术和需求环境的变化,重视各管理要素的发展关联性;又要科学规划知识管理的内容和方式,有效调整知识管理的具体目标。因此,不断更新组织的知识库也是知识管理的重要任务。

要建立一个开放的组织知识平台,让所有的成员能把自己的新的知识添加到知识平台中去,以丰富组织的知识。同时也可以吸收和利用外部的知识。

4.3.2.4 "以人为本"的原则

随着信息技术的飞速发展,计算机的功能越来越强大,但是,无论计算机的处理能力有多大,它终究只是人类的一种工具,只有人类才能在知识创新的过程中扮演核心角色。知识是不能和人分离的,它只存在于人的实践过程中,人既是知识的载体,又是知识创新的主体。因此,对人的管理(即对人力资源的管理)是知识管理的核心内容。人力资源管理是一种以"人"为中心,将人看作最重要的资源的现代管理。这种管理模式是"以事就人",以人为主,旨在使人尽其才,人适其所,使组织的成长配合个人能力的发展,使组织的目标与个人的目标有机地统一。它反映的是"人才决定组织前途"的经营理念。

人力资源是一种无形资源,具有相对的无限性,是可再生的资源。组织可以通过教育、培训和开发等活动提高人力资源的品质,增加人力资源的数量,用人力资源代替非人力资源,从而减轻组织发展过程中非人力资源稀缺的压力。从组织的活动过程看,人力资源是物力资源和财力资源的黏合剂。组织效益的高低取决于人力资源对非人力资源黏合的强度和效用如何。组织只有提高人力资源的素质,对人力资源进行合理有效的管理,调动劳动者的积极性,这种黏合的强度和效用才能提高,组织的效益才能提高,组织也才能长盛不衰。

组织的知识来自内部员工的知识储备和外部信息,组织知识的增加无非是通过员工个人的学习和组织学习这两种途径。人力资源管理就是要在提高员工和组织的学习能力及获取外界知识的技能上给予支持。要使员工能够较好地学习、应用新知识,就必须加强对员工的教育、培训,提高组织的人才资源的整体素质,使知识型人才能在浩瀚的知识海洋里建立适应自己、适应环境的动态知识结构,并能够主动摄取有关知识,开阔视野,综合运用知识进行创新、开发。而这些能力的形成都有待于组织的人才资源素质的提高,有待于组织的员工科技水平、技术能力的提高。因此,对组织已有员工的培养和知识资源的开发是组织人才管理的当务之急。人才资源的开发管理除了充分挖掘本组织员工的知识资源外,还应该注意对"外脑"的使用,组织外的专家、学者的人才资源也应该是组织人才资源开发管理的对象。小型组织因缺乏实力对员工进行一整套的系统培训,但可以通过外部的机构进行开发,这是组织吸收知识和引进知识的重要方法之一。

Yahoo 公司的创立就是很精彩的一个例子。Yahoo 的两位创始人杨致远和 David Filo 当时只是在斯坦福大学攻读博士的穷学生,他们既没有微软庞大的财力,也没有 IBM 成熟的经验和技术资本,他们只是为了方便查找网上资料而编出了一个专门用于整理网上各个节点资料的程序,并于 1994 年 4 月正式在互联网上推出。可以说从此在信息领域,Yahoo 重新组织了世界。1995 年 4 月,Yahoo 正式在华尔街上市,一夜之间,股票总市值就达到了 5 亿美元,而杨致远和 David Filo 从此就名垂青史,步入了亿万富翁的行列。Yahoo 的资金积累速度和它在信息世界里对人类知识劳动的贡献都是工业时代的企业所无法达到的,而这种成功最关键的因素就是他们的知识创新能力。

通用公司在人力资源部门角色转化过程中的第一步是实现人力资源事务性处理的自动化,让所有的员工都能通过公司门户实现员工福利、采购事务的自动处理。此外,公司还将部分事务外包给其他公司,如退休计划。公司的这两项举动带来了明显的经济受益。但公司的目标不局限于此,它最终的目标是要求人力资源部门(HR)能帮助员工打破不同业务部门之间合作的文化障碍,消除部门的官僚现象,支持、培训、保留公司富有活力的员工队伍。目前,公司在清除官僚现象方面取得了重大的进步。公司又紧接着推出了新的项目,称为 Go Fast。在这一项目中,HR 要跟踪公司一系列流程的运作——从招聘新的机械师到建立南非的制造工厂,旨在消除公司在项目实施过程中员工合作的文化障碍。他们还持续地分析这些流程,以决定可以消除哪些管理成本。此项目的另一部分是鼓励部门经理经常向 HR 提出新的流程,HR 会帮助他们获得流程运作的高层许可。

此外,获取那些将要退休或离开公司的员工的知识也是 HR 的工作,HR 除了对每个将要离开公司的人进行离职面谈外,还启动了一个称为 GM for a Career 和 GM for a Time 的项目,以早先确认哪些员工可能只在公司待几年。早先作出这种决定可以使公司及时作出福利、薪资方面的调整,还能使

HR 知道那些将要离开公司的人的头脑中有什么知识。在这些变化中,公司 HR 面临的最大挑战是用新的技能武装自己。于是,公司启动了一个称为 HR Skills for Success 的项目来帮助他们处理组织的管理发展方面的事务,以使 HR 员工能摆脱部门思考的心态,积极与跨部门或跨组织的人员协同工作,帮助他们提高工作效率。

4.4 知识型组织

4.4.1 知识型组织的内涵和特征

由于知识是知识型组织内部流动着的最为关键的资源,是其获取持续竞争优势的基础,所以知识型组织可以通过对知识的整合而获取竞争优势。根据彼得·德鲁克(1998)的观点,知识型组织是指以知识为基础,由各种各样的专业人员或专家组成的组织。

4.4.1.1 知识是组织内部流动着的最为关键的资源

知识型组织的资源重心发生转移,即人力→资本→技术→知识。知识型组织的资源重心不是人力资源,也不是资本资源或技术资源,而是知识。传统组织的三个资源流为:资金流—信息流—物流,而知识型组织的三个资源流为:价值流—知识流—工作流。传统组织的三个资源流循环是资金流—信息流—物流;知识型企业的三个资源流循环则是价值流—知识流—工作流,以知识为中心,组织的一切活动都是围绕这三个资源流并以知识为中心而展开的。

知识型组织的生产经营活动不可能由单个人运用单一类型的知识来完成,而需要由拥有不同类型知识的专家的协同努力完成。这种协同努力不仅创造出个人知识,而且创造出一种不同于个人知识的公共知识,即基于协作的知识。所以,知识型组织的知识资源具体包括员工个体原有的知识存量及这种基于协作的新创造的个人知识和公共知识。这三类知识往往是存在于组织成员头脑中的,而正是这种知识构成了组织在变化的竞争环境中获取持续竞争优势的基础。

4.4.1.2 知识型员工是知识型组织的关键成员

组织要成为知识型组织,就必须拥有知识型员工。知识型员工是指在一个组织中用脑力所创造的价值高于其用体力所创造的价值的员工。他们一方面能充分利用现代科学技术知识提高工作的效率;另一方面,他们本身就具备较强的学习知识和创造知识的能力。知识型员工具体包括专业技术人员、专业管理人员、相关技术专家、相关咨询专家等。知识型员工一般具有自主性、创造性、流动性、劳动过程及劳动成果的复杂性、成就动机强、蔑视权威等特征,其核心特征是创造性。由于知识型员工是知识的源,所以成功管理知识型员工以激发其创造性,对知识型组织的有效运作至关重要。

4.4.1.3 组织的特征是动态性和风险性

知识型组织的价值的实现,是以新知识对整个社会潜在需求的满足为基础的,即不断创新的知识和技术是知识型组织获取竞争优势的直接资源。而随着经济的发展,知识创新和技术创新的速度不断加快,这就需要知识型组织所依赖的关键资源——知识能被不断更新和创造。而这也正决定了知识型组织的高风险和动态性,因为知识型组织一旦失去了创新能力或跟不上更新的速度,就会被淘汰。知识型组织间的竞争往往比一般组织间的竞争更加剧烈或残酷,其淘汰率也非常高。

上述三个特征共同决定了其获取竞争优势的方式是获取人力资本优势和整合过程优势(见图4-10)。

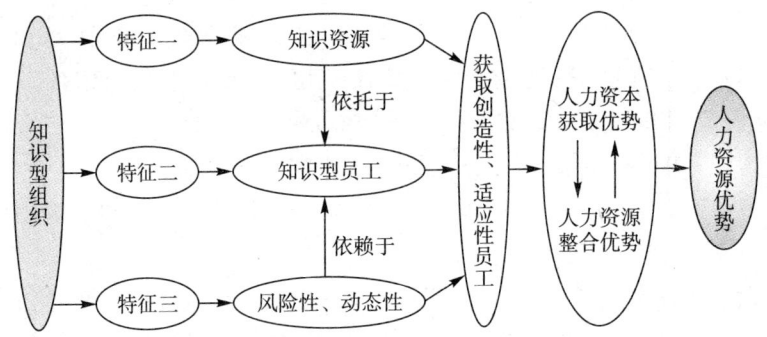

图 4-10 知识型组织的特征决定组织取得竞争优势的方式是获取 HR 优势

4.4.1.4 组织的管理方式发生变化

传统组织的指挥控制权掌握在高层领导手中,实行的是集中式或递阶控制模式,而知识型企业的权力将下放到基层一级,实行自主管理。

知识企业的结构是网络型的,边界是相对模糊的,以各种各样的协作与外包代替了传统企业的诸多功能。现在外包的范围已经由传统的生活服务、物业管理、仓储运输服务、部件制造、分销,扩展到研究与开发、整机OEM生产、信息技术管理,甚至资产管理、人力资源管理方面。

知识企业的成本核算和定价（保价）方式不仅仅是以工作人员的有效工作时间为核心来计算，而是如何计算创造性劳动。所幸的是，知识企业对知识的开发、生产管理的水平不断提高，已可将人的创造性劳动纳入管理状态。如微软发明的软件开发项目采用同步—稳定法项目管理模式。由于对创造性劳动的管理水平的提高，麦肯锡等著名企业开始实行灵活的弹性工作时间。由于知识企业正在成长与发展，其在管理方面的创新刚刚开始，可以预期，未来知识企业的管理创新，将有力地提升人类的管理能力和管理水平，加快全球经济的知识化进程。

任何一个希望从事知识管理的企业都必须经常调整它的结构和职位。而组织结构的调整应注意：未来组织结构的发展方向是基于知识而不是基于不同职能部门的，因此未来的知识型组织结构是个什么样子，便成为了人们讨论的热门话题。有人曾提出了如下的知识型组织结构模型图（见图4-11）。

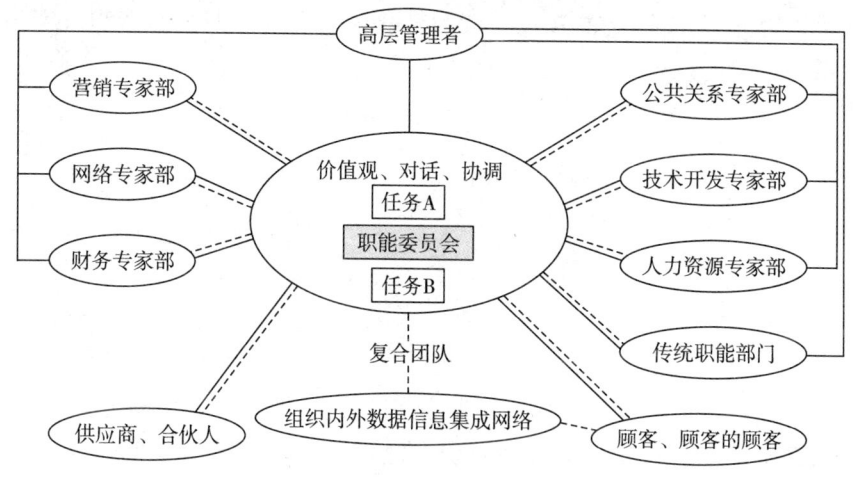

图 4-11　知识型组织结构模型

从"图4-11"我们可以看出，在未来的知识型组织中，职能部门虽仍存在，但其数目、规模和成员人数将显著降低，且职责仅限于例常性的工作，如资料收集、向顾客发送信息、网络的维护、设备更新及负责加工、生产商品化的产品，因此他们更是只具有生产能力的熟练工人。而组织的主体成员将是各领域的专家或知识工人，这个模型基于知识将他们划归为人力资源专家部、技术开发专家部、公共关系专家部、营销专家部、财务专家部、网络专家部等，而这些部门构成了组织的主体结构。不同的专家部门将并行工作，负责与供应商、顾客、合作者直至顾客进行交流对话，发现机会后迅速组成团队将机会推向市场。在组织中,创立共同的文化和价值观及相应的组织条例将为各专家提供统一的认识。这些专家将得到定期培训,并及时从外部获取知识,以保证知识的不断更新和增长。

4.4.2 知识型组织的知识转化

知识型组织内存在三类知识—能力转化体系:基于个体职位的知识—能力转化体系、基于团队的知识—能力转化体系、基于组织体系的知识—能力转化体系。

在这三类知识—能力转化体系中,基于组织体系的知识—能力转化体系同时又是上述两类知识—能力转化体系的基础体系,它确保上述两类体系的顺利运作。而在基于团队的知识—能力转化体系中,由于团队内也存在管理者职位、联络者职位、技术人员职位等,因此包含有基于职位的知识—能力转化体系。因此,基于团队的知识—能力转化体系和基于职位的知识—能力转化体系是交叉的。这三类体系的具体关系如图 4-12 所示。

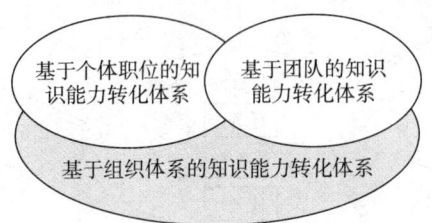

图 4-12 组织中三类知识—能力转化体系

在实践中,组织为了更有效地将知识转化为能力,还将基于职位的知识—能力转化体系和基于团队的知识—能力转化体系并列运行。组织管理者针对组织设置不同的职位,又针对职位配置了相应人员,拥有相关知识的员工以职位为基础,将其知识转化成能力。同时,组织管理者在组织范围内又设立了几个项目团队,在特定职位上的员工根据自己所拥有的知识和时间安排,可以自由选择进入某一项目团队,这就使那些拥有丰富知识的员工又可以在团队内通过团队成员的互动、知识共享而完成项目团队的目标任务,自身的知识进一步转化为能力。这种两类体系并行的方式使组织充分利用了员工的知识,也使员工拥有更大的自我发展的空间。

4.5 国家知识管理

国家知识管理主要包括四大方面：国家对社会知识资源的管理、国家知识创新体系的建立和管理、知识管理制度的建立、国民教育和终身教育体系的建立和完善。

4.5.1 国家对社会知识资源的管理

在知识经济时代，"知识和信息在生产力中的作用已从非独立因素变成独立因素了，并由潜在的生产力变成了现实的生产力，这种知识生产力已成为生产力、竞争力和经济成就的关键因素"。以经济学家罗默为代表的"新经济增长理论"把当今的经济增长归功于知识的增长。他认为一个国家的繁荣与进步并不取决于其所拥有的矿产、资源和一般资本，而是取决于其所拥有的知识及创造知识和利用知识的能力。

社会知识显然可以包括两部分：一种是显性知识，即编码知识，这些知识主要存在于出版的图书、申请的专利、发表的论文、实验报告和记录，以及各种科学实验仪器、样品、模型中。这些显性知识大部分存在于我国的公共信息服务机构，如图书馆、档案馆、科技馆、情报所、信息中心及咨询机构中。我国目前要紧的是对这些知识资源进行统一管理，建立一个集中的知识索引，并促进这些知识的传播。美国就建立了一个称为"美国记忆"的数据库，将美国文化的精华全部数字化，并通过先进的网络向全美国传播。

另一种知识就是隐性知识，即意会知识，这些知识主要存在于千千万万的人，尤其是专家的大脑中，如科学家、企业家、政府高级官员、大学教授等。对这些隐性知识的管理方法不外乎有两个：一个是鼓励隐性知识所有者将知识显性化，然后按照显性化的知识统一管理；另一个方法就是对这些人才进行管理，建立一个专家索引库(专家知识地图)，收录他们的研究领域、兴趣爱好等基本信息，以便在需要的时候可以很方便地检索出来。在国家集中科技攻关时，这些专家库将起到很大的作用。美国的"阿波罗"计划、我国的原子弹研制、2003年的非典科技攻关、2008年雪灾和汶川大地震救援和减灾方案制定及实施，都证实了专家索引库的重要作用。

4.5.2 知识管理制度的完善和实施

国家的知识管理制度包括知识产权制度、教育制度、人才评聘制度、科研制度等。这些制度的建设是知识管理有效实施的必不可少的重要条件。这些制度决定了国家对培养人、用人、激励人的基本政策,从而决定了人才量、人才素质、人才的积极性等问题,这些显然又进一步决定了国家教育发展的状况、国家人才储备、国家的创新能力和国家竞争力等根本问题。

进一步制定和完善以《专利法》、《著作权法》、《商标法》、《技术创新法》、《技术转让法》为核心的知识产权制度。知识产权制度就是界定知识的占有,即知识归谁所有的一种法律制度,它把知识管理提到了法律的高度,体现出知识产权与知识经济的天然联系。它可以激励人们对知识的创造、传播和应用;它可以推动知识财富由专有向公有转化,以激励知识的不断更新,保证知识经济持续快速地发展。知识产权制度是激发人的创造力的根本措施,也是知识经济时代对人才智力贡献的一种肯定。

进一步制定和完善教育管理的法律法规。我国自1980年以来已制定了《学位条例》、《义务教育法》、《教师法》、《教育法》、《职业教育法》、《高等教育法》、《民办教育促进法》等相关法律法规,我国教育法律体系框架基本建成。今后的工作是对这些法律进行具体细化,修订和完善。这些法律明确了教育对国家经济社会发展的重要意义,确立了教师的主体地位,规定了公民的受教育的权利和义务。

对人才如何界定?对他们的劳动成果如何评价?如何将成果与报酬挂钩?如何保证每一个岗位都有合适的人来担任?如何通过报酬和岗位及其他行政、法律、经济措施来对工作人员进行约束?这些方面的制度对确保国家人才队伍的建设至关重要。人才队伍的质量高低、积极性大小、廉洁与否、责任感的轻重等,对国家的发展和长治久安都有至关重要的影响。

科技是第一生产力,科研是创新最重要的途径。世界各国都出台了科学研究管理的相关法规,对科学研究项目的申报、鉴定、成果发表、奖励及投资体制都作了具体规定。

4.5.3 国家创新体系的建立

4.5.3.1 国家创新体系的由来、内涵与特征

1987年,英国学者C. Freeman首次提出"国家创新系统"概念。但当时

的"国家创新系统",实质上就是国家技术创新系统。20世纪70～80年代,日本和东亚经济的崛起,曾得益于强大的国家技术创新系统。然而,自1997年开始的由东南亚波及全球的金融危机,2008年发端于美国的次贷危机,进而波及世界的金融危机,暴露了片面强调技术创新的局限性。90年代的欧美特别是美国的经济振兴主要得益于知识创新和技术创新并重的国家创新系统,而金融危机最终的解决还是依赖知识创新。可见,知识创新是技术创新的基础和源泉,国家之间的竞争已从技术竞争转向知识创新的竞争。江泽民指出:"科技的发展、知识的创新,越来越决定着一个国家、一个民族的发展进程。"美国国家科学技术委员会在1996年的一份报告中也有类似的论述:"美国创造知识的速度以及利用新知识的能力,将决定着下一个世纪美国在国际市场中的地位。"

经济合作发展组织OECD将国家创新系统定义为:政府、企业、大学、研究院所、中介机构等为了一系列的共同社会和经济目标,通过建设性地相互作用而构成的机构网络,其主要活动是启发、引进、改造与扩散技术,创新是这个系统变化和发展的根本动力。中科院在《迎接知识经济时代,建设国家创新体系》的报告中,将我国的国家创新体系定义为:是由知识创新和技术创新相关的机构和组织构成的网络系统,它是一个包括企业、科研机构、高等院校和政府部门在内的网络体系。比较通行的定义是:国家创新体系是指由一个国家的公共和私有部门组成的创新组织和制度网络。这个定义应该是比较准确的。

国家创新体系的特征有四个:

第一,结构的系统性。国家创新系统将一国范围内的创新看作一个大的系统,该系统内各类不同的创新主体、相关制度及相应的政策环境等整体构成了国家创新体系,具有整体性、有序性、层次性、相关性和动态性的特点。从系统工程的角度看,国家创新体系是指将知识生产、知识传播和知识利用的相关部门(高校、科研机构、企业)纳入系统内,进行合理分工与有效协作,从而获得系统最大功效的体系。

第二,功能的经济性。虽然国家创新体系是一个涉及经济、科技、文化、政治多个方面的系统,并把促进科技与经济的结合作为一项重要内容,但国家创新体系绝不等同于国家的科技发展体系,更不能将其理解为科学研究的宏观管理体系。它是培育新的经济增长点、促进产业结构升级的基础,是增强国家综合实力和竞争力的有效手段,是国家宏观经济体系中的一个重要组成部分,它不独立于经济体系中的其他部分。当然,国家创新体系的功能不仅仅体现为经济效益,它在科技发展、人才培养、营造创新氛围等方面都起着重要作用。国家创新体系在很大程度上是一个国家科技、教育发展的基础,标志着一个国家和民族的创新能力和精神文明水平。

第三,动力的创新性。作为一个系统概念,国家创新体系是随着时间的不断变化而动态发展的,这种发展的内在动力是创新。国家创新体系由具有创新功能的各个子系统组成,这些子系统通过诸如科学发现、技术发明、技术创新、理论创新、制度创新、组织创新、管理创新等各种形式的创新活动,汇成一股创新的滚滚洪流,整体推进国家创新体系的运行。国家创新体系区别于其他体系的一个重要标志是,国家创新体系的整体设计立足于创新,整体动力来源于创新,整体效益得益于创新。

第四,运行的制度性。一个成功的国家创新系统应具备以下两个基本条件:其一,系统的织成部分具有强大的实力并充满活力;其二,系统组成部分之间发生着广泛而建设性的相互作用。这两个条件都需要一个公平、高效的制度作保证。知识创新和技术创新工程的实施,需要进行跨单位、跨学科、跨地区的系统整体运作。从系统设计考虑,需要调整企业、科研机构、高校和政府相关机构在各个分系统运作中的角色,从政策、体制、机制方面实施调控管理,这是创新系统得以启动和运行自如的前提,是科技、教育、经济三者紧密结合的根本保证。制度安排因素对国家创新体系的功能和效果起着基础性作用,制度创新是国家创新体系的一个基本变量。需要指出的是,国家创新体系立足于国家利益,通过国家意志和力量来为科技创新提供制度保证,这在人类历史上是史无前例的,它标志着科技进步、教育发展和经济增长三者的紧密关系被提升到了一个新的高度。

4.5.3.2 国家创新体系的构成

国家创新体系可分为知识创新系统、技术创新系统、知识传播系统和知识应用系统。知识创新是技术创新的基础和源泉,技术创新是企业发展的根本,知识传播系统培养和输送高素质人才,知识应用促使科学知识和技术知识转变为现实生产力。4个系统各有重点,又相互交叉、相互支持,是一个开放的有机整体(见表4-1)。

表 4-1　国家创新体系的系统结构和功能

名　称	核心部分	其他部分	主要功能
知识创新系统	国立科研机构（国家科研机构和部门科研机构）、教学科研型大学	其他高等教育机构、企业科研机构、政府部门、基础设施	知识生产、传播和转移
技术创新系统	企业	科研机构、教育培训机构、政府部门、基础设施	学习、革新、创造和传播新技术
知识传播系统	高等教育系统、职业培训系统	政府部门、其他教育机构、科研机构、企业等	传播知识、培养人才
知识应用系统	社会、企业	政府部门、科研机构等	知识和技术的实际应用

其中，知识创新系统是由与知识的生产、扩散和转移相关的机构或组织构成的网络系统。知识创新是指通过科学研究获得新的基础科学与技术科学知识的过程。知识创新系统的核心是国立科研机构和教学科研型大学，还包括其他高等教育机构、企业科研机构、政府部门和起支撑作用的基础设施等。知识创新系统的主要功能是知识的生产、传播和转移。[①]

技术创新系统在进入国家创新体系之后会发生许多变化，其中最重要的变化是它和知识创新产生互相促进的关系，并与知识创新一起丰富自己的内涵，成为因知识的应用和传播而效益更为显著的创新行为。所以，这里的技术创新是由与技术创新全过程相关的机构或组织构成的网络系统，是学习、革新和创造新技术的过程。技术创新系统的核心是企业，它还包括政府部门、科研机构、高等院校、其他教育培训机构、中介机构和基础设施等。发达国家的技术创新更多地由市场机制起作用。但在那些市场机制发育不完善、企业创新能力和市场创新能力不强的国家，政府行为势必起较大作用。

知识传播系统主要是指高等教育和职业培训系统，它包括高等院校、科研机构、企业等，其主要作用是培养具有较高技能、最新知识和创新能力的人力资源。国家知识和信息基础设施、知识和信息传播网络等在知识传播中也发挥着越来越重要的作用。政府行为在知识传播中起主导作用，同时应注意

---

① 中国科学院.迎接知识经济时代，建设国家创新体系(研究报告)，1997。

利用市场机制,充分发挥各方面的积极性。

知识应用系统的主体是社会和企业,它包括政府部门、企业、科研机构、其他机构和组织等,主要功能是对知识和技术的实际应用。知识应用主要是靠市场机制的作用,社会和企业是行为主体;政府的作用是制定并执行法律、法规和政策,引导、监督和宏观调控社会及企业的行为,应用知识做出科学的决策,以提高知识转化成现实生产力的能力和效率,促进知识密集型制造业和服务业的发展。

4.5.3.3 国家创新体系的功能

国家创新体系的主要功能在于优化创新资源配置,协调国家的创新活动,促进科技与经济有机结合。国家创新体系的具体功能是知识创新、技术创新、知识传播和知识应用,包括创新活动的执行、创新资源(人力、财力和信息资源)的配置、创新制度的建立和相关基础设施建设等。

创新活动的执行。科研机构和高等院校主要从事知识创新、知识传播和再创新知识,政府行为占主导地位;企业是技术创新的投入、产出和应用的主体,而市场行为占主导地位;社会及企业是知识应用的主体;政府可根据国家目标,组织重大创新计划和项目,促进产学研合作,促进知识、技术和人才的流动。政府应在积极促进企业及科研单位技术创新的基础上,根据国家经济发展的战略目标,培育优先领域、推广创新成果、组织国际性的合作与交流等。

创新资源的配置。政府主要依靠市场机制,通过国家财政资金和人力资源管理体系、教育与培训体系、信息服务体系和资源分配体系,结合产业技术政策、投融资机制等,对创新资源进行调节,高效配置创新资源,使创新资金、人才和技术投向能够产生创新集群、形成新的经济增长点的领域。

创新制度的建立。政府为全社会的创新活动提供良好的制度安排和政策环境,包括政策和法律的制定、知识产权的保护、维护国家和公众的利益、规范创新主体的行为、对创新主体的激励等。

创新基础设施建设。对于一些不能完全依靠市场机制解决的基础设施问题,如国家科技基础设施、教育基础设施、情报信息基础设施等,政府必须大力投资建设,从而为创新活动提供良好的条件。

4.5.3.4 国家创新体系的五环模型

从上述内容我们得出:任何国家创新体系都有一定的创新行为主体、外部环境、核心内容及调节机制。周绍森、陈东有据此提出了国家创新体系的

"五环模型",如图 4-13 所示。

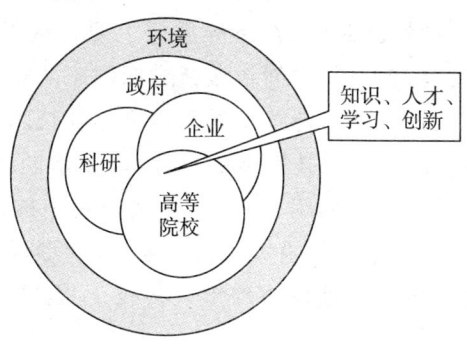

图 4-13 国家创新体系的"五环"模型

在该模型中,国家创新体系的四大行为主体是企业、科研机构、高等院校和政府,其中企业、科研机构和高等院校三环互相交叉,形成国家创新体系的内层,这三个部门交叉的部分是整个创新体系的核心,它包括知识、人才、学习、创新四个关键因素;政府一环处于中层,覆盖了内层三环;最外面的一层是环境,包括社会环境、金融环境、国际环境等。国家创新体系就是由企业、政府、科研机构和高等院校等行为主体在一定的环境条件下,围绕知识、人才、学习、创新等核心要素,通过政策、市场、法律、资金等杠杆调节而形成的知识生产、扩散和应用体系。

4.5.3.5 我国国家创新体系的创建

中华人民共和国成立 60 多年来,科技事业取得了长足发展,但整体上,我国的科技实力与发达国家相比还有较大差距。1997 年 12 月,中国科学院向国家最高决策层提出一份题为:《迎接知识经济时代,建设国家创新体系》的重要报告。这一建议受到党中央和国务院的高度重视。1998 年 6 月 13 日,中国科学院在京召开了"落实科教兴国战略,实施知识创新工程"会议,它标志着国家知识创新工程在中国科学院的试点工作正式启动。

中国科学院建议国家组织实施"知识创新工程",该工程分启动、完善和优化三个阶段完成。目标是到 2010 年前后,形成符合社会主义市场经济和科技发展规律的、具有支撑国民经济可持续发展能力的、高效运行的国家创新系统及运行机制,建设一批国际知名的国家知识创新基地,不断取得具有国际水平的重大科研成果,培养和造就大批具有创新意识和创新能力的高素质科技人才,使我国知识创新的整体实力达到世界中等发达国家的水平。

当前,我国在围绕进一步建设和完善国家创新体系的同时,必须实现科技发展战略向自主创新转变,大幅度提高科技创新能力、国际竞争力、对经济社会发展的支撑力。规划的制定,在指导思想上要把握好几个方面:一是要认真落实科教兴国战略,确立科技创新在新时期国家战略中的核心地位。通过制定科技规划,为国民经济可持续发展奠定科学和技术基础。二是要围绕全面建设小康社会目标,确定科技发展的目标,以原始创新为主,引进和创新相结合,实现我国技术和经济的跨越式发展,努力使中国成为技术创新型国家。三是通过制定规划凝结一批重大科技问题,推动形成具有战略意义的重大科技专项、重大科学技术基础设施和重大科技工程,大幅度增强我国科技实力和国际竞争力。

4.5.4 国民教育体系和终身教育体系的建立和完善

教育是传播知识、增进文明的主要途径。所以,世界各国都将教育作为关乎国家未来命运的大事来抓。

根据教育发展的国际标准,可将国家分成四类:①教育发达国家;②教育较发达国家;③教育中等发达国家;④教育欠发达国家。见表 4-2。

表 4-2 教育发展的国际标准

国家种类	人均 GDP	中等教育毛入学率(%)	高等教育普及率(%)
教育发达国家	2 万美元以上	95	50
教育较发达国家	1.7 万美元以上	75	35—50
教育中等发达国家	0.5 万美元以上	50	15
教育欠发达国家	低于 0.5 万美元	<50	<15

按此标准分类,中国目前整体上属教育欠发达国家向教育中等发达国家的过渡阶段。

为实现全面建设小康社会和"三步走"战略目标,我们必须改革传统国民教育体系,创新观念、创新机制、创新体制,形成特色鲜明的现代国民教育体系。

必须从新的历史高度认识教育的地位和作用,将教育作为重要基础设施进行建设,确立起超前发展的意识,在国民经济和社会发展的重大行动计划中,真正落实优先发展的战略地位。

要建立与社会主义市场经济体制相适应的国民教育体系和有利于教育发展运行的管理机制。按社会主义市场经济规律运作,以社会发展需要为导向,通过调节供给与需求的基本矛盾来实现教育结构优化;确立起教育的竞争意识,在竞争中形成反映价值规律和供求规律的办学模式和教育结构,促进教育资源的合理有效配置;按社会主义市场经济体制要求改善教育管理方式,真正落实学校办学自主权,调动社会力量办学的积极性,改变政府统包统揽和行政指令的管理模式,建立信息发布、政策引导、监督评估、宏观调控的管理机制。

终身教育体系的建设乃至终身学习型社会的建设带来的不仅仅是增加社会成员的学习机会,优化学习资源,提高国民整体素质,更重要的是,终身学习可以为经济和社会发展及社会成员的现代生活方式与发展提供极大的支撑和可能,成为社会和经济发展的动力源泉。

5 知识管理学的研究领域及流派

5.1 知识管理学的研究领域

Shin,Minsoo;Holden,Tony;Schmidt,Ruth A. (2001)认为目前知识管理主要有5个研究领域,包括文化、知识定位、意识、评估和吸收。Kang Jina(2003)认为主要有知识来源、知识集成、内部知识转化或外部知识转移。[①]

Wigg 提出了知识管理学的框架,框架中包括知识的创造和来源、编辑和转化、扩散和应用、价值实现等。Marquardt 和 O'Dell 认为知识管理应包括知识获取与存储、知识识别与共享。此外,还有一些学者也构建了类似的框架。这些都可以被归结为知识管理的任务,知识管理的任务一般包括知识的创造、知识获取、知识的转化、知识编码、知识共享、知识传播与扩散、知识存储、知识的整合、知识应用等。

Hisang chu(2000)认为知识管理包含7个方面的内容:①发起阶段:在这个阶段,组织或机构创造一种知识管理的氛围,以吸引员工关注。②生产阶段:组织或机构开始识别哪里有知识和谁有知识,并从外部吸收知识。③建模阶段:关注解释和建构知识。④存储阶段:管理者采取合适的方法存储知识,通过这些活动,使知识能被员工更方便地共享和获取。⑤扩散和转移阶段:通过构建信息基础设施和员工交互机制,使知识变得对人们有用。⑥使用阶段:知识管理的最终目标是创造价值,管理者关心如何将组织的知

---

① Kang, Jina. The knowledge advantage: Tracing and testing the impact of knowledge characteristics and relationship ties on project performance. Dissertation Abstracts International, 2003,64(2).

识资产转变为经济价值。⑦返视：评估知识管理的效果。

以上是从知识管理的流程上看知识管理学研究内容构成的。以下是几种内容构成观，见表 5-1：

表 5-1　知识管理研究内容几个主要观点比较

集成框架	发起	生产	建模	存储	转移	使用	返视
Wig(1993)	探索知识		治理知识			评估知识	
Lenoard-Barton		共享、创造、解决问题		实现和集成新的方法和工具		试验和原型	
Nonaka&akeuchi	共享隐性知识	创造概念	解释概念		交叉平衡知识	建立原型	
Arthur Anderson		识别、收集、创造	组织		共享	应用	采纳
Choo	感知		知识创造				决策
Szulsnski		发起			实现	索价	集成
Taylor		知识发现			知识使用		
Alavi		获取	索引、过滤、链接		分配	应用	

左美云等认为，在知识管理学研究的基本框架中，应包括以下几个要素，也就是所谓"6W1H"：知识管理学研究的原因(why)、主体(who)、客体(what)、地点(where)、时间(when)以及实务(how)。①

邱均平(1999)指出，广义知识管理学的研究内容包括理论研究和应用研究两方面，其中前者可细分为知识的特性和运动规律的研究、知识组织管理研究、知识信息管理研究、知识管理方法体系的研究，后者是指各行业、各学科领域的知识创新和管理在本领域的应用。②

朱晓峰(2000)指出，知识管理大致包括六个方面的内容：知识管理的基础设施、知识管理与核心业务结合、知识管理的具体工具、知识的获取和检索、知识的传递、知识的共享和知识管理评测。③

盛小平(2002)从基础理论研究、技术研究、措施研究和应用研究等方面对国内的知识管理研究做了全面论述，认为知识管理体系应包括知识生产管理、知识组织管理、知识传播管理、知识营销管理、知识应用管理、人力资源管

---

① 李华伟，董小英，左美云.知识管理的理论与实践.北京：华艺出版社，2000。
② 苏新宁，邓三鸿，任皓.企业知识管理研究与实践的进展.图书情报知识，2003(1)。
③ 付立宏，崔波.近年来我国知识管理研究综述.郑州经济管理干部学院学报，2004(2)。

理六个方面。①

周玉泉(2003)等认为目前知识管理学研究的主要内容包括知识管理活动、组织知识模型、影响知识管理的因素、知识管理的技术方面(包括网络技术、人工智能、数据挖掘、进化计算等)。

戚永红、宝贵敏等(2003)认为知识管理学的研究内容主要涉及知识管理与企业战略、组织内和组织间知识管理活动研究、知识管理活动的阶段性研究、知识型组织的运作规律与管理模式研究、组织内显性知识与隐性知识的创造与转化及知识资源的量化等方面。

彭锐、刘冀生(2005)根据对知识特性的假设和研究焦点的不同将知识管理研究划分为四个学派:工程学派(假设知识是一种智力状态——操作层)、过程学派(把知识看作一个过程——战术层)、实体学派(认为知识是企业内的战略资源——战术层和战略层)和系统学派(认为知识是能力,其他三种学派一般认为知识可以促进能力——战略层的发展)。

朱晓锋(2003)认为,目前知识管理学研究的热点问题有:知识管理原则、测评、技术,知识管理与信息管理、电子商务、竞争情报的关系和相互作用。②

董宇昭(2005)通过对图书情报类杂志有关知识管理的论文进行统计分析,得出(1997-2003)目前知识管理研究范围和论文数量分布是:理论研究140篇(45.75%)、策略研究43篇(14.05%)、技术研究29篇(9.48%)、服务研究10篇(3.27%)、人力资源管理研究9篇(2.94%)、实证研究4篇(1.31%)、其他71篇(23.20%)。不过这只是反映一个学科领域的情况,不一定能代表知识管理学研究的全貌。③

程祁慧、程刚(2005)对1998年至2004年间有关"企业知识管理"的论文进行了统计分析,得出前十位的研究问题是:企业知识管理基本问题(30.43%)、各类企业知识管理(13.04%)、系统(6.21%)、模式(5.9%)、知识经济与企业知识管理(4.97%)、企业知识管理实施(4.04%)、战略(3.42%)、评价(2.80%)、综述(2.80%)、企业知识共享(1.86%)。④

李莉、杨亚晶(2005)对研究领域做了较为详细的归纳:①知识管理的基础理论研究:知识管理的概念、知识和信息的关系、知识管理和信息管理的关

---

① 盛小平.国内知识管理研究综述.中国图书馆学报,2002(3).
② 朱晓峰.知识管理研究综述.情报理论与实践,2003(5)。
③ 董宇昭.知识管理研究论文的统计分析.现代情报,2005(5)。
④ 程祁慧,程刚.我国企业知识管理研究进展.情报杂志,2005(11)。

系;在知识管理基础理论研究的其他领域,如对知识流动、知识转移的研究,以及知识管理模型研究。②知识管理的应用研究:企业知识管理(内容、实施策略、微观研究、图书馆知识管理内容、实施策略、微观研究知识组织和知识服务)。①

不过,笔者认为以上的观点都不足以囊括当前知识管理学研究的范围。知识管理既是对知识的管理,也是知识经济时代的一种管理模式,是以知识为核心的管理。所以,知识管理学的研究范围应该包括个人知识管理、组织知识管理和国家知识管理,只有明确了知识管理学的研究对象和范围,知识管理才能回归到了它的本来面目,知识管理才可以获得应有的发展。但是,目前大部分人仅研究企业知识管理(属于微观层次),也有少数学者如金吾伦、周九常等开始关注宏观的知识管理,前者将国家知识创新体系视为宏观知识管理,后者(2005)受到宏观信息管理的启发,提出了宏观知识管理,认为它包括国家知识基础设施建设、国家知识资源建设、国家知识应用工程建设、国家知识产品工程建设、国家人才工程建设。这与前者没有本质的差别。②

5.2 知识管理学研究的主要成就

5.2.1 国外知识管理学研究

目前,国外有以下学者在一些领域取得了重要成绩:③④

Wig(1993)、Marquardt、O'Dell、美国生产质量中心(1996)、Holsapple & Joshi、Apostolou、Mentzas、Ruggles、Van der Spek & Spijkerve t(1997)、Buckley & Carter(1998)、Ernst & Young(1999)、Liebowitz(2000)认为知识管理任务一般包括:知识的创造、知识获取、知识的转化、知识编码、知识存储、知识共享、知识传播与扩散、知识应用。

Arthur Andersen 咨询公司(1997)、Liebowitz 和 Beckman(1998)、Johnnessen et al.、Drew(1999)认为:确定企业的核心竞争力、战略愿景与知

---

① 李莉,杨亚晶.国内知识管理研究综述.现代情报,2005(10)。
② 周九常.宏观知识管理论略.情报理论与实践,2005(3)。
③ Maryam Alavi, Dorothy E. Leidner. Knowledge management and Knowledge management systems:Conceptual Foundations and research issues. MIS Quarterly, 2001, 25(1).
④ 余光胜.企业知识理论导向下的知识管理研究新进展.研究与发展管理,2005(3)。

识的有机联系,根据企业的目标制定知识战略,确定并建立知识战略所需的关键的流程、文化和技术支持,探索如何用知识的观点和已建立的战略工具将知识管理纳入到公司的战略过程中,建立知识战略、效果的反馈机制。

Apostolou,Menztas(1998)、Delphi Group(1999)、Shin,et al(2001)、Liebowitz,Megbolugbe(2003)认为要识别知识管理关键概念和框架,强调知识管理的文化和组织要求。

Monsanto公司(1997)、Skandia(1999)、Liebowitz(2001)认为:利用知识地图、信息技术、人工智能、网络等进行知识管理活动。

Heijst et al.(1997)、The Mntual Group(1998)认为:通过个人学习、交流学习、使用知识库学习等方法促进知识管理,学习是开发隐性知识的一种方式。

Wilkins et al.(1997)、Liebowitz & Wright(1999)认为:是关于知识资产和智力资本的定义和测量方法的问题。

Wiig et al.,Wielinga et al.(1997)认为:提出一个概念上的框架,由四个相继执行的活动的方法、技术和工具组成的知识管理:回顾、概念化、反省、行动。

表 5-2 知识管理经典著作及作者

姓　名	评　价
Karl Eril Sveiby	被学术界称为"知识管理之父",是 Sveiby Knowledge Management 公司创始人和总经理。从80年代初开始研究知识管理,是知识管理概念和知识资本评测与分类研究的创始人。代表著作是《新型组织财富:管理和评测知识资产》(The new organizational wealth: Managing and measuring knowledge-based assets)
Thomas H. Davenport	波士顿大学管理学教授。他的著作涉及领域广泛,包括信息和知识管理、再造流程功能,以及信息技术在商业中的应用。代表著作有《营运知识:工商企业的知识管理》;《Working Knowledge: How Organization Manage What They Know》,(Laurence Prusak 合著)。
Peter Senge	提出的学习型组织理论曾风靡一时。主要著作是《第五项修炼》(The fifth discipline)。
Carla O'Dell	美国生产与质量中心主席。为知识管理推广做出了贡献。
Paul Strassman	强调了信息与知识作为组织资源日益增长的重要性。
Tom Stewart	财富杂志的常务董事编辑。从事智力资本的管理。代表作是《脑力》(Brainpower)、《智力资本》(Intellectual Capital)。

续表 5-2

姓　名	评　价
Charis Argris, Christopher Bartlett, Dorothy Leonard-Barton	哈佛商学院著名教授。研究关于知识管理方面的问题。如 Dorothy Leonard-Barton 对 Chaparral Steel 公司知识管理的案例研究,大大促进了学术界对知识管理的认识和重视。
Everett Rogers	斯坦福大学教授。对创新工程颇有研究。
Thomas Allen	关于信息与技术转移的研究,使学术界对组织内知识的生产、扩散和利用的认识达到了一个更高的水平。
Ikujriro Nonaka	加州伯克利分校教授。代表著作是《知识创造型公司》(The Knowledge-Creating Company,与 Hirotaka Takeuchi 合著)
David Coleman	Collaborative Strategies 公司总经理,此公司是一家侧重于群件技术、电子写作和知识共享的咨询公司。他发表了很多对知识管理有影响的文章。
Yogesh Malhotra	知识管理联合会的主席和创立者,智慧寺管理著名网站@Brint 的创始人,是知识管理和商业信息技术问题资深专家,为知识管理理论的建立和实践做出了重要贡献。
Ron Miskie	美国文献工作者协会主席。曾发表多篇知识管理方面有影响的论文,组织进行过知识管理领域的多项活动。
Philip C. Murray	知识管理权威刊物《KM Briefs》和《KM Magazine》主编。组织编发了大量知识管理方面的重要文献。
Stephen Denning	世界银行知识管理项目负责人。曾开展多项知识管理活动,尤其是对非盈利机构中的知识管理研究做出了开创性的贡献。
Sakaiya	倡导知识在组织管理中的作用,认为知识是价值产生的重要来源。代表作是《知识价值革命》(《The knowledge value revolution》)
Doug Engellbart	1978 年推出一个早期的超文本/群件系统,能够与其他系统交流信息和知识,为企业知识管理系统研究做出了贡献。
Bob Acksyn & Don McCracken	开发出了一个知识管理系统,是一个开放、分布式的多媒体工具,也是后来 WWW 技术的预演版。为企业知识管理系统研究做出了贡献。

注:引自南京大学丁蔚博士论文《企业知识管理系统实施研究》。

笔者采用 EBSCO 公司的 LISTA 库作为数据来源进行研究。LISTA (图书馆信息科学与技术数据库)内容涵盖了图书馆分类、编目、书目学、网络信息检索、信息管理等主题。数据库提供近 600 种的期刊,另有图书、研究报告和会议录的索引,最早记录可回溯到 1965 年。该数据库是信息科学领域收录信息量最大、回溯和持续时间最长的数据库。而据文献分析,国外知识管理研究的核心领域之一就是图书情报,因此,选用该库对了解知识管理的基本状况是可行的。以关键词"knowledge management"检索LISTA,仅保留学术性论文,经去重,得文献3 775篇。

5.2.1.1 年代分布

以关键词字段精确查找"knowledge management",所能发现的最早文献是1972年B. Flood发表的《Brief Communications》,该文发表在美国著名的图书情报杂志《美国信息科学学会杂志》上。其后一直到1987年,每年都不超过5篇。直到1988年,才超过10篇,此后一直持续到1999年也没有超过20篇/年。但到2000年,发文迅速超过100篇。图书情报界一发不可收拾,发文量一直走高,到2007年发文超过500篇。因此,根据发文量,我们很方便地将知识管理分为三个阶段:知识管理前期(1987年前)、知识管理萌芽期(1988—1999)、知识管理快速发展期(2000—)。见图5-1。

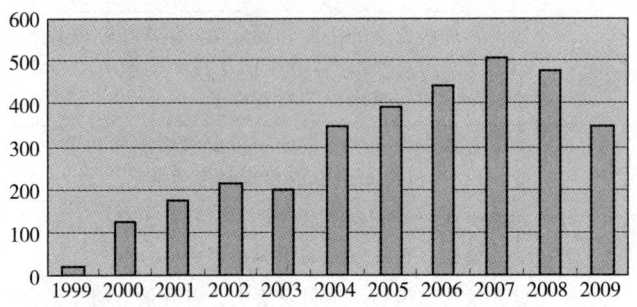

图5-1 国外图书情报类知识管理论文年代分布

5.2.1.2 作者及分布

包括合作者在内,自1970年至今共有作者4 874人,这是一个较为庞大的研究队伍。其中Nixon, Carol(58)、Koenig, Michael(51)、Burmood, Jennifer(46)、Srikantaiah, T. Kanti(30)、Stankosky, Michael(16)、Desouza, Kevin C.(13)、Jennex, Murray E.(12)、Bawden, David(11)发文在10篇以上,特别是前4位,是图书情报领域研究知识管理的高产作者。这些作者大部分分布在美国、南非、罗马尼亚、新加坡、澳大利亚、泰国等国家。

5.2.1.3 期刊分布

所有这些文章发表在501种期刊上,其中"表2"所示的期刊是知识管理论文发表的主要阵地。这些刊物中一些是知识管理的专业刊物(或论文集),如VINE: The Journal of Information & Knowledge Management Systems(信息和知识管理系统)、Electronic Journal of Knowledge Management(知识管理电子杂志)、Proceedings of the European Conference on Knowledge Management(欧洲知识管理会议)、Journal of Information & Knowledge Management(信息和知识管理)、International Journal of Knowledge Management(国际知识管理杂志)、Journal of Knowledge Management(知识管理杂志)、Knowledge Organization(知识组织)、Knowledge Management for the Information Professional(信息专业的知识管理)、IEEE Transactions on Knowledge & Data Engineering(IEEE知识和数据挖掘论文集)、Knowledge Management(知识管理)、Knowledge-Based Systems(知识系统)、Data & Knowledge Engineering(数据和知识工程)、Data Mining & Knowledge Discovery(数据挖掘和知识发现)、Knowledge Quest(知识搜寻)、A Practical Guide to Knowledge Acquisition(知识获取实践指南)等。具体见表5-3。

表 5-3 知识管理载文量前列的国外图书情报类期刊(或论文集)

期刊名	载文量	期刊名	载文量
VINE: The Journal of Information & Knowledge Management Systems	146	Journal of the American Society for Information Science	75
Electronic Journal of Knowledge Management	130	Bulletin of the American Society for Information Science & Technology	71
Proceedings of the European Conference on Knowledge Management	110	Knowledge Organization	68
Journal of the American Society for Information Science & Technology	108	International Journal of Information Management	61
Journal of Information & Knowledge Management	94	Information Outlook	60
Information World Review	92	IFLA Conference Proceedings	51
Information Today	88	Information Management Journal	48
International Journal of Knowledge Management	85	El Profesional de la Informacion	42
Journal of Knowledge Management	85	Information Systems Management	42
Library & Information Update	85	SRELS Journal of Information Management	42
Journal of Information Science	80		

5.2.1.4 研究团体

知识管理学科的兴起,使得一些机构日益成为该领域的学术中心。在国外,如欧洲知识管理学术会议,至今已经成功召开了11届,影响非常大。2010年在葡萄牙召开的第11次大会,大会收到145篇论文,会议上讨论的热门话题是知识转移、技术创新、知识共享、人力资本、知识获取等,如表5-4所示。本次会议,罗马尼亚的经济研究学会、葡萄牙的贝拉地区大学、泰国的曼谷大学、挪威的Buskerud大学、美国的伊萨卡学院等是比较活跃的研究团体。另外,美国信息科学与技术协会知识管理专门兴趣组及其他专业领域的兴趣团体,如美国工业科学工作者协会中的知识发现和数据挖掘特别兴趣组(SIGK-DD)、决策支持与知识和数据管理特别兴趣组(SIGDSS)以及新加坡信息与知识管理协会(Information and Knowledge Management Society)、知识委员会(the Knowledge Board)等也是较活跃的研究团体。

表5-4 第11届欧洲知识管理会议热门方向(或论文集)

关键词	词频	关键词	词频
KNOWLEDGE management	114	Web 2.0	5
KNOWLEDGE transfer(Communication)	17	Ontology	4
INFORMATION resources management	16	intellectual capital	4
knowledge transfer	12	INFORMATION sharing	4
TECHNOLOGICAL innovations	11	absorptive capacity	3
STRATEGIC planning	10	KNOWLEDGE acquisition (Expert systems)	3
INFORMATION technology	10	organizational learning	3
knowledge sharing	10	tacit knowledge	3
INFORMATION architecture	9	open innovation	3
innovation	8	knowledge management systems	2
knowledge	8	knowledge translation	2
LEARNING	6	knowledge management processes	2

武汉大学、南开大学、安徽大学等院校是国内知识管理学术研究的重要团体。而实践领域的代表是蓝凌公司,蓝凌不仅是国内领先的知识管理应用解决方案供应商,专业从事知识管理咨询、软件研发、实施、技术服务的高新技术企业,它还与国家标准化研究所等机构合作,推出了国内第一个知识管

理标准,并同其他机构主持召开了中国知识管理高峰会议,目前已成功召开了第七届。

另外,国内外都有众多的知识管理专业网站。如国外有 kmadvantage.com、knowledgeboard.com、intelligentkm.com、brint.com/km、apqc.org/km、kmpro.org、metakm.com、knowledge-nurture.com、cio.com/forums/knowledge、kmworld.com、kmtool.net/index.htm、skyrme.com、km.gov/index.html 等;国内主要有:中知网、CIO 知识管理网、中国知识管理中心、个人知识管理中心等。这些网站不仅发布大量知识管理新闻、研究成果,更为重要的是聚集了众多的知识管理专家,他们不仅有学者,还有各个领域的知识管理的实践者。

5.2.2 国内知识管理学研究

5.2.2.1 早期研究

国内在知识管理学研究领域内取得较大成就的学者主要有:金吾伦《知识管理:知识社会的新管理模式》(2001)、张福学《知识管理导论》(2001)、郁义鸿《知识管理与组织创新》(2001)、侯贵松《知识管理与知识创新》(2002)、周海炜《核心竞争力:知识管理战略与实践》(2002)、黄立军《企业知识管理理论与方法》(2002)、张润彤,朱晓敏《知识管理学》(2002)、李华伟,董小英《知识管理的理论与实践》(2002)、叶茂林,刘宇《知识管理理论与运作》(2003)、夏敬华,金昕《知识管理》(2003)、高洪深,丁娟娟《企业知识管理》(2003)、樊治平《知识管理研究》(2003)、王德禄《知识管理的 IT 实现—朴素的知识管理》(2003)、尤克强《知识管理与企业创新》(2003)、王广宇《知识管理—冲击与改进战略研究》(2004)、苏新宇《组织的知识管理》(2004)。另外 1994 年到 2005 年,发表的论文(从中国期刊网上检索)与知识管理密切相关的有 3 007 篇(以"知识管理"从关键词中检索),较大相关的有 3 173 篇(以"知识管理"从题名中检索),相关的有 4 581 篇(以"知识管理"从文摘中检索)。从全文中则可以检索出 29 306 篇。很明显,近三年关于知识管理的论文数量在迅速上升。表 5-5 是用关键词检索到的关于"知识管理"的论文数量:

表 5-5　1994—2005 年发表的关于"知识管理"的论文

年份	1994	1995	1996	1997	1998	1999	2000	2001	2002	2003	2004	2005
数量	1	1	1	0	6	67	166	272	385	557	725	828

之前，我们对知识管理学研究的国内整体状况再次进行了分析。在上述基础上，以 2000 年至 2007 年 CNKI 中的期刊论文和博士学位论文作为数据源，显示当前进行知识管理学构建问题研究的有效性。在 CNKI 中，笔者以"知识管理"为关键词、精确匹配的模式进行检索，得到期刊论文 4 958 篇。文献时间分布情况如表 5-6 所示。

表 5-6　知识管理期刊论文文献基本分布表

年份	2000	2001	2002	2003	2004	2005	2006	2007
文献数量	223	357	430	621	705	815	915	892
比例[*]	0.044	0.072	0.086	0.125	0.142	0.164	0.184	0.179
增长率	0	0.600897	0.204482	0.444186	0.135266	0.156028	0.122699	−0.02514

文献的总数反映了知识管理学研究内容的丰富性，年文献所占比例和增长比例反映了知识管理研究发展的动态性。为进一步说明文献的分布特点，笔者对上述文献从文献的期刊来源、作者单位和作者在知识管理研究中的文献数量作了详细统计。具体情况如表 5-7 所示。

表 5-7　知识管理期刊文献的期刊、机构和作者基本分布表

期刊	数量	机构	数量	作者	数据
情报杂志	179	西安交通大学	138	盛小平	24
图书情报工作	101	北京大学	103	樊治平	23
情报科学	94	武汉大学	97	邱均平	19
情报理论与实践	57	清华大学	65	左美云	12
中国图书馆学报	34	中国人民大学	74	储节旺	11
情报学报	19	大连理工大学	52	苏新宁	9
大学图书馆学报	8	吉林大学	44		
合计	492		573		98

相对于期刊论文而言，博士论文更能反映某一领域研究的深度、广度和系统性。因此，笔者对 2000 年至 2007 年间的博士论文通过 CNKI 数据库查询，得到 51 篇。具体情况如表 5-8 所示。

表 5-8　知识管理类博士学位论文分布表

机构属性	综合性高校	理工类高校	师范院校	科研院所	农林高校	医学高校
论文数量	22	16	5	6	1	1
比例	0.431	0.313	0.098	0.117	0.019	0.019

从这些论著和论文来看,他们研究知识管理的角度和侧重点不完全相同,成果的地区分布不均衡,各行各业对知识管理的关注程度的差异较大(苏新宁,2003)。真正有独到见解、属于原创性的研究不多,大部分都是浮光掠影式的简单重复,缺乏深度,或者是对国外有关成果的介绍和总结。

陈洁的研究表明,知识管理是一个广阔且极具价值的研究领域。与知识管理相关的有价值主题还很多。虽然近年也出现了对诸如知识管理平台、机制、工具、知识转换等有价值主题的研究,但从文献上来看,数量明显偏少。还有一些极具研究价值的主题,却明显薄弱。另外,就某一研究主题来说,也存在研究不平衡与不全面的问题,还有很多领域尚处于空白状态。她指出,我国学者应把握知识管理在当今中国的实际,避免重复研究的现象,努力开阔视野,拓展研究主题,丰富研究视角,挖掘研究深度,将理论研究与应用研究并重,宏观研究与微观研究并举,以保证知识管理学研究的更加全面和深入。[①]

胡猛立等对基于 CNKI 数据库的我国知识管理文献的分析表明,我国知识管理研究理论探讨多,应用研究少;表层研究多,深层研究少;过于炒作概念,质量较低,内容重复。该研究表明,我国管理学类期刊及管理学界对知识管理学的研究重视程度不够,有影响力的期刊和论文较少。因此,应引起注意。[②]

5.2.2.2 热点词频统计结果

郑州大学图书馆副研究员周爱民先生将 2006 年知识管理领域的热点关键词分为 4 种类型,并对其变化作了分析,我们套用他的总结模式,将近十年内知识管理研究热点分为以下 4 类:

①有些关键词在近十年国内的知识管理研究领域一直处于热点状态,出现在文献中的频率比较高和次数相对稳定,我们称之为:恒星关键词。

②有些关键词在近十年国内的知识管理研究领域,前几年是研究热点,后几年对其的研究,则下降或者停滞不前,出现在文献中的频率呈递减趋势或者停止状态。我们称之为:流星关键词。

③有些关键词在近十年国内的知识管理研究领域,前几年出现在文献中的频率较低,甚至比较冷僻;而越往后,对其研究越深入,其出现在文献中的

---

① 陈洁.国内近十年知识管理研究文献的综述与分析.生产力研究,2008(9).
② 胡猛立等.基于 CNKI 数据库的我国知识管理文献分析.图书情报工作,2008 增刊(1).

次数和频率激增,虽然有时会出现小幅下降现象,但总体趋势是快速发展的。我们称之为:新星关键词。

④有些关键词在近十年国内的知识管理研究领域,一直处于比较冷僻的位置,虽然发现比较早,但是对其研究则一直没有提高和深入,这些关键词出现在文献中的频率很低,他们本不应该纳入我们的研究范围。但是根据现在国内外研究发展趋势来看,这些关键词必定会成为以后的研究热点。我们称之为:卫星关键词。

(1)恒星关键词

关键词中,笔者利用 CSSCI 数据库检索,利用精确查找,检索出以下几个热点关键词。这些词在每年期刊杂志上出现频率比较密集。如:信息技术,知识产权,知识创新等。就 CSSCI 数据库检索出来的文献数据来看,每年都会有大批的学者对上述关键词进行深入研究。通过数据整理,得到图 5-2:

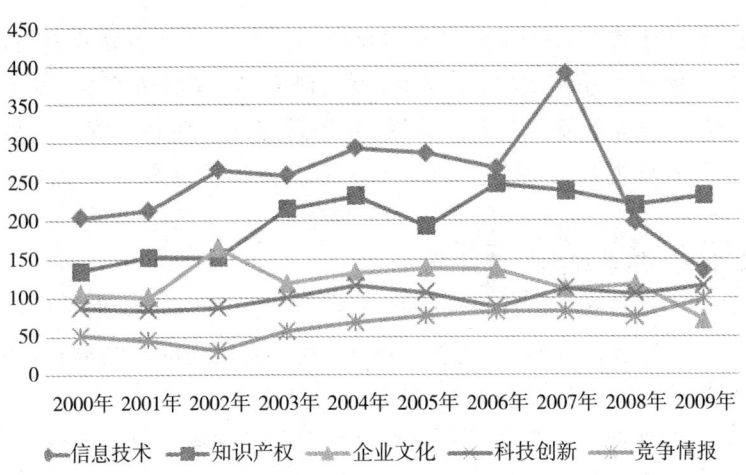

图 5-2 恒星关键词年份分布曲线

此类关键词出现频率极高,且呈递增状态,近几年几乎都有百篇以上、甚至数百篇。这些文章对知识管理各个方面都进行了深入研究,虽观点各不相同,但是都有一个大致的方向,即知识管理实施要依附于企业,必须密切联系高科技企业的发展。对高科技知识的运用,进而转化为企业的核心竞争力,是知识管理当前研究的主流。这个特点在国外表现得更为明显。

(2)流星关键词

有些关键词,虽然每年都是热点,但是变化较大,且研究的比重和力度总体趋于下降状态。如图 5-3 所示：

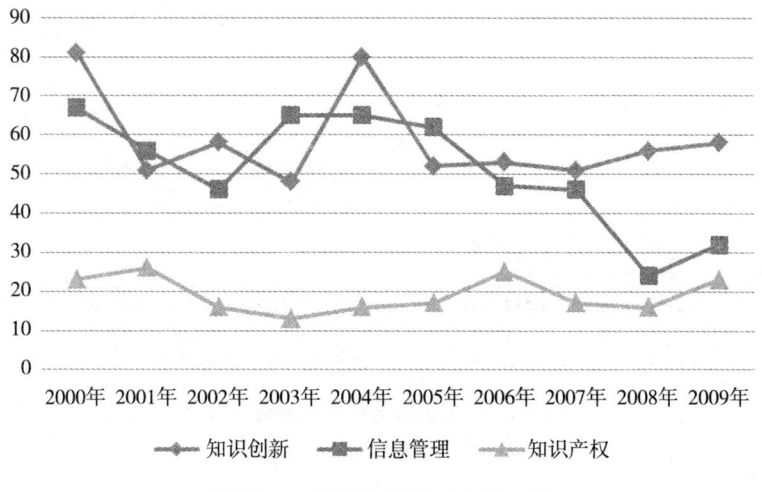

图 5-3 流星关键词年份分布曲线

以知识创新、信息系统和知识资本为例，每年都会有学者进行评述，但是由于力度不够，很难提出有建设性的建议。比如，知识创新必须要把显性知识尽可能的转化为隐性知识，才能成系统、成体系。但是一直以来，对知识创新的规律、如何实现有效的知识创新研究难以深入，到现在依然是浮光掠影，停留于表面。

（3）新星关键词

基于 CSSCI 数据库词频检索，发现前些年对有些研究热点的研究的力度和关注度不够，但是近几年发展十分迅速，这些方面充分显示了知识管理的发展潜力和巨大作用。

知识管理从提出到完善再到应用，新的理念层出不穷，有关的研究也在不断深入。从 2000 年开始，国内对知识管理的研究不断升温，已发表的论文数量惊人。这些上升非常快的关键词很有可能成为我国知识管理未来的研究热点，而且这些论文对于我们深入研究知识管理起到了奠定基础和理论导向的作用。如图 5-4 和图 5-5 所示。

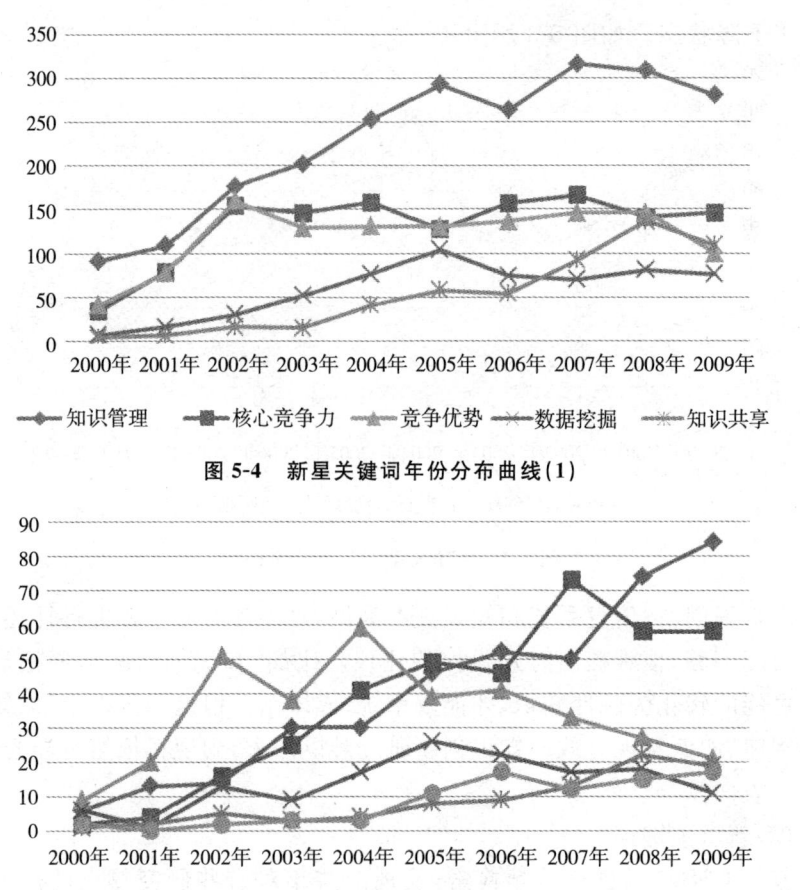

图 5-4　新星关键词年份分布曲线(1)

图 5-5　恒星关键词年份分布曲线(2)

上图很明确地显示了研究热点呈逐年递增的趋势,研究不断深入,论文篇数激增,尤其是对知识的利用率和理解已经到了一定的高度。有的已经系统地阐述了企业如何生存和发展的问题,即增强对知识的创造性利用,增强组织适应外部环境的能力,以知识科技带动企业产业链的运转等。注重知识引导、知识转移和共享,对知识的有效管理必定导致知识库和知识链的不断完善,从而造就学习型组织,而学习型组织是将来组织的发展趋势。

(4)卫星关键词

任何事物都是不断发展变化的,因此,人们进行由浅入深的探讨是必然的。企业的隐性知识才是一个企业区别于另一个企业的重要因素,所以要注重提高员工和管理者的隐性知识存量。显性知识和隐性知识的转化是一种螺旋式的交互作用过程。在我国,知识管理系统只是从属于作业系统,对企业的长足发展有很大的作用,但不是企业生死攸关的工作,因此将知识管理系统融入到企业的日常工作中,是知识管理系统发展的一个难题。我国的知识管理系统仍然处于初级阶段,发展艰难。通过 CSSCI 数据库检索出的以下关键词在论文中的出现频率,可以看出,我国知识管理体系存在的问题。如图 5-6 所示。

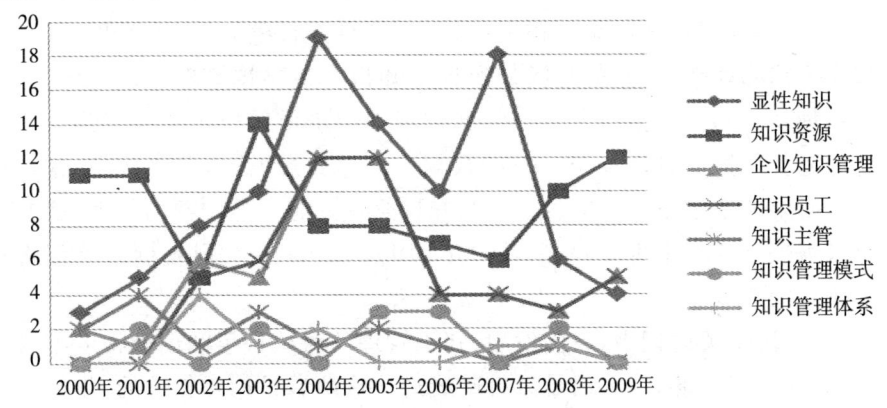

图 5-6　卫星关键词年份分布曲线

很显然,我们对有关如何建立知识管理系统的研究落后于世界强国水平,发表论文数量表明我国学者、企业对知识管理系统的研究和重视不够,理论与实践均处于起步阶段。

但是随着企业的发展,尤其是在进入了信息化社会后,很多企业,特别是大型服务业、高端制造业,如国家大力发展的战略新兴产业,都积累了大量的信息,而如何把信息转化为企业所需要的知识,则是很多企业无法解决的问题。我国对知识管理系统的研究有的还处于很表面化的理论研究阶段。总体上看,存在着理论探讨多,实际研究少;表层研究多,深层研究少;内容雷同多,质量高的少等现象。国外的研究与实践表明,要最大化地利用知识,就要整体化、系统化地深入发掘、研究、评价和使用知识。可喜的是,我国一些大型企业已经开始注重培养主管人员和员工的知识管理能力,开始试探性地建立一些知识管理系统,设立 CKO,即知识主管。这些都将为以后全面建立知识管理系统打下坚实的基础。

5.2.2.3　国内知识管理研究热点及趋势

武汉大学马费成教授在 2006 年发表的论文《国内外知识管理研究热

点——基于词频的统计分析》中,对国内外关于知识管理方面的热点问题进行了整理与分析,笔者所整理出的 26 个热点关键词与马教授论文中涉及的关键词大部分相同或相似,这在一定程度上说明了本书研究内容及研究方法的相对合理性。我们从上述分析中,找出了知识管理研究的大体趋向:

(1)恒星关键词主要涉及与科学技术紧密相关的知识管理。科学技术知识是知识管理研究的主要对象,科学发展、技术创新本身就是一个知识管理的问题,就是要把科学研究中积累的数据、信息进行整合、开发,揭示其存在的基本规律和联系,这些就是我们所说的知识。在科技管理中,不仅要实现知识的创新,还要实现技术的创新,即实现知识价值的资本化和产品化。建立合理完善的知识管理系统,实现"数据—信息—知识"的顺利转化,这是科技不断发展的基本条件。信息技术与知识管理具有天然的密切关系,因此其之所以为恒星词汇不难理解,其他恒星词汇如知识产权、科技创新等都将是未来研究的热点。

(2)在流星关键词中,我们发现,知识管理的原始积累和创新程度不成比例,一方面积累不够,一方面难以打破成规。这两者是相辅相成的,创新的基础是积累,积累的目标是推陈出新。知识创新和知识资本还将继续保持不温不火的状态,但信息管理将有较大波动。这也表明知识管理是一个来自于信息管理的新兴学科,将会逐渐脱离信息管理而慢慢独立,但可以预计,完全摆脱信息管理是不可能的。

(3)在新星关键词中,我们发现,个人、企业、社会和国家越来越重视显性知识和隐性知识的相互转化问题,同时也由原来对技术和"物"的单方面硬性追求,发展到了以"人"为主,重视人的软性作用与价值。在不断变化的内外大环境下,只有重视人的主观能动性,不断挖掘人的潜在价值,才能获得竞争优势,知识管理要将信息处理能力和人的创新能力相互结合,以增强组织适应的环境能力。该领域是知识管理未来发展的热点,如核心竞争力、竞争优势、知识挖掘、知识共享、组织学习、知识地图等研究热点都将得到平稳发展。

(4)在卫星关键词中,我们发现国内知识管理潜在的热点问题,即对知识的系统性管理和对人的知识管理培训;同时,对知识资源、知识管理模式、企业知识管理、知识员工的研究等,仍将得到持续。其他一些研究可能会有一定的降温。

本节基于 CSSCI 数据库,检索了知识管理领域的关键词,以这些关键词为线索分析了近十年国内关于知识管理的研究热点,并对其将来的发展趋势做了预测。总之,国内在知识管理上的学术研究尚处于起步阶段。目前中国的绝大多数企业的知识管理处于一种不自觉的状态,而自觉地、系统地进行知识管理的企业极为少数。因此,建立起完善的知识管理系统,大力推进我国知识管理的理论研究和实践应用,依然是知识管理学科要解决的重大问题。

5.3 欧洲知识管理会议及启示

学术会议是指各种学会、协会、研究机构、学术组织等主持举办的各种研究会、学术讨论会等。学术会议是讨论学术问题、交流学术成果的一种重要形式。① 因此,学术会议成为学科研究进展的风向标,在学术研究、科技发展中占有重要地位。知识管理是一门跨学科的正在崛起的新兴学科,但目前尚未形成一个完整的学科体系。笔者对知识管理学术会议进行研究,以期对知识管理学科有一个更为全面的认识。

5.3.1 国际性知识管理会议概述

知识管理会议旨在为研究知识管理的学者和从业者提供一个相互探讨、相互交流、关注及分享理论成果和科研发现的平台。国际性的知识管理会议有三种类型,一种是知识管理的专门会议,且连续举办;另一种是相关学科举办的知识管理会议,虽然也是连续举办,但主题不稳定;第三种是就知识管理某个热点问题进行研讨的一次性的会议。判断一个学科是否存在,从会议的角度,主要是看第一种会议的规模及存续情况。笔者对 ISI 收录的会议进行检索,发现有关会议有 101 次。其中著名的有"信息处理和知识管理 eKnow 国际会议"、"知识管理和信息共享国际会议"、"欧洲知识管理会议"、"信息和知识管理国际会议(CIKM)"、"知识管理实际应用国际会议"、"知识管理实际面(Practical Aspects)国际会议(PAKM)"、"数学知识管理国际会议(MKM)""智力资本和知识管理组织学习国际会议"、"自然语言处理和知识工程国际会议"、"信息知识工程国际会议(IKE)"、"人工智能、知识工程和数据库国际会议"、"软件工程和知识工程国际会议"。这些会议已经形成了较大影响,基本上都召开过 10 次左右,有些已有 20 余次。

---

① 白丽娟.信息检索基础教程(第二版).哈尔滨:黑龙江科技出版社,2007.

5.3.2 欧洲知识管理会议

欧洲知识管理会议从 2000 年开始举行,至 2013 年已经召开了 14 届。会议为学术讨论、技术创新和解决组织面临的挑战问题提供了交流的平台。近 9 年的会议基本情况如表 5-9 所示:

表 5-9 第 6~14 届欧洲知识管理会议概况

届别	时间	地点	代表性成果
第 6 届	2005	爱尔兰	会议的主讲人是美国哈佛大学的 Larry Prusak 教授和英国克兰菲尔德管理学院的 Bernard Marr 教授,他们分别作了"知识管理的过去、现在和将来"、"智力资本透视——测量和管理这一关键价值驱动的挑战"的发言。
第 7 届	2006	匈牙利	会议的主讲人是 Péter Racskó 博士,其发言的题目是"行动中的知识管理"。另外一位是西班牙的 Jose Viedma 教授,他发言的题目是"追寻智力资本的一般理论"。
第 8 届	2007	西班牙	主讲人来自荷兰的 Daniel Andriessen 教授,他用知识与爱情的比喻强调人在知识管理中的主动性,指导人们如何努力管理好组织的知识。
第 9 届	2008	英国	来自伦敦经济学院的 Frank Land 教授组织了"知识的管理和知识管理"的讨论会(The Management of Knowledge and Knowledge Management)。这次会议收到了来自欧洲 32 个国家的共 210 份初稿摘要,经审核发表了 107 份论文。
第 10 届	2009	意大利	会议邀请了来自美国佛罗里达国际大学的 Irma Becerra-Fernandez 教授,讨论关于知识管理和组织学习的问题。会议收到来自欧洲 33 个国家共 241 份初稿论文摘要,经过审查发表了 112 份论文。
第 11 届	2010	葡萄牙	会议有三位代表性主讲人:第一位是英国的 John S. Edwards 教授,他主要陈述了他的知识管理过程观——不是你做了什么,而是你做的方式。第二位是英国的 David Gurteen,他主要阐述了"让知识管理工作"(Making KM work!)的观点。第三位是英国的 Nigel Holden 教授,他讲述了知识作为网络包:国际业务方面的转让和翻译问题。会议还在知识和老龄化、可持续发展经济和全球化、贸易和知识经济等方面探讨了未来的知识管理的方法、过程和策略。会议收到了 287 份初稿摘要,经审核发表了 148 份论文。
第 12 届	2011		
第 13 届	2012		
第 14 届	2013		

从历届欧洲知识管理会议发展过程来看,欧洲知识管理会议已经取得了一系列成果,因此越来越备受人们关注,同时也显示了知识管理在知识经济时代的重要性。

5.3.3 欧洲知识管理会议的研究热点

5.3.3.1 概述

LISTA(EBSCO)数据库收录了2009和2010年两届欧洲知识管理会议论文题录及文摘共259篇。笔者经过归类处理,共得关键词952个,占总词频1685次的56%。除了"知识管理"这一概念频率为199次而高居榜首外,其他关键词出现的次数相对较低。词频大于等于5次的关键词如表5-10所示:

表5-10 2009—2010年欧洲知识会议热点主题

关键词	词频	关键词	词频
Knowledge management	199	intellectual capital	8
knowledge transfer	50	communities of practice	8
knowledge sharing	28	Portugal	7
information resources management	25	ontology	7
information technology	20	knowledge creation	7
technological innovations	18	universities & colleges	6
information sharing	18	problem solving	6
knowledge	17	information	6
strategic planning	14	communication	6
information architecture	13	case study	6
small and medium sized enterprises	12	business intelligence	6
innovation	10	Romania	5
learning	9	organizational learning	5
knowledge acquisition	9	knowledge management systems	5
web 2.0	8	information processing	5
knowledge worker	8	factor analysis	5

由表5-10可以看出,知识管理会议同学术期刊论文一样,主要研究的问题是知识转移、知识共享、信息资源管理、信息共享、知识、知识获取、知识工

人、知识创造等；在技术层面，关注较多的是信息技术、web2.0、本体论、问题求解、知识管理系统、信息处理；在研究方法上，案例研究和因素分析占了显著地位；在知识管理应用方面，依然重点关注企业领域，主要表现在战略计划、创新、学习、人力资本、实践社区、商业智能、组织学习等方面。从这些研究热点看，知识管理包括了技术维度和人文维度，其涵盖的范围主要是信息管理和人力资源管理。信息管理方面主要是针对显性知识而言的，而人力资源管理方面主要是针对隐性知识而言的。而根据 Nonaka 的 SECI 知识转换模型，隐性知识和显性知识之间是互相转化的。① 这就意味着，信息管理和人力资源管理是知识管理运行的两种表现形态，前者是知识的自我表现，后者是知识的他我表现，即知识应用所体现的价值形态，包括资产形态和资本形态。

5.3.3.2 观点述评

由于欧洲知识管理会议研究的问题涉及诸多方面，且获得资料有限，笔者主要以 2010 年为研究对象，对知识管理的几种代表性研究进行述评。

(1) 知识及类型的研究

对知识的内涵及类型的研究是整个知识管理研究的基础。对知识理解的差异是知识管理流派形成的基础，中外知识管理学派的形成都可从对知识概念的理解差异上找到依据。

① 知识的阐释需要比喻。

组织的知识不像组织的员工、设备和厂房，摸得着，看得见，实实在在的存在于客观世界中。知识是一个非常抽象的概念。西班牙 Daniel Andriessen 教授在第八届欧洲知识管理会议上的主讲话题为"知识就像爱情，指导我们如何努力地管理好组织的知识"。② 他作了一项调查，调查显示西方人倾向于将知识比喻为水，他们把组织的知识看作客观事物，和组织的其他资源一样，可以被操作和控制；相反，亚洲人倾向于将知识比喻成爱情，强调人和知识之间存在互动关系。把知识比喻成水是从知识作为物质的角度考虑知识的，即从客观的角度考虑知识，是客观的知识和可控的知识；把知识比喻成爱情是从主观的、动态的、相互依存的角度考虑知识的，更多的关注组织的人际

---

① 李浩. 企业创新中的知识管理. 北京：人民出版社，2009。

② Daniel Andriessen, Knowledge as Love: How metaphors direct our efforts to manage knowledge in organizations. the 8th European Conference on Knowledge Management, 2007.

关系和成功的知识工作的前提条件。这二者在管理过程中的差别如图 5-7 所示。

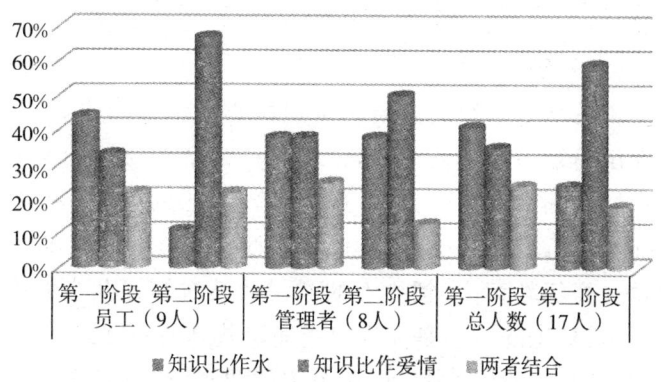

图 5-7 知识的两种比喻在不同主体和阶段的差别
（注：第一阶段表示问题诊断阶段、第二阶段表示寻求方法阶段）

②知识通常分为显性知识和隐性知识两种类型。

在历届欧洲知识管理会议中，对显性知识和隐性知识的研究都是重点。代表性成果是 Clemente Minonne 在第八届欧洲知识管理会议中提出的用综合的方法管理显性知识和隐性知识观点。[①] 他的调查研究对象是一些具有丰富经验的知识管理者，他们来自瑞士 18 个不同的组织。研究者通过大量的调查研究，收集了大量的关于促使隐形知识和显性知识相互转化的数据，并对这些数据进行了分析。研究者以效益和效率培养为纵坐标，以人为本和以系统为本为横坐标，构建出一个坐标图，将不同的方法及其应用领域进行归类，从而构成知识战略管理过程的四个组成部分：知识探索过程（Knowledge exploration process）、知识创新过程（Knowledge innovation process）、知识传播过程（Knowledge dissemination process）、知识自动化过程（Knowledge automation process）。

这项研究还探讨了以人为导向和以系统为导向的知识资产管理的关系，有以下四种代表性的组合：以系统为本的导向效益培养构成了知识探索象限，以人为本的导向效益培养构成了知识创新象限，以人为本的导向效率培

---

① Clemente Minonn, Towards an Integrative Approach for Managing Implicit and Explicit Knowledge: An Exploratory Study in Switzerland, the 8th European Conference on Knowledge Management, 2007.

养构成了知识传播象限,和以系统为本的导向效率培养构成了知识自动化象限。在以上研究的基础上,他设计了 EIDA 模型,即显性知识和隐性知识管理的综合模式。

(2)知识共享的研究

组织的知识共享对组织的发展和组织核心竞争力的建立和保持有着重要的作用。在历届知识管理会议中,知识共享是学者讨论的又一热门话题,尤其是第十一届欧洲知识管理会议,知识共享问题多次被学者提及。

Christine Welch 和 Ashmiza Mahamed 教授在第十一届知识管理会议上发表了题为:"在高等教育中,领导者的参与及其对知识共享的影响"的论文报告。他们指出:员工的意愿是促进组织知识共享的关键因素。领导者需充分了解在促使知识共享活动中自己所扮演的角色,鼓励员工参与知识共享,从而从长远的战略目标角度,开发组织的核心竞争力。[1]

Nekane Aramburu 和 Josune Sáenz 教授在第十一届知识管理会议中发表了题为:"管理过程中的知识共享:影响创新项目管理和创新"的论文报告。他通过调查研究发现,管理环境包括组织设计、组织文化和组织的信息交流技术对知识共享的重要影响。[2]

Khaled Chiri 和 Jane Klobas 教授在第十一届欧洲知识管理会议中发表了题为"知识共享和组织的有利条件"的论文报告。他指出组织可以鼓励员工参与知识共享,创造良好的条件,促进隐性知识的共享。他通过调查研究,得出影响组织员工知识共享意愿的主要因素有:组织的责任、工作报酬和激励、信任和学习动机、知识共享观、社会环境对知识共享的影响。同时,他还发现具有以下特点的员工更愿意参与组织的知识共享活动:得到组织持续奖励的员工、对知识共享能力充满信心的员工、对管理者充满信任的员工、对获取和发展新技能有很高欲望的员工。[3]

---

[1] Christine Welch and Ashmiza Mahamed Ismail, Leader Engagement and its Impact Upon Knowledge-Sharing Behaviour in a Higher Education Context. the 11th European Conference on Knowledge Management,2010.

[2] Nekane Aramburu, Josune Sáenz, Knowledge Sharing in Management Processes: Impact on Innovation Project Management and Innovation Performance. the 11th European Conference on Knowledge Management,2010.

[3] Khaled Chiri, Jane Klobas, Knowledge Sharing and Organizational Enabling Conditions. the 11th European Conference on Knowledge Management,2010.

以上学者从影响知识共享的因素出发,探讨促进知识共享的方法,创造有利条件促进知识共享。他们的研究成果对组织如何促进知识共享有着重要的借鉴作用。但组织的知识共享是在社会和组织的一个大的环境背景下进行的,因此,我们在掌握一般知识共享的方法的基础上,还需结合实际情况,具体问题具体分析。

(3)知识管理主体研究

知识管理的主体是人,人是知识管理过程的最活跃因素,因此人力资源管理是知识管理的重要组成部分。如何开发人的潜力,提高人的积极性,如何激励员工,以及领导者如何在知识管理过程中行使他们的权利等都是学者们研究的热点问题。归纳起来主要有以下几点。

①对领导者的要求。

领导者的素质高低、领导艺术高低和个人魅力大小都严重影响着知识管理的实施成败。因此领导者必须具备一定的领导知识,同时还要具备独特的人格魅力。葡萄牙学者 Paula Pinto Ferreira 和 Paulo Pinheiro 认为在知识管理领域,领导者就是演员,他们的角色就是提供战略性意见、激励员工和员工之间进行有效沟通,从这方面来说,组织应该关注领导者尤其是领导者的领导风格。他同时指出:知识管理和领导权利与组织的文化有着很紧密的联系。[1] 墨西哥学者 Osvaldo Cairó 和 Diego Alonso 认为,在知识组织里,领导者扮演着关键性角色,知识领导者能使知识管理和商业策略一致,使组织更具有竞争力,如果没有知识领导者,组织将会变成空壳。[2]

②对员工的要求。

员工必须要有一定的理解能力、沟通能力和团队意识。在实际工作中,由于领导者和员工的知识会有一定差距,这种差距被称为"知识沟",导致领导者和员工对事物的理解不一致。西班牙学者 David Cegarra-Leiva, Eugenia Sánchez-Vidal 和 Juan Gabriel Cegarra-Navarro 认为,一些公司和政府机构通过实施工作与生活平衡活动提高员工的自我平衡,帮助他们寻找生活节

---

[1] Paula Pinto Ferreira. The Influence of Leadership and Culture in the Practices of Knowledge Management:A Case Study in Health Organization. Proceedings of the 11th European Conference on Knowledge Management,2010.

[2] Osvaldo Cairó, Diego Alonso. Knowledge Leaders:Key players in the Knowledge Creating Organization. Proceedings of the 9th European Conference on Knowledge Management,2009.

奏，允许他们将工作与责任、活动和抱负结合起来，为了减小差距，可以通过员工培训和研讨会来提高员工的素质。①

③人口老龄化问题。

当今发达国家人口老龄化现象十分严重，已经给经济发展带来了严重的挑战，同时又影响着知识的开发和创新。德国学者 Silvia Schacht 和 Alexander Mädche 指出：现在人口不仅在缩减，还在老年化，这直接影响企业员工的组成结构。由于即将退休员工的增加，导致企业将面临资源和知识的流失，为了解决这一问题，需建立一个企业退休人员社区，这不仅有利于员工的交流，更有利于退休员工完成企业的任务。②

(4)知识管理系统研究

知识管理系统是实现知识管理的工具，知识管理系统关系到组织的知识收集、组织和传播的效率，是保持"组织年轻"的基础。有很多学者和知识管理的从业者在这方面做出了大量的研究。在历届知识管理会议中，关于知识管理系统的理论很多，下面仅介绍 Marco Bettoni 和 Willi Bernhard 等人提出的基于角色的网络学习的理念管理。

Marco Bettoni 和 Willi Bernhard 等人在第十一届欧洲知识管理会议上发表了题为："基于角色的网络学习的理念管理"的论文报告。③ 他们指出理念管理系统的三个组成部分是：①理念培养方法，被称为"七阶段卷须法"；②电子协作工具；③基于角色的网络学习。

①"七阶段卷须"理念管理方法。

他指出检验想法的可行性需多达七个阶段，每个阶段都有其自己的一套问题、任务和工具。他将七个阶段与人的思维方式相结合，构想出"七阶段卷须法"。这种方法根据有机的培养方式理念，将理念看作植物，植物的卷须代表每个阶段，因此被称为"七阶段卷须法"。如表 5-11 所示。

---

① David Cegarra-Leiva, Eugenia Sánchez-Vidal, Juan Gabriel Cegarra-Navarro. Managers and Employees do not see eye to eye: Knowledge Gaps in Work Life Balance. Proceedings of the 11th European Conference on Knowledge Management, 2010.

② Silvia Schacht, Alexander Mädche. Building Retired Employee Enterprise Communities. Proceedings of the 11th European Conference on Knowledge Management, 2010.

③ Marco Bettoni, Willi Bernhard, Cindy Eggs, Gabriele Schiller, Idea Management by Role Based Networked Learning. the 11th European Conference on Knowledge Management, 2010.

表 5-11　七阶段卷须法

阶段	名称	思维方式	基本内容
第一阶段	理念挫败阶段	发散式思维	理念可以被输入,如"怎么样?"或"假如……,又会怎么样"。没有批评,尽可能多的寻求培养理念的新方法。
第二阶段	问题分析和任务解释阶段	聚合式思维	把理念和问题集中到一个点上,确定那些方面应进入下一阶段。这一阶段需用思维图勾画出不同的方面。
第三阶段	理念发现阶段	发散式思维、思维图	跟进问题的解决。它也可以是新思想的出发点,不允许批评。所以一切都是允许的,任何想法都是受欢迎的。
第四阶段	理念构建、评价和选择阶段	聚合式思维	将从第三阶段到的理念进行建构和评价。该过程允许批评,产生的结果为下一阶段做准备。"方案查找模型"被用于评价过程中。
第五阶段	理念实现阶段	发散性思维	选择和改善上一阶段得到的理念,从而使理念得以实现。在这一过程中,思维图有助于改善理念。这是允许输入新的可能性的最后一步,也是提供新方法、新的可能性、甚至创新的一个阶段。
第六阶段	理念检查阶段	聚合式思维	主要涉及总公司或高层管理者。高层管理者必须对这些建议或想法进行决策,肯定的决定将会推出一个项目;否定的决定,则将理念传送至下一阶段。
第七阶段	理念挫败阶段	发散性思维	允许理念有个新的开始。作为第六阶段的发展结果,所有导致否定决断的原因都会被知晓,理念又会有新的发展机会。

②电子协作工具。

他们选择了三个有助于学习和工作的工具:社区平台、思维图工具和方案查找模型。①社区平台是一个专门的网上空间,支持理念管理过程。它包括输入理念和讨论理念的论坛。②思维图工具(the mind mapping tool)为制作不同的可能性的草图提供了可能。这种工具主要支持阶段二、阶段三和阶段五。③方案查找模型是一个以控制论、系统工程和激进的建构主义为理论基础的、面向系统的解决问题工具,它支持第四和第六阶段。方案查找模型是基于三个元素的统一理念:需要、目标和解决方案。为了寻求一个好的方案,这三个元素是相互联系的,构成一个三角关系。

③基于角色的网络学习。

"七阶段卷须法"和电子协作工具是关注理念管理系统的概念和技术,而基于角色的网络学习是从人的角度来讨论理念管理系统的。根据参与的程度,研究者将参与者分为六个角色:初学者、观察者、使用者、检测者、创造者和评价者。参与者根据自我评估,选择自己的角色。参与者通过论坛交流自己的想法,协助者给予答复,并且在整个过程中帮助参与者。学习过程是通过网络方式让参与者和协助者形成协作关系的。每个参与者都可以将新的想法输入理念管理系统,当新的理念进入理念管理系统,协助者就将理念发送到恰当的阶段,如第一阶段、第三阶段或者第五阶段。

5.3.3.3 欧洲知识管理会议对我国的启示

欧洲知识管理会议作为国际著名的知识管理专业会议,已经产生了巨大的国际影响。由于学术会议的性质,其研究的热门问题比期刊论文更能代表知识管理学科的发展现状和方向。

(1)更准确地界定知识的内涵

知识的内涵的理解,目前还有很多争议。我国对知识的定义一般是从哲学的角度来考虑的,往往是从主客体相统一的角度来定义知识。如知识是客观事物在人脑中的反映。从反映形式而言,又分为感性知识和理性知识。还有一种是将知识界定为精神和智慧,它可以打开真理,实现人类和自然的统一,这种知识一般被用于理论研究。然而,西方知识研究的理论界认为,知识是对信息的提炼,是可以被编纂、存储和使用的,是组织投入和产出系统的一部分。

从知识管理的角度考虑知识的界定,西方关于知识管理的研究有其独到之处,并且在实际应用中,能获得更大的价值。对知识的不同理解,影响着我们对知识管理的思考方式,同时决定着我们对组织中知识管理问题的诊断及所采用的方法。所以我们只有改变观念,才能实现真正意义上的知识管理。

(2)重新思考教育观和学习观,培养适合知识经济时代的高素质人才

来自英国的 John Edwards 在 2010 年第十一届欧洲知识管理会议上提出,知识管理需考虑三个相关因素:人、过程和技术。知识管理的主体是人。人的素质的高低是知识管理成功与否的关键。高素质人才的培养又需要发达的教育来支撑。然而就目前的教育状况来看,对知识的价值理解还停留在一个较低的水平上,仅仅将知识理解为一种信息资源,且被动地寻找和接受知识,使创新能力严重不足。面对知识经济时代的挑战,迫切要求我们改变传统的知识观和学习观,在实践中重视知识管理的作用;学校特别是高等院校要转变知识教育的理念和方式,重视培养和发展学生的创新能力,树立终

身学习的教育观。

(3)加大知识的共享度,同时建立完善的知识产权保护体系

知识共享是历届欧洲知识管理会议讨论的热点问题。知识共享影响着组织的创新。随着信息化社会的发展,组织的管理结构也由原先的金字塔型逐渐向扁平型和网络型转变,这就意味着组织的层次变得更少,更加便于控制。企业只有加强成员之间的知识共享才能形成企业的整体合力,这就是所谓的1+1>2。在知识共享的基础上,还需建立完善的知识产权保护体系。只有采取适当的知识产权保护措施,才能维护知识创造者的利益,保护他们的积极性,激励他们作出进一步的努力,创造更多的新知识。当然,物质奖励和精神鼓励也是必不可少的,这是对知识创造者自我价值的一种肯定。

(4)国家必须加大资金投入,建立高效的知识管理系统

实施知识管理还必须根据情况具体问题具体分析,我国的国情和欧美发达的国家有很大区别。我国多为制造业和劳动力密集型产业,产品的技术含量低,且产业结构不合理。经济全球化给我国提供了机遇,同时也带来了巨大的挑战。要想在世界竞争中争得一席之地,我们首先必须正视自己的劣势,弥补不足,发展优势,挖掘潜力。我国产品技术含量不高,产业结构不合理,国家需加大技术扶持力度,鼓励技术创新,实行产业结构调整,使之适应经济时代的发展要求,这样才能提高组织和国家的竞争力。但这一切都需要大量的资金投入。组织的知识需要高效的传播、分享和创新,才能提高组织的竞争力。知识的高效传播和分享又需要一个高效的知识管理系统。建立一个高效的知识管理系统可以及时有效地为组织提供生产经营活动所需的准确的和完整的知识,为组织决策提供依据,从而保证组织在激烈的竞争中得以生存和发展。

(4)召开高规格的学术会议,推动我国知识管理研究的发展

我国现在还没有高规格的知识管理学术会议,更没有自己的学会组织,这些也是影响知识管理在我国发展的重要原因。当前,国内最有影响力的知识管理学术会议当属深圳蓝凌软件股份有限公司等单位组织召开的"知识管理高峰论坛",该会议至今已经成功召开十届,每次都有一个主题。2010年的高峰会议是以"对标MAKE,打造知识型组织"为主题,旨在通过对世界上获MAKE奖的优胜企业的介绍,引导中国企业向知识型组织转变,变革企业战略,提升企业竞争力。会议吸引了来自各行业各领域共约270位资深研究

专家、企业 CEO/CIO/CKO、国内外知名专家、实践专家与会。① 由于是以企业为主体,所以应用研究较多,理论探讨相对较少。

5.3.3.4 结语

欧洲知识管理会议对知识管理研究和应用的推进功不可没,其影响力也越来越大。第 12 届会议于 2011 年 9 月 1—2 日,在德国的帕绍大学召开。帕绍被称为世界最美丽的七个镇之一。第 12 届知识管理会议的主题有 31 个方面,包括:知识管理框架、知识创造和共享机制、知识资产价值模型、知识管理系统、知识系统架构、知识案例研究和最佳实践、中小企业的知识管理、知识管理绩效和评估、公共部门知识管理、技能和能力管理、变化管理、业务转型的知识管理、知识管理战略、知识管理的得与失、隐性知识捕获和播发、轻量(Light-weight)知识管理方法、知识管理成效的测量和评估、知识管理和组织学习、智力资本管理、不同群体和组织的知识共享、实践社区、知识管理工作概况和劳务市场、KM 用户需求识别、KM 和创新、内容管理系统、创建创新网络、本体和知识表示、知识管理和 Web2.0、知识管理成熟度模型、知识和技能表示、KM 成功因素、知识管理活动的标杆管理。②

5.4 知识管理学的热点研究领域

2008 年,陈洁对国内近十年的知识管理研究进行了文献分析,发现研究主题随年代变迁有所不同。该研究表明,1998 年,研究限于对国外知识管理思想的介绍;1999 年,企业知识管理成为研究热点;2000 年,知识管理的理论研究成为研究热点,如对知识管理与信息管理、知识管理与情报、知识管理与核心能力、知识管理与创新的关系,以及知识管理的系统、战略、模式等理论的研究;自 2002 年起,对知识管理的理论和应用研究出现了齐头并进的现象,在研究内容上由宏观走向微观。研究结果显示,"企业"、"图书馆"、"系统"、"实施"和"策略"等主题是学者最热衷研究的领域,且成果是最多的。对"应用"、"模型"、"评价"、"隐性知识管理"、"人知识管理"等的研究,说明知识

---

① 热烈祝贺 2010 年第七届中国知识管理高峰论坛圆满结束.[2010-12-26]. http://www.landray.com.cn/landray/act/km/km7/2/。

② CALL FOR PAPERS, Case Studies, Work in Progress/Posters, PhD Research, Round Table Proposals, non-academic Contributions and Product Demonstrations. [2010-12-26]. http://www.academic-conferences.org/eckm/eckm2011/eckm11-call-papers.htm.

管理研究呈明显的快速增长势头。

我们对其归纳后,认为以下几个主题是近几年研究的热点领域。

5.4.1 客户知识管理

IDC知识管理项目高级研究分析员Greg Dyer指出:"今天,企业启动知识管理项目最普遍的原因是想增加收益和利润,维持企业的关键能力和专家知识,改善客户关系。"IDC的预测报告说明了这样一个问题:客户关系管理和知识管理息息相关。将知识管理与客户关系管理融合起来,便形成一种适应潮流的新颖的管理哲学:客户知识管理。企业实施知识管理和客户关系管理的最终目标是一致的,如果将两者结合起来,就更能释放二者的潜能,从而更好提升企业竞争力。

华中师范大学的叶彩鸿认为,客户关系管理与知识管理思想相互渗透、密不可分,并且具有类似的实施前提,因此,对二者进行整合具有很强的可行性。同时,二者的整合可以带来优势互补。主要体现在:有利于实现企业向以客户为中心的知识型企业转型;有利于发展客户智能;可同时提升客户关系管理系统与知识管理系统的实施成效等。邓子云认为客户关系管理与知识管理是一种强耦合关系,二者融合后具有优化性、客户性、综合性、技术性和同一性等特征。浙江大学的李智等人提出客户关系管理的知识管理策略应包括知识共享、知识的收集和检索、知识的转化及知识的挖掘和发现等方面。

毛鹏、黄立军从客户知识、客户知识管理和客户知识管理实施的挑战三方面对国外的客户知识管理研究进行综述,重点分析了客户知识管理能力。客户知识能力是组织内部对客户信息的产生和融合的过程,客户知识能力的高低决定着企业对客户知识吸收及运用的效果的好坏。Gold、Malhotra和Segars(2001)认为应该从组织的能力上看知识管理,它包括基础建设、流程管理能力两部分。Cam pbell(2003)将客户知识管理能力定义为产生和整合客户知识的流程,并认为客户信息流程、信息技术界面、高层管理上的支持和员工评价、薪酬体系这四个组织流程决定了组织的客户知识能力。Minna等(2005)将客户知识管理能力定义为"把客户信息和知识整合到组织的CRM流程及业务当中的能力",认为在支持组织学习和以客户为导向的组织文化平台的前提下,组织内部的部门协作、组织体制的支持、与客户进行合作和支持性的 IT 系统,决定了客户知识管理能力。①

5.4.2 企业知识转换

在知识经济时代,知识及与知识密切相关的信息化、网络化、科技化、全球化等使企业的内外环境发生了根本变化,企业作为社会大系统的一个子系统必然要与环境相互作用、相互影响,企业适应环境的能力、提升自身竞争力的能力决定了企业的生存和发展。因此,知识经济时代的企业越来越重视对知识的积累、开发和利用,越来越重视内部人员间及内部人员与外部环境间的知识交流,越来越重视培养员工获取和运用知识的能力,企业的运作越来越依赖知识的管理。企业知识管理的成功实施有赖于知识转换途径和对模式的正确选择。日本学者野中郁次郎在其建立的创造知识的模型中指出,为了把知识作为创新的源泉,就必须建立起一种使显性知识和隐性知识相互转换的良好机制。② 所以探讨知识的有效转换机制和转换模式是非常必要的。

5.4.2.1 企业知识管理的关键是知识转换

由于知识创造者、使用者的智力(智能)是知识获取、运用和创新的决定性因素,所以人被视为知识管理环节中最活跃的关键因素。对人力资源实施管理已获得人们的共识,并融入企业管理的实践和经营哲学中,人力资源管理是企业利润增长的源泉,是社会经济发展的强大推动力。人力资源管理关注人的社会属性和文化属性,现代的人对被尊重、被承认、自我实现的需要超过了对物质的需要,所以人力资源管理是一种人性化的管理。企业人力资源管理的内涵有:①塑造新型的人际关系。表现为人与人之间的平等、信任、协作。②变革组织形式。在信息化和知识经济革命的推动下,企业的生产柔性化、营销网络化、决策信息化和知识化、工作团队化、库存趋零化、员工知识化,企业的组织结构一改传统的金字塔模式而成为扁平模式。③推行自我管理。由于员工的素质趋高,自主意识和独立工作的能力大大增强,员工可以通过自我管理而最大限度地激发潜能,创造更高的产出。④正式教育培训。教育使人认识自我,培育正确的心智模式和团队学习与协作的精神,发现社会的需求,从而自觉设计目标,激发创造热情,主动创新。1960 年,美国经济学家、诺贝尔经济学奖获得者舒尔茨指出,人的知识、能力、健康等人力资本

---

① 毛鹏,黄立军.国外客户知识管理研究综述(上).当代经济,2008(8).
② 李华伟,董小英,左美云.知识管理的理论与实践.北京:华艺出版社,2002.

的提高对经济增长的贡献,比物质资本、劳动力熟练的增长重要得多。他还主张把教育当作一种对人的投资,把教育所带来的成果当作一种资本,因为受过教育的劳动力比没有受过教育的劳动力更容易获得恰当的知识信息。①

5.4.2.2 企业知识转换的模式

(1)企业知识的构成及转换表现

多数学者认为企业知识包括显性知识和隐性知识。显性知识也称"编码知识"(codified knowledge),是经过各种载体表达出来的客观知识,它易于整理和进行计算机存储;隐性知识也称"默认知识"(tacit knowledge)或"意会知识",它是存在于人脑中的知识,是企业员工取得的经验的体现。② 因此,企业的知识管理就是为企业实现显性知识和隐性知识间的转换提供新的有效途径。学习曲线理论认为,企业员工通过规模生产可以学习到生产技术和工艺知识,从而降低成本,提高企业的竞争力。技术外溢理论同样说明了企业知识管理的重要性,企业通过经验的积累、技术外溢的效应,运用"反求工程"等,可以促进企业技术在不进行自主开发研究的情况下取得技术进步。我国企业技术落后,有限的外汇只能引进非常必需的先进技术,所以加强企业的知识管理、实施知识创新和技术创新具有特别重要的现实意义。

如果更细致地区分企业知识,则包括:①人化态知识(人力资源),即人的知识、经验和技能等,它是以人的自然属性为依托、以社会属性为表现形式的一种隐性的知识形态。②物化态知识,即设备、产品等,它是人运用知识创造的劳动成果。③信息态知识,包括文献资料、数据库、网上资料等,它是人们知识的来源和外化,人类文明的大部分成果都表现为信息态知识。④权利态知识,即知识产权,它是知识创造的个体性与社会需要的群体性之间矛盾的产物。因此,企业的知识管理是依托于信息态知识、以权利态的知识为表现形态、以人化态知识为核心、以物化态知识为目的的一种特殊形式的创新管理活动。这种创新一方面表现为减少管理层次,建立扁平化的组织结构,对原有管理体制的创新;另一方面表现为知识管理有利于创新的实现。知识管理是为了建立一种符合人性的精神激励机制来激发员工的创造性,赋予员工更大的权利和责任。企业通过对知识的管理不仅可以促进企业内部的知识交流,还可以促进企业之间及企业与外部环境的知识交流,如促进大学、科研

---

① [美]西奥多·W·舒尔茨.论人力资本投资.北京:北京经济学院出版社,1990。
② 高洪深,丁娟娟.企业知识管理.北京:清华大学出版社,2003。

机构对企业的知识资本的投入等。

知识还可分为宏观知识（以国家知识创新体系为代表）和微观知识（以企业知识为代表）、组织知识和个人知识、政府知识和民间知识，还有经合组织划分的事实知识（know what）、原理知识（know why）、技能知识（know how）和专家知识（know who）等。由于知识系统的复杂性，它们之间的转换是否有效对社会发展和个人价值的实现都有重要影响。

(2) 两个著名知识转换模式理论的论述

波尼拉认为隐性知识的转换主要有三种方式，即模仿、识别和边干边学。通过这三种方式可实现隐性知识与显性知识及隐性知识与隐性知识之间的转换。但显然这个描述没有将显性知识的转换纳入其中，甚至没有包括隐性知识向显性知识的转换。

野中郁次郎与竹内弘高提出了著名的显性知识和隐性知识转化模型（SECI 模型）——知识螺旋理论（Knowledge Spiral），他们认为企业的知识是通过内隐和外显知识的彼此互动和经过四个知识转换模式（knowledge conversion）所形成的，即社会化（socialization）、外部化（externalization）、组合化（combination）与内部化（internalization）。这是一个知识螺旋模式，它比较准确地概括了不同知识形态间的转换方式，揭示了人类创造知识呈螺旋上升的规律。模型如"图 5-7"所示：

	隐性知识	显性知识
隐性知识→	群化	外化
显性知识→	内化	融合

图 5-7 野中和竹内的显性知识与隐性知识的转化模型

该模型从四个方面论述了知识转换的途径。①隐性知识转化为隐性知识。这是最古老、最有效的模式，知识通过个体或群体的学习、模仿和实践而传播，群化的学习过程可以掌握创新和技术的核心，可以学习到书本学不到的大量经验和诀窍。知识联盟的兴起是这一转换的现实反映。②隐性知识转化为显性知识。这一过程是典型的知识创新过程，是将感性知识提升为理性知识、从想象转化为概念的过程。实现这一转换最重要的方法是隐喻和类比。③显性知识转化为隐性知识。这种转换是典型的边干边学、知识共享的过程，所以，对知识和经验的积累、对员工进行持续培训是企业要从事的长期工作，只有学习型企业才能在知识经济时代得以生存和发展。④显性知识转化为显性知识。这种转换是一个建立重复利用知识体系的过程,是一种知识的组织工作,但还包含了知识和理念的创新。

该模型不足之处在于:①没有揭示这一转化如何带来企业内在效率的差异,即企业如何通过知识管理而拥有竞争优势;②所揭示的仅是企业知识形成过程的一部分而非全部,无法完全解释企业知识生产过程的很多关键问题,如许多大型制造企业核心员工流失但并不影响其在核心技术上的优势地位等。

(3)一个新的知识转换模式

鉴于以上模型的不足,笔者依据知识的可控制程度将知识转换分为三种状态,即可控状态、半可控状态和不可控状态,与之对应的是知识的应用态、知识的激发态和知识的潜伏态。它们之间的关系如图 5-8 所示。

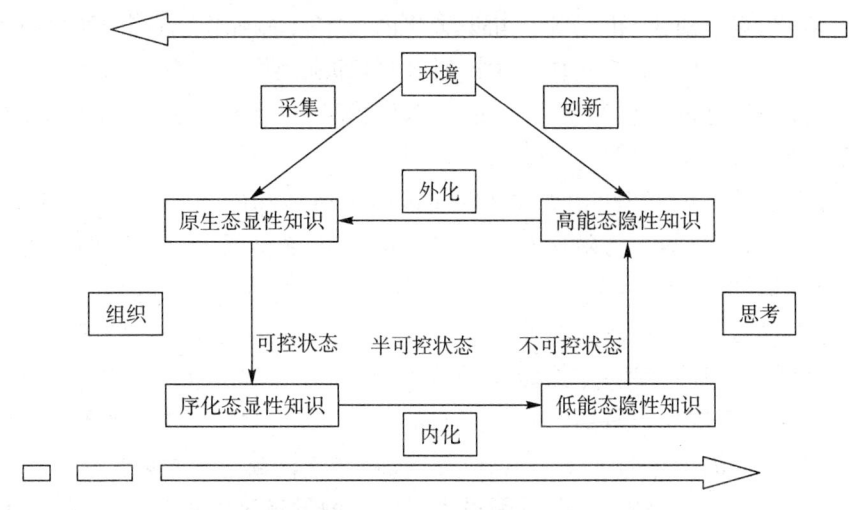

图 5-8 可控状态、半可控状态和不可控状态之间的关系

①可控状态主要表现为显性知识间的互相转换,如客观知识的组织、整序、传播等,这种转换可以被人完全控制。我们目前实施的知识管理主要是这一类,是知识管理的初级阶段。

②半可控状态表现为显性知识与隐性知识间的转换,典型的如学习、写作和产品创新等。这种状态的显性知识通常是成熟稳定的知识。隐性知识则大多是激发态的知识,这种过程不是能被完全控制的。

③不可控状态表现为隐性知识与隐性知识间的转换。到目前为止,这种转换人类还没有能力控制它,如灵感、联想、幻想、共鸣、感应等。

在这三种状态中,社会主要拥有绝大部分可控态知识、部分半可控态知识和少量不可控态知识,而个人拥有的知识状况正好与此相反。所以,从左向右,个人的地位越来越重要。不同形态知识间的转换是一个循环往复、不断递进的过程,每一次往复都会使企业的知识从较低层次向较高层次跃迁,实现企业知识的不断创新和管理的良性循环,实现企业的可持续发展。

该模型将显性知识区别为原生态知识和序化态知识,将隐性知识区别为低能态知识和高能态知识,目的是突出知识组织和思考的重要作用。实际上,知识组织是实现知识创造的必要的前提,思考是知识得以创新的必经过程。

模型中引入环境的概念,是为了指明知识的来源和知识运用的去向。环境包括了自然环境和社会环境及其他独立于自身系统的环境,如国家、中介机构、客户、竞争对手、市场等。知识转化的根本目的不是在一个系统内封闭循环,而是在与环境的交互作用中不断升华,即利用知识去影响和改造环境,这才是知识管理的本质和魅力所在,所以该模型是一个开放的复杂的系统的知识转换模型。

在企业的知识管理工作中,显性知识的转换是基础,是进行知识交流和共享的前提;显性知识与隐性知识的转换是关键,企业员工只有不断学习,才能提高知识、增长才干,所以现代企业必须是学习型企业,企业领导必须为员工创造学习的条件、营造学习的氛围;隐性知识的转换是核心,只有有效地实现了隐性知识间的转换,才能激发创造力,从一种知识态跃迁到另一种知识态,实现知识从量变到质变。知识状态的变迁是知识转换的关键环节,企业只有为员工提供舒适的工作环境、较好的福利待遇、融洽的人际关系,以及按绩奖励的公平竞争环境,才有可能最大限度地激发员工的创造力。员工的创造力是知识时代企业最大的财富,不论是哪种知识转换都会表现为企业财富的增加,表现为企业不断增加的信息优势、人才优势、创新优势,最终表现为企业竞争优势的增加和企业经济效益的提高。

1985年,松下电器公司的研发人员在开发新型家用烤面包机时遇到这样一个技术难题——怎样让面包机像人一样揉好面。在多次尝试失败后,负责开发的软件专家田中郁子决定向大阪国际饭店的首席面包师学习,研究和面技术。在学习时她发现首席面包师有一种独特的拉面团技术。在项目工程师的密切配合下,经过一年的反复试验,田中郁子终于确定了松下需要的设计方案,成功地以机电技术模仿了首席面包师的拉面团技术,最终松下电器公司以田中郁子的研究为基础生产的面包机大获成功。① 在"揉面式"面包机的开发过程中,知识生产的起点是外部环境的知识和员工的个人知识,通过学习知识,实现了知识的转化和技术的创新,提高了组织的竞争力。这些过程都可以在本模型中得到解释。

5.4.2.3 企业知识转换的必要条件

为了顺利、有效地实施企业知识的转换,企业必须具备五个条件。

- 企业领导对知识的重要性要有正确认识。知识作为一种新的生产要素,其重要性已被社会广泛认识,知识资本与实物资本、人力资本、金融资本一起成为知识经济发展的强大的推动力。但在某些企业里还没有真正用科学的人才观评价员工,企业对知识管理的投入还比较少,没有形成学习型、开放型的知识组织。因此,企业领导不仅要鼓励企业员工不断学习新的知识,掌握新的技术、工艺、技能,还要以身作则,认真学习新的管理知识及相关的知识,提高自身的修养和管理决策水平。管理者要有识人、用人和容人的胆略和气度,为企业创新型员工提供良好、宽松的环境,帮助他们快速成长。

- 高度重视对企业智力资本的管理。知识的运用比知识本身更为重要,拥有知识并不能证明就拥有创新能力。知识的运用强调员工之间的信息交流,提高员工的知识水平,并激发其创造能力,以便员工能将知识转化为企业先进的管理理念或产品,它是知识外化的主要和最有意义的形式。在评价企业核心竞争力的指标体系中,有一项就是企业的创新能力,它包括技术开发人员的比重、开发创新的能力、技术改造资产比重、专利拥有情况、企业的应变能力等。② 布鲁克斯的"知识地图"揭示了创造成果与知识客体之间的关系,从理论上说明了知识运用的意义。

- 建立知识转换的企业内部标准,并尽可能建立有关的国家和行业标准。只有建立了相关的标准,企业知识的转换和共享才能在最大范围内顺利进行,而知识的价值是与其使用者的数量成正比的。

- 采用知识管理系统和现代信息技术。现代信息技术,尤其是网络技术、智能技术和数据仓库技术的运用有助于企业知识管理的实施。为了促进知识交流,可以借用现代信息技术,如微软公司开发了一个称为"知识地图"的专家网络系统,这个系统确定了常用的和专业方面的300多个条目的知

---

① 饶勇.知识生产的动态过程与知识型企业的创建.经济管理,2003(4).
② 白杨.企业知识管理理论初探.情报科学,2000(6):515—517.

识。知识管理系统可以实现对企业知识的存储、定位、转换和共享,但应认识到知识管理系统的采用并不能必然导致有效的知识管理,它只是一种必要手段。①

• 建立知识转换的风险保障机制。知识的共享不论是对企业还是对员工个体都存在一定的风险,因为企业的共有知识为员工共享,而员工的流失会导致组织知识(如结构知识、客户知识)的外漏。而个人知识一旦为组织捕获,个人所赖以生存的基础就会动摇,组织就会对个体产生漠视态度、甚至会让其失去工作的机会。所以对知识共享,组织与个人之间存在一种博弈,这种博弈的结果往往是双方的不信任和知识的封闭,显然这不利于组织绩效的提高和个人成就的实现。因此组织和个人双方应签订利益和风险对等的契约,建立必要的激励和约束制度。②

企业知识管理的关键环节是知识的转换,个体与组织、个体与个体之间的转换效率直接决定了企业知识管理的水平和成效。知识的转换不是静态的过程,而是一个循环往复不断提高的过程,在这个过程中,学习与创新成为知识转换的重要驱动力,企业竞争优势的建立和发挥依赖于这两个环节。所以,笔者提出的模型解释了建立学习型企业和企业技术创新的重大意义。

5.4.3 企业知识门户

20世纪上半期,奥地利学者熊彼特提出了"技术创新",并强调了新产品刺激经济增长的重要性及企业知识管理的关键性。20世纪80年代,"知识管理"概念的产生让许多学者开拓了对技术创新理解的视野和角度,同时企业也渐渐地把知识管理应用到技术创新管理的实践中。其中,基于知识管理思想并作为企业知识管理IT架构前端展现的工具和统一入口——企业知识门户网站(Enterprise Knowledge Portal,EKP)成为实施企业知识管理、促进企业知识管理的重要手段,它越来越受到企业,尤其是知识型企业的青睐。

5.4.3.1 企业知识门户内涵

企业知识门户来源于企业信息门户。1998年11月,美国美林公司(Merril Lynch)发布了一份名为"超越Yahoo!企业信息门户已经上路"的研究报告,"企业信息门户"(EIP)一词首次出现,之后,企业信息门户受到市

---

① 王广宇.知识管理—冲击与改进战略研究.北京:清华大学出版社,2004.
② 储节旺,郭春侠.试论知识管理的风险.情报理论与实践,2004(2):156-159.

场的广泛关注。美林公司的 Shilakes 和 Tylman 提出"企业信息门户"这一概念时,是这样给它下定义的:"企业信息门户"是指为用户提供单一入口,使用户能够按照个性化需求,提取存储在企业内部和外部的信息,从而便于进行商业决策的应用程序,它融合了商业智能、内容管理、数据仓库/集市、数据管理等一系列用于管理、分析、发布信息的软件程序。

企业知识门户是建立在企业信息门户和知识管理系统基础上,对企业内部知识及外部相关知识进行集成,实现知识有效共享和利用的平台,它是企业信息门户的延伸和发展。美国学者 C. Figsllo 和 N. Rhine 在其著的《构建知识管理网络:有效沟通的实践、工具和技术》一书中认为,广义的门户网站可以通过万维网界面来邀请客户和合作者接入并参与,但是当它们可以支持客户之间以及客户与赞助企业之间的知识交流时,就成了企业知识门户网络。①

"知识管理"研究的先行者达文波特曾强调,知识管理的关键在于创造一种环境,让每位员工能获取、共享、使用组织内部和外部的知识信息,以形成个人知识,并支持鼓励个人将知识应用整合到组织的产品和服务中去,从而最终提高企业创新能力和对市场的反应速度,这是企业获得持续创新竞争力的秘密所在。而构建企业知识门户网站的目标正是为了更好地对企业实施知识管理。

知识门户的目标是让用户访问和交换知识,知识门户限定在某一特定主题上,以提供人们对感兴趣领域的深入了解的途径,并由此面向某一用户群体,以促使人们作出最佳决策,前提是企业知识门户与人们业已获得的知识和信息相结合。② 从战略的意义上来讲,企业知识门户的实现目标可以归纳为:创造知识共享最佳实践环境,建立学习型组织制度和文化,最终最大程度地将知识转化为价值,同时达到价值和智力资本的最大化。

5.4.3.2 企业知识门户对知识管理的作用

在企业知识管理过程中,知识的共享、交流、获取、创新是企业知识管理流程中必不可少的环节。知识门户在这几个环节中都有着重要的作用。

(1)促成高效的知识共享

---

① Figsllo C,Rhine N.构建知识管理网络:有效沟通的实践、工具和技术.祁延莉,乔千,董小英等译.北京:电子工业出版社,2005。

② 杨波.如何进行知识管理.北京:北京大学出版社,2005。

企业知识门户是将集成后的信息发布在知识门户网站上,并同时提供智能搜索引擎和知识地图等工具,帮助员工找到所需要的知识。知识门户利用网络优势,建立知识沟通平台,如虚拟会议室、网络留言板、在线成员感知等,通过建立有效的沟通和交流渠道,使知识拥有者和知识需要者能迅速建立联系,达到知识共享的目的。①

在利用企业知识门户的过程中,用户能够通过用户界面在进行信息资源检索后获取显性知识;也可以通过远程学习、信息素养培训等显性知识的学习,经过内化后转化为个人的隐性知识,在经过个人过滤提升后,再次转化为显性知识;可通过门户网站发表其过滤后的观点,实现与他人的知识共享。②企业知识门户是现代信息技术在企业管理上的体现,它是以网络技术为支撑的,通过利用网络信息技术才能够搭建知识管理平台,在组织内部建立一个有利于学习者交流的组织结构和文化氛围,从而最大程度地实现组织内的知识共享。有关企业知识门户对企业知识共享的作用的论述有很多。苏新宁等学者认为,知识网络能够迅速地把知识从组织的一个部门传给另一个部门,组织内任何成员都能成为知识的受益者,同时又能够很快地将知识传播给组织的其他成员,实现企业内部知识的共享与协作。③

知识门户不但可以加速企业内员工的知识共享速度,同时也可以促进企业内各个部门之间及企业间的知识共享,从而提高企业的业绩。当然部门知识的共享,最后还是要归结为个人的知识共享。

(2)实现便捷的知识获取

伴随着知识经济时代的来临,越来越多的企业和研究机构正谋求通过知识管理来提升企业的核心竞争力,并通过知识管理系统来实现这种预期。然而由于存在人类认识与表达能力的局限性、知识本身存在的精确程度、知识获取策略与技术的不成熟、知识系统维护由知识工程师单独承担、传统组织下形成的等级观念等一些主客观原因,导致知识获取存在技术"瓶颈"。知识门户的出现对解决这个"瓶颈"有很大的帮助。

企业知识门户是网络通信技术在知识管理系统中的应用,它能够帮助企业实现显性和隐性知识的管理,还能够使企业员工快速地找到企业内的知识

---

① 王文杰,乐洋,邢喜荣.企业知识管理门户及其应用.现代电子技术,2006(6):47—51。
② 刘晨,屠航.图书馆知识管理信息门户应用模型.情报科学,2005(12):32—35。
③ 苏新宁,任皓,吴春玉,等.组织的知识管理.北京:国防工业出版社,2004。

资源,从而提高获取知识的效率。① 通过访问企业知识门户,访问者可以获取最新的信息与知识、技术规范、标准、工作手册、合同范本等,而且通过权限分配可以及时地和专家取得联系,获取自己所需信息,同时亦可对知识进行分类,建立知识库,并随时更新内容,实现从知识获取到应用的全部过程。彼得·德鲁克认为通过知识管理还可以使企业从市场上获取能推动企业知识管理发展的知识。② 因此,知识门户网站方便了企业和员工对企业内外知识的获取。

通过企业知识门户,企业员工还可以获得个性化的知识。企业知识门户作为企业知识管理 IT 架构的前端展现工具,通过对企业已有数据和知识管理系统的集成,将企业的知识资源以 Web 页面的方式集中展现给用户,从而提供了访问所需企业知识的统一入口,它突破了传统知识管理系统在时间和地域上的限制。

员工还可以利用网络的优势,在知识门户上构建协同工作环境,如 Email、BBS、员工在线感知等,使员工能通过浏览器共享群体内的有用知识、专业技能和经验。企业知识门户网站一方面能够使组织成员具备管理不同组织间合作所必需的知识流的能力;另一方面使组织成员能具有协同工作的意识和能力,提高组织的学习能力和整体运营能力,实现对组织知识的创造、获取、传递和应用的高效有序的管理。③

(3) 增强员工的知识交流

无论采用何种先进的管理模式或信息技术,归根结底其目的都是为了促使员工能有效地利用企业已有的知识,且能够在员工相互交流中创造新的知识。因此,是否能够提高企业员工的工作效率和质量是衡量企业采取哪种管理模式或信息技术的标准。

企业文化的核心是企业价值观,成员间的价值观差异将会给知识在企业内的传播造成障碍,而建立统一的知识管理平台,可以促进企业文化之间的交流,使之达到一定程度的融合。④ 利用知识管理平台可以将散乱的知识进行整合,通过信息技术将信息与员工的认知能力充分结合,创造知识共享的

---

① 田志刚.我们需要什么样的知识管理系统.软件世界,2004(9):88—90.
② 彼得·德鲁克.管理的实践.齐若兰译.北京:机械工业出版社,2006.
③ Davenport T H. Information ecology: mastering the information and knowledge environment. New York: Oxford University Press, 1997:46—90.
④ 沈斌.企业知识管理的系统架构.经济论坛,2006(5):70—71.

企业文化,激励员工参与知识共享,从而促进员工学习和运用知识,达到知识创新的目的。① 而服务于企业知识管理的企业知识门户能够为员工提供突破时间、空间限制的知识交流环境,有助于挖掘企业的隐性知识。系统不仅保存交流形成的文档,还能捕捉用户交流和互动的线索,保留知识的语境。②

《互联网周刊》的记者初蒙认为,通过企业知识门户,员工很容易找到自己所需要的知识,随时发现谁是相关问题的专家,并与之交流。在企业知识门户之中,所有的知识都形成一个完整的、有条理的体系结构,而且这一切是自动生成、自动维护的。系统地利用信息和专家技能,能够不断提高企业的创新能力、响应能力、生产效率和技能素质。

(4) 满足个性化的知识需求

要有效地传递知识,就必须考虑知识接受者的背景与经验,包括其工作需求、知识基础、价值观等,即满足用户的个性化知识需求。个性化的知识服务就是从用户的角度为用户提供合适的知识。企业知识门户网站能够指引个人向数字知识的目标前进,展示组织的知识资源是如何相互连接的。③ 运用知识管理的权限技术,可以实现企业知识门户根据系统对不同用户的授权及每个用户的使用特点,动态地生成个性化的应用界面,并提供有选择性的访问内容,使企业员工、客户、供应商和合作伙伴能通过唯一的渠道访问或共享所需的个性化知识。④ 借助于企业知识门户网站,社会公众也可以从中获取企业的形象、产品、内部刊物等知识。⑤

对访问者来说,企业知识门户提供了一个单一的访问入口,所有访问者都可以通过这个入口获得个性化的知识服务。用户通过使用 Web 浏览器登录知识门户后,可以根据需要增加或移除其权限范围内的知识访问权限和内容,还能轻松改变门户页面的内容布局和外观主题。通过对门户个性化的定

---

① [日]竹内弘高,野中郁次郎.知识创造的螺旋:知识管理理论与案例研究.李萌译.北京:知识产权出版社,2005。

② 刘武,朱明富.构建知识管理系统的探讨.计算机应用研究,2002(4):35—37。

③ Lauon K C, Laudon J P.管理信息系统:管理数字化公司(第 8 版).周宣光译.北京:清华大学出版社,2005。

④ 张少应,胡宏涛,赵亚妮.企业信息门户的研究及应用实例分析.电脑开发与利用,2006(5):31。

⑤ 欧阳峰,傅湘玲.企业信息化管理导论.北京:清华大学出版社;北京交通大学出版社,2006。

制,企业知识门户以不同的内容和外观展现在每一个使用者面前,提高了知识获取的效率,为实现企业在恰当的时间、恰当的地点,把正确的知识传递给相应人员,提供了技术上的保障。

(5) 促进企业的知识创新

企业知识门户是实现企业知识管理的有效平台,建立企业知识门户,能在企业内部营造出创新的环境,使企业内的知识能在企业内顺畅流通,并便于整合、分类,把企业的技术创新活动、知识的保护和知识产权战略等纳入企业主要日常管理活动中。① 知识只有通过相互交流才能得到发展,在交流中派生出新的知识。

只有那些能持续创造新知识,将新知识传遍整个组织,并迅速开发出新技术和新产品的企业才具有较强的竞争力。知识是企业最为重要的资本,持续创造新知识对任何企业来说都是具有战略意义的。

利用企业外部网络的最大价值就在于能获取新的知识,并且可以将各自独立的知识聚集在一起,以合资的方式将一些互补的知识聚集到一起,才可以创造新知识。② 叶茂林、刘宇和王斌认为,通过互联网可以把知识来源和知识工作者紧密地联系在一起,构建起企业的知识网络,借助于网络知识的传播和共享效率的提高,就可以使企业的知识增值。③

知识创造需要有一定的环境,因为知识的传递与创造的基本过程是在相应的社会与文化的环境中完成的,这种环境就是"场",企业知识门户包含了这个"场"的功能。④ 国外许多学者都认为组织间的知识创造需要一个"场",或者需要一个鼓励跨组织社群从事螺旋式知识创造的空间。如知识创造理论之父 Nonaka 就以丰田集团为例,指出丰田公司通过紧密、稳定的网络进行知识创造。此外,Fujimoto 也以丰田公司为例,认为丰田公司知识创造的成功是由于丰田及其供应商所创造的暗默(隐性)知识被明示化,并与跨丰田供应商网络知识相结合,然后再在集团内部重新内在化。⑤

---

① 丘磐.企业知识管理路线图.科技管理研究,2005(12):182—186。
② 龙静,吕四海.基于网络视角的企业知识创造与管理.科学学与科学技术管理,2006(7):87—92。
③ 叶茂林,刘宇,王斌.知识管理理论与运作.北京:社会科学文献出版社,2003。
④ 刘怡军,唐锡晋.一种支持协作与知识创造的"场".管理科学学报,2006(1):79—84。
⑤ 齐二石,郑晓东,郑轶松,等.基于 Web 的虚拟企业知识管理系统研究.工业工程,2006(1):70—74。

另外，信息技术为新知识的创造和开发提供了必要的基础，通过电子邮件、企业内部网或信息制定方案等工具可以促进知识的有效共享和传播，使组织中的众多成员能通过网络实现互动合作。

5.4.3.3 企业知识门户构建的策略与准则

企业知识管理可以采取的策略有：法典编辑策略和人性化策略。

法典编辑策略：对企业中的所有信息进行索引和分类，建立搜索引擎，使员工可以搜索到所需的内容，其本质是将知识与知识开发者剥离。将已独立于特定的个体或团队的知识，经仔细地提取而汇编成知识法典存储于数据库中，以供大家随时反复调用。

人性化策略：包括基于个体的专家策略和基于群体的团队策略。专家策略就是将员工的技能和特长编目成册，并提供各种交流沟通手段，使大家能够相互协作。其特点是知识与其开发者紧密地联系在一起，知识主要是通过直接的面对面的接触来进行分享的。团队策略就是团队在一起利用信息技术进行协同作业，团队内部、团队之间可以集思广益，进行决策、快速响应和学到新知识。

根据知识门户的作用，可以认为知识门户的构建应遵循以下准则：确保对知识资源的直接访问，并能够方便地控制知识布局；确定用户或用户组对知识资源的访问权限；跟踪用户使用门户的行为，以便使门户布局和知识资源集更加个性化；与电子邮件、群件、BBS、Blog、微博、维基等知识共享平台相结合，以便及时沟通和协作，灵活、方便地导航和搜索。①

5.4.4 虚拟企业知识管理研究

虚拟企业是指由具有开发某种新产品所需的不同知识和技术的不同企业组成的一个临时的、共同应对市场挑战、联合参与市场竞争的企业联盟。虚拟企业的根本特征是虚拟，其形式是信息化、知识化和数字化，所以信息和知识资源是虚拟企业运营的根本要素，对信息和知识的有效管理是虚拟企业管理成败的关键。许孟丽认为虚拟企业的知识管理内容主要包括知识的获取、知识的传播与共享、知识的运用和知识的创新等方面，并总结了在虚拟企业中实施知识管理的理论意义和实践意义。霍艳芳则从生命周期理论、企业

---

① 周向阳.企业知识门户构建初探[EB/OL].[2007-12-06].http：// www.kmcenter.org/ArticleShow.asp? Article ID=1023&P_AVPASS=PHDGB ITAVPASST．

竞争优势等方面论证了虚拟企业实施知识管理的必要性。成桂芳认为虚拟企业管理框架具有分布式特点,它以成员企业知识管理框架为基础,并由知识管理部门、知识管理业务系统、通讯协调层和支撑层四大部分构成。程敏认为虚拟企业知识管理过程应包括知识的识别和收集、组织、共享、学习、应用及创新等方面内容。她还提出了虚拟企业知识管理应遵循系统性原则、保密与共享均衡原则和开放性原则。与传统企业相比,在虚拟企业中实施知识管理相对较为复杂,要求知识管理必须满足虚拟企业的动态、复杂的特点。因此,应更加深入分析虚拟企业的知识流动和知识共享的特点及目前存在的主要问题。她还提出了在虚拟企业中有效实施知识管理的步骤和措施。

5.4.5 知识管理与企业核心竞争力

知识管理与企业核心竞争力是目前管理科学领域讨论的两大热点问题,研究知识管理和企业核心竞争力的相互关系,对于提高我国企业管理水平,增强企业的核心竞争力有着重要的意义。C. K. Prahalad 和 Gary Hamel 在1990年提出的企业核心竞争力的定义是:"组织的积累性学识,特别是关于如何协调不同的生产技能和有机结合多种技术流派的学识。"哈佛商学院企业管理教授 Dorotny Leonard-Barton 认为,公司核心竞争力应定义为:识别和提供优势的知识体系。由此可见,企业核心竞争力,就是一个企业进行知识积累、创新和应用的能力,企业要提高核心竞争能力,就必须以知识管理为依托。

朱海明和王金明等人对知识管理与企业核心竞争力的关系进行了分析,认为企业特有的知识和资源是核心竞争力的基础,知识管理有助于企业的创新和增强企业的适应性。在此基础上,他们提出利用知识管理来提升企业核心竞争力的对策,即:①树立知识资本的新概念。②营造有利于知识共享的组织文化。③创建学习型组织。④按知识管理的要求实施管理创新。而田新认为知识管理和企业核心竞争力在特征、资源培育、实现手段及组织构建等方面具有共性,并认为建立知识创新的激励机制和加强信息基础设施建设等,是利用知识管理来培育核心竞争力的有效措施。此外,建立知识经理制度、构建有助于知识交流的内部网络、创造良好企业文化、建立柔性化组织、搭建较高的知识平台等,也是加强知识管理,提升企业核心竞争力的重要对策或措施。

5.4.6 知识管理与供应链管理

目前,供应链管理已经成为增强企业竞争力的一种重要手段。供应链管理就是对各参与组织与部门之间的物流、信息流与资金流进行计划、协调和控制等,其目的是通过优化所有相关的过程和加快速度,最大化所有相关过程的净增加值,从而提高组织的运作效率与效益。从供应链角度来看,供应链知识管理是对供应链上知识资源的管理,是运用供应链上全体成员参与企业的智慧,通过对供应链中隐性知识和显性知识的开发和利用来改善和提高整个供应链的创新能力、反应能力、工作效率和技能素质。

将知识管理和供应链管理结合起来是十分必要的。供应链中知识管理的必要性主要体现在:第一,可以消除由信息不对称和牛鞭效应(Bull Whip Efect)引起的不确定性。第二,可以提升供应链的竞争力。在供应链中加强知识管理还可以提高供应链中知识的利用率,增加供应链节点企业间的透明度和扩大知识共享的范围,并且可以提高供应链的整体协作程度和快速反应能力。陈菊红等人认为在供应链中的知识管理应遵循知识的保密—公开—共享的关系原则、协调原则、开放原则和共享原则;实施知识管理的具体策略应包括建立供应链的知识库、建立信息网络、建立供应链培训体系及培养供应链内的联盟文化等。钱鸿雁在分析了供应链中知识管理特点的基础上,提出了加强供应链中知识管理的措施,即培育供应链中知识共享的文化、加快供应链中知识的传播和建设供应链知识管理系统。

5.4.7 知识管理与电子商务

以互联网为主要载体的电子商务正迅速地改变着传统商业的运作模式,已成为提升企业核心竞争力的决定性因素之一。近年来,关于知识管理和电子商务的融合研究已成为国内外研究的热点。

马春红认为知识管理和电子商务两者都重视信息技术,都秉承以人为本理念,实施的结果都提高了企业竞争力和应变力。丁蔚等认为企业电子商务的瓶颈是对"流动性整合"的忽视,即忽视了信息、知识与传统商业流程之间的充分协调,而知识管理系统就是实现"流动性整合"的理想工具。蒋骁和李冠艺等人认为,电子商务企业导入知识管理可为企业内部信息与知识传递制定规范,并为企业电子商务的竞争制定规则。除此之外,电子商务企业导入知识管理还能提高企业生产效率和响应能力,有利于实现企业电子商务的知识创新和组织创新,以及对企业资源的整合。在分析电子商务企业导入知识管理动因的基础上,一些学者还提出了包括构建知识管理型组织结构、构建企业知识网络、完善知识库建设和实现企业内部知识共享等在电子商务企业有效实施知识管理的措施。知识管理在电子商务实践中的应用将会越来越受到电子商务企业的重视,并将成为电子商务企业成功的关键因素之一。

"协同商务"的概念在1999年8月由世界著名的咨询公司Gartner Group提出来后,在全世界范围内引起了巨大的反响。知识管理和协同商务两者是紧密联系的。知识管理具有推动知识创造、实现知识共享的能力,而协同商务正是基于信息和知识共享的电子集市。协同商务可为知识管理提供便利的信息采集环境,可方便地提取由企业协同商务系统提供的企业库存、采购、生产、运输、销售、财务等环节的数据;知识管理则可为协同商务系统的实施提供决策支持。

与普通信息交流、知识共享相比,基于协同商务环境下的知识交流、知识共享流程和机制具有自己的特点。复旦大学的张成洪等提出在协同商务环境下的知识共享具有复杂性、开放性和增值性等特点,并提出了协同商务的知识共享流程。凌卓华等人认为,在协同商务环境下的知识交流与共享机制具有广泛性、开放性和协同效应等特点,并提出在协同商务环境下实施的知识共享,较之在组织内部实施的知识共享具有更多的障碍因素。武汉大学的杜鹃等提出基于协同商务的知识管理应遵循共享、协调、开放等原则。基于这些原则,协同商务环境下知识管理的实施应建立协同商务链的知识库、建立协同商务链上的知识管理平台、培养协同商务链内的联盟文化等。目前对协同商务环境下知识管理学的研究主要是围绕一些基本概念、一般的知识共享问题等进行论述,还没有形成较为完备的理论体系。较为深入地探讨协同商务与知识管理的关系、考察协同商务环境下实施知识管理的影响因素,以及建立知识管理在协同商务环境下的评价体系等,将会是今后的重要研究方向。

5.4.8 图书馆知识转移

5.4.8.1 图书馆知识转移的过程与类型
(1)图书馆的知识类型

图书馆作为一种公益性文化组织,其知识既包括丰富的信息资源所蕴含的海量显性知识,也包括图书馆工作人员自身拥有的隐性知识。前者主要是指图书馆的信息资源所呈现的知识,包括其实际拥有的印本文献实体馆藏、数据库等电子资源、网络资源,以及图书馆的管理规则、业务规范、课题研究报告等。后者主要是指蕴含在图书馆员头脑中的知识,涉及三个层面:个体、团队和组织。包括图书馆员在多年实践中掌握的管理经验、技术诀窍、操作技巧、群体协作能力等,以及馆员个体的洞察力、直觉、感悟、价值观等隐性知识。图书馆隐性知识是图书馆员进行显性知识转移的重要基础,是图书馆显性知识转移质量的重要保证。①

(2)图书馆知识转移的一般过程

按照一般的知识转移过程,②图书馆的知识转移过程也是知识从知识源向知识受体传递的过程,包括的要素有:转移的知识、知识源(知识发送者)、知识受体(知识接受者)、转移媒介、知识源与知识受体之间的距离。在知识转移过程中,由于各种原因会产生噪音,要使转移成功,就必须注意转移中的沟通与反馈。

(3)图书馆知识转移的类型

①图书馆显性知识转移主要是指图书馆作为社会知识的集散地,利用先进信息技术通过对知识的组织管理,从文献单元深入知识单元的揭示整合,提供给最广泛公共领域的知识用户,以帮助用户缩短获取知识的过程。它是图书馆通过馆员劳动,将馆内知识转移给其用户的过程,是图书馆本身价值的集中体现。

②图书馆隐性知识转移是指图书馆员自身知识的转移过程。它是提高馆员业务能力,成功实现显性知识转移的基础。因为馆员是图书馆工作的实施者与执行者,馆员的隐性知识是图书馆知识创新的源泉,直接影响图书馆显性知识转移的质量与效果。

图书馆员隐性知识的转移对图书馆显性知识的转移有很大的支撑和促进作用。隐性知识转移对显性知识转移发挥杠杆作用,尤其是图书馆的咨询服务工作离不开馆员的隐性知识,因为隐性知识隐含于图书馆员的大脑中,体现于其行动,直接影响和改变着图书馆员的社会活动及其工作质量和服务水平。

---

① 沈黎萍,唐志豪.面向知识服务的高校图书馆知识管理机制研究.情报杂志,2006(8):130-132.
② 谭大鹏,霍国庆.知识转移一般过程研究.当代经济管理,2006(6):11-56.

5.4.8.2 图书馆显性知识转移

(1)图书馆显性知识组织与开发

在知识经济时代,图书馆的主要工作是根据用户的知识需求,利用信息技术对知识源(信息资源)进行收集、对知识单元进行组织,并生成知识检索工具,整合成一个动态的随时进行更新与完善的为知识用户服务的公共知识平台。如图4-9所示。

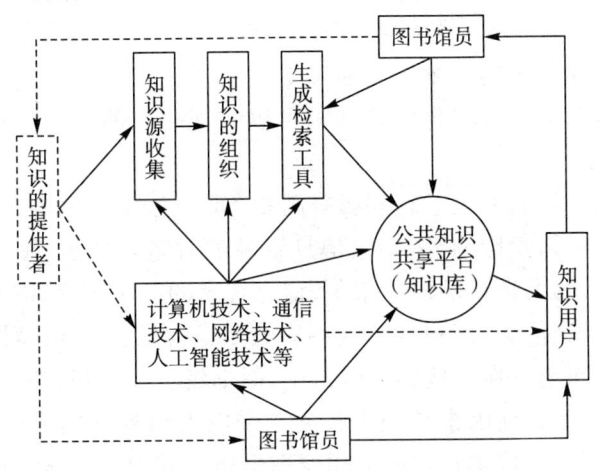

图 5-9　图书馆显性知识组织与开发

知识组织是对显性知识的文献单元、知识单元进行编码与整序的过程。其目的是将信息资源整理而序化成能够提供优质服务的知识集合,体现知识的有序性、关联性和检索性。[①] 为了实现知识的有效保管、查询、利用,图书馆在长期的实践中积累了丰富的知识组织方法。其中,最基本的方法包括分类法、描述法、编码法、引文法。图书馆通过分类方法组织实体文献和网上虚拟文献,使之序化,分类号对文献内容具有描述作用,使用户从分类即学科角度就可查询文献和知识。图书馆通过对信息资源的组织、分析、描述,实现对人类知识和信息的组织,促进知识和信息的交流。

(2)图书馆显性知识转移的模式及影响因素

图书馆通过对文献知识内容的揭示和整序,将分散于众多文献中的相关概念、事实、原理和数据等知识提取出来,并加以分析、鉴别、综合、归纳和重新组合,采用新的知识关联,形成新的知识用品,[②]以更简洁、明确和更精练、

---

① 王子舟.图书馆学基础教程.武汉:武汉大学出版社,2003。

② 周波,高汝熹.知识转移的经济分析.科学学与科学技术管理,2006(5):53—59。

系统的知识直接提供给用户使用(如图5-10所示)。

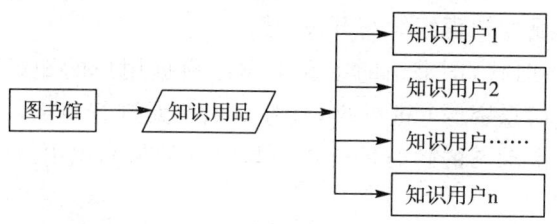

图 5-10　图书馆知识转移模式

图书馆显性知识转移主要是通过对用户开展借阅和咨询服务等活动实现的。这些活动借助现代化信息技术可以实现时空的分离而提高效率和扩大服务范围。

结合知识转移的一般过程和影响因素,可推论出图书馆显性知识转移的效果主要受以下因素影响:图书馆信息资源的数量与质量、图书馆对知识开发重组的水平、图书馆员的服务水平、信息技术的应用程度、图书馆的管理和服务理念及知识(信息)用户等。这些因素都是探索图书馆显性知识转移机制面对的根本问题。在这些影响因素中,图书馆员和知识(信息)用户是最具能动性的因素,而其他因素在很大程度上受图书馆外部因素的驱动,如图书馆的信息资源采集、信息技术的应用及图书馆的管理。虽然这些工作总是表现为某些个体或团队的活动,但从根本上看,从图书馆的公益性质看,它更依赖于社会系统,受社会需求与认可的程度、政府支持保障的力度、科学技术的推动程度等影响,而这些又受到社会发展的历史时代的限制。

成功的知识转移必须完成知识传递和知识吸收两个过程,并使知识接收者感到满意。① 知识(信息)用户是知识的使用者、利用者,即知识接受方。知识用户对知识转移有着重要的影响。因此,必须了解知识用户的需求、动机、知识结构、行为模式和吸收能力。应该说,对用户了解越多,就越能满足用户的需求,知识转移的效果就越好。

5.4.8.3　图书馆隐性知识转移

(1)图书馆隐性知识转移的模式

一般情况下,隐性知识转移的常见方式仍是面对面的人际互动方式。②

---

① 张永宁,陈磊.知识特性与知识转移研究综述.中国石油大学学报(社会科学版),2007(1):64—67。

② 周晓东,项保华.企业知识内部转移:模式、影响因素与机制分析.南开商业评论,2003(5):7—15。

馆员隐性知识转移模式①如图 5-11 所示。

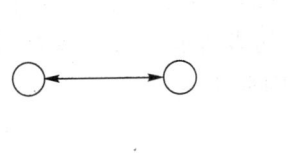
（a）点对点示范转移模式

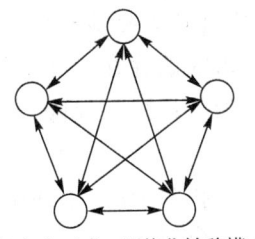
（b）交互式、网络化转移模式

图 5-11　馆员隐性知识转移的模式

图(a)显示馆员与接受者个体之间的简化模式，图(b)揭示图书馆普遍的个体隐性知识转移模式，也展示了组织的网络化特征与知识转移的关系。

按照知识转移模型，作为个体的图书馆员隐性知识转移模式有三种：①个体的隐性知识通过编码而外化为显性知识，如著作、学术论文等成为可供人们交流的结构化知识；②个体的隐性知识在组织认同的前提下，通过传统口传身授的师徒模式或内部交流，转化为组织的隐性知识，如带教实习学生、老带新、合理化建议、工作经验交流、操作技能演示、学术研讨会等；③个体的隐性知识通过编码而将知识社会化，使隐性知识转化为公共知识，如馆员利用专业知识、技能对某一学科进展进行综论、述评、形成三次文献，或开发有关信息资源数据库，提供给用户使用、共享等。②

(2)图书馆隐性知识转移的制约因素

结合个体间的知识转移影响因素，笔者认为馆员隐性知识转移除去知识自身因素的影响外，主要受以下方面因素制约：

①激励机制不完善，交流与共享缺乏真诚，担心专家地位受到威胁。"知识就是力量"，知识的独占已成为提升人的地位的基本条件，员工之间存在一定的竞争关系，出于对自身利益的考虑，担心将自己掌握而他人缺乏的知识完整转移后，会导致自己地位的降低，因此，不愿转移自己的知识。

②知识接受者的知识基础差异大，知识发送者的知识转化能力不足，或是知识接受者领悟能力有限，或是两者在交流中彼此漠视，不能充分进行交流与沟通。

---

① 王兆祥.知识转移过程的层次模型.中国管理科学，2006(3)：122－127.
② 黄德建，等.试论图书馆员隐性知识的转移.襄樊职业技术学院学报，20065(4)：131－132.

③机会成本问题。[1] 知识分享并不能一蹴而就,涉及抽象的隐性知识时,更需要知识拥有者耐心地教导、示范,甚至还要花大量时间去查阅资料。

④知识分享风险的存在。知识发送者可能有将不成熟、不准确的知识传给知识接受者而遭受诋毁的风险。[2] 因此需要对知识拥有者进行激励,以弥补其损失。

⑤管理者以自我为中心,未在组织中积极促进知识的交流与共享。

⑥知识管理平台缺少有效的计算机网络和通讯系统,知识需求者寻找知识困难,知识拥有者传播、转化知识也困难。

⑦交流与共享渠道闭塞。传统的多层次组织结构减缓了交流与共享的速度,干扰其过程,失真现象严重。

图书馆隐性知识转移过程中的驱动因素可以概括为三个方面,即知识发送者是否愿意转移其知识、是否有能力转移其知识和是否有机会转移其知识。知识接受者、图书馆基础设施及图书馆组织文化,则影响着知识转移的效果。

5.4.9 知识管理绩效评价

知识管理绩效评价作为知识管理中的一个重要环节,在组织实施知识管理的过程中发挥着越来越重要的作用。

目前,有一些学者对组织的知识管理绩效评价进行了研究,建立了形式多样的指标体系和评价模型。颜光华、李建伟[3]根据企业的近期目标、中期目标、远期目标建立了指标体系,他采用模糊综合评价法评价企业知识管理绩效;单伟、张庆普[4]将可拓评价方法引入企业隐性知识管理绩效评价研究中;丁勇、梁昌勇[5]从市场营销能力、信息管理水平、学习型组织成熟度和知识的存量水平4个角度建立了知识管理指标评价体系,提出了运用D-S证据

---

[1] 柯江林,石金涛.驱动员工知识转移的组织社会资本功能探讨.科技管理研究,2006:144-149.

[2] 柯江林,石金涛.组织中员工知识分享行为激励机制的比较分析.上海交通大学学报,2006(9):1566-1571.

[3] 颜光华,李建伟.知识管理绩效评价研究.南开管理评论,2001(6):26-29.

[4] 单伟,张庆普.基于可拓方法的企业隐性知识管理绩效评价研究.中国管理科学,2006(14):603-606.

[5] 丁勇,梁昌勇,陆文星.基于证据推理的企业知识管理绩效评价方法.清华大学学报(自然科学版),2006(S1):983-989.

推理方法,对企业知识管理绩效水平进行评价的观点;王军霞、官建成[①]运用复合 DEA 方法对企业知识管理绩效水平进行评价;李顺才、常荔[②]运用灰关联分析方法对企业知识存量进行分析,以此对企业知识管理水平进行评价;Fairchild A. M[③] 采用平衡积分卡的方法对知识管理进行评估;朱启红、张钢[④]采用 BP 神经网络模型进行企业知识管理评价研究;贾生华、疏礼兵[⑤]从知识循环过程的角度构建知识管理绩效指数,以此对知识管理绩效进行评价。从各自研究的角度看,这些指标体系和评价模型都具有一定的合理性。但也存在一些缺点,如评价指标体系不完善、框架抽象单一、缺乏系统性,评价指标体系和评价过程过于复杂、可操作性不强、定量方法不足、不能反映企业的发展状况等。

5.4.10 知识管理模型研究

对知识管理模型的研究是一个人们对知识管理的了解不断深入的过程,确定合理的知识管理模型框架是实施知识管理的基础。目前,在这方面的研究已经取得一些成果。

知识管理模型可以划分为基于知识的管理模型(Knowledge—based Model,KBM)、基于知识管理工具的管理模型(Knowledge Tools—based Model,KTBM)和基于组织绩效的管理模型(Organizational Performance—based Model,OPBM)。最具代表性和奠基性的 KBM 是由日本学者 Nonaka 于 1991 年首次提出的。这个模型将知识划分为显性知识和隐性知识,并以之为基础,提出了知识创造和转化过程观点。KTBM 研究的核心内容是"如何管理知识"。Nonaka 与 Kormo 对原有的 KBM 模型进行延伸与扩展,并提出了四种"场"的概念,即源发场、互动场、网络场和练习场。"场"模型主要是

---

① 王军霞,官建成.复合 DEA 方法在测度企业知识管理绩效中的应用.科学学研究,2002(1):84—88。

② 李顺才,常荔,邹珊刚.企业知识存量的多层次灰关联评价.科研管理,2001(3):73—78。

③ Fairchild A M. Knowledge Management Metrics via a Balanced Score-card Methodology[A]. Proceedings of the 35th Hawaii International Conference on System ScienceUSA,2002.

④ 朱启红,张钢.基于人工神经网络的企业知识管理评价模型.科学学与科学技术管理,2003(8):32—34。

⑤ 贾生华,疏礼兵.基于知识循环过程的知识管理绩效指数.研究与发展管理,2004(5):40—45。

研究如何创造一个良好的组织环境来促进知识创新。最具代表性的 OPBM 是 Garayannis 模型。Garayannis 模型提出应建立一个支持监控、获取、评价和不断丰富组织认知能力进程的知识管理网络。

周竺等人则将知识管理模型分为三大类,即知识分类模型、智力资本模型和社会结构模型。最广为人知的知识分类模型就是 Nonaka 模型。按照这个模型,显性知识和隐性知识不仅可以相互转化,而且可以转移到其他主体上。在智力资本模型中,最典型的就是斯堪第亚模型。[①] 这个模型假设知识管理可以分为人力资本和结构资本两大类,并假设知识管理可以通过科学方法进行度量并资本化。社会结构模型主要是用来描述学习型组织和组织学习,Demerest 模型就是一个代表。这个模型强调组织内部的知识构造。与此相类似,由 Jordan 和 Jones 提出的模型包括知识的获取、扩散、所有权和存储。天津大学的奉继承和赵涛认为,知识管理体系结构的模型主要包括描述模型、框架模型、数学模型、过程模型和功能模型等。此外,比较具有代表性的知识管理模型还有动态知识管理模型,其中比较典型的是 Sthle 的动态智力资本模型 和 Rastogi 模型。相对于过去的智力资本模型,这些都是动态的模型。

除了上述研究热点以外,技术创新系统、知识创新系统、知识管理的前沿技术等,也是知识管理学研究的热点内容之一。

5.5 知识管理学的研究流派及主要观点

5.5.1 外国学者对知识管理流派的划分

迈克尔·厄尔对 40 多家企业进行了研究,从中归纳出 7 种知识管理学派,这些学派又分别属于三大派系。

(1)技术主导学派

技术主导学派:主要有:①"体系"(system)学派。管理者寻求将知识编入知识系统或数据库,为员工和决策者提供支持。②"地图"(cartographic)学派。各种名录和"地图"指引着企业主管找到相关专家。③"工程"(engineering)学

[①] R CHASE. The knowledge—based organization: an international survy. Journal of Knowledge Management,1997,1(1):121—134.

派。主张向骨干员工提供尽可能多的知识,以提高流程的效率。

(2)经济主导学派

经济主导学派:主要是"商业"(commercial)学派。管理者寻求识别企业的所有知识资产,如专利、商标、版权和许可证,然后加大对这些资产的商业开发力度。

(3)重视行为的学派

重视行为的学派主要有:①"组织"(organizational)学派。以跨越不同群体的知识共享为基础。②"空间"(spatial)学派。相信精心设计的工作和休息场所可以增加人与人之间的接触,促进横向交流和知识拓展。③"战略"(strategic)学派。将其企业定义为知识企业,信条是,研究本企业所拥有的知识,有助于发现企业如何在竞争中脱颖而出,从而实现增值。

台湾学者陈建志对上述知识管理学学派进行了归纳。如"表5-12"所示。

表5-12 知识管理研究流派及其观点

学派	分支学派	关注焦点	实现目标	IT主要贡献	管理哲学
技术学派	系统学派	技术	知识库	知识库系统	编码
	地图学派	地图	知识目录	目录	联系
	工程学派或流程学派	流程	知识流	共享知识库	能力
经济学派	商业学派	收入	知识资产	智力资产注册和处理系统	商业化
行为学派	组织学派	网络	知识池	群件、内部网	合作
	空间学派	空间	知识交换	获取和表现工具	密切联系
	策略学派	思想库	知识能力	折中(各种科技、系统工具的混合)	意识

迈克尔·厄尔对流派的划分十分明晰,也是目前知识管理流派划分中较为成功的一个体系,在其后的划分体系多多少少都有该体系的影子。另外Shin、Minsoo、Holden、Tony、Schmidt、Ruth A.等认为知识管理包括思想(mind)、流程(process)和物件(object)3个流派。Kang Jina按照地区将知识管理分为美洲太平洋学派(Pacific American school of thought)和欧洲学派(European school of thought)。前者认为隐性知识是竞争优势的主要来源;后者认为隐性知识很容易随着员工的流动而流失,只有编码化的显性知识才可以成为构建公司竞争力的基础。前者的划分有一定的借鉴意义;但后者的划分仅反映了知识管理发展前期的一些流派情况,不能反映当前全球知识管理学研究的活跃现状,更不能反映知识管理学未来的发展趋势。

5.5.2 国内学者对知识管理流派的划分

国内比较有影响的是左美云、许珂、陈禹的研究,他们将知识管理划分为三个学派:行为学派、技术学派、综合学派。

①行为学派。行为学派认为,"知识管理就是对人的管理"。他们认为,知识等于"过程",是一个对不断改变着的技能等的一系列复杂的、动态的安排。行为学派研究的角度包括:从组织结构的角度研究知识型组织;从企业文化的角度研究知识管理观念,如学习型组织;从企业战略角度研究企业知识管理战略;从人力资源的绩效考评和激励角度研究知识管理制度;从学习模式的角度研究个人学习、团队学习和组织学习等。

代表人物及其作品有:邓文彪《企业核心利润源理论和方法》;薛彪《知识管理实施推进制度》;杨治华《知识管理:用知识建设现代企业》;侯贵松《知识管理与创新》;刘希宋《知识管理与产品创新人才管理耦合机理与对策研究》;高大成《知识管理:中国航空工业企业面向未来的战略选择》等。

②技术学派。技术学派认为,"知识管理就是对信息的管理"。这个领域的研究者和专家们一般都有着计算机科学和信息科学的教育背景。他们被卷入信息管理系统、人工智能、重组和群件等的设计与构建过程当中。他们认为,知识等于"对象",并可以在信息系统当中被标识和处理。技术学派研究的角度包括:从知识组织的角度研究知识表示和知识库;从知识共享的角度研究团队通信与协作的技术;从技术实现的角度研究知识地图系统、知识分类系统、经验分享系统、统一知识门户技术等;从系统整合的角度研究知识管理系统与办公自动化(OA)系统、企业资源计划(ERP)等系统的整合。

代表人物及其作品有:金吾伦《知识管理:知识社会的新管理模式》;王德禄《知识管理的IT实现:朴素的知识管理》;丁有骏《知识管理与图书馆》;王广宇《知识管理:冲击与改进战略研究》;夏火松《知识管理:市场营销知识获取与共享模式》;叶茂林《知识管理及信息化系统》、《知识管理理论与运作》;奉继承《知识管理:理论、技术与运营》等。

③综合学派。综合学派则认为,"知识管理不但要对信息和人进行管理,还要将信息和人连接起来进行管理;知识管理要将信息处理能力和人的创新能力相互结合,从而增强组织对环境的适应能力"。该学派的专家既对信息技术有很好的理解和把握,又有着丰富的经济学和管理学知识。由于综合学派能用系统、全面的观点实施知识管理,所以能很快被企业界接受。大多数

学者属于这一学派。综合学派强调知识管理是企业的一套整体解决方案,在这套解决方案里,第一是知识管理观念的问题;第二是知识管理战略的问题;第三是知识型的组织结构问题;第四是知识管理制度的问题;另外还有知识管理模板化,如规范的表格等问题。在此基础上,将知识管理制度流程化、信息化,将知识管理表格化和模板界面化、程序化,将企业知识分类化、数据库化,在考虑与其他现有系统集成的基础上,开发或购买相应的知识管理软件,建设企业的知识管理系统。

代表人物及其作品有:王方华《知识管理论》;乌家培《知识管理日趋重要》;汪大海《新世纪的赢家:知识管理成为时代新支点》;郁义鸿《知识管理与组织创新》;储节旺《知识管理概论》;张福学《知识管理导论》;翟丽《企业知识创新管理》;董小英、左美云《知识管理的理论与实践》;周海炜《核心竞争力:知识管理战略与实践》;朱晓敏《知识管理学》;夏敬华《知识管理》;韩经纶《知识管理》、《执掌知识企业》、《知识首脑CKO》、《知识共享与风险防范》;尤克强《知识管理与企业创新》;樊治平《知识管理研究》;钱军《知识管理案例》;丁有骏《知识管理与图书馆》;张润彤《知识管理学》、《知识管理导论》;林榕航《知识管理原理》;邱均平《知识管理学》等。

董晓英从知识资源的整合角度指出有三种理论学派:产业组织理论学派、资源学派、动态能力理论学派。产业组织理论学派认为要选好所从事的产业和价值链体系;资源学派认为,要控制资源要素,就是要形成组织记忆的路径,让原来从事重复劳动的人力资源从事创新劳动;动态能力理论学派回答了持续发展、永葆优势的问题,知识是有效的能力,以人为中心,而信息是客观存在的。能力形成有三个阶段:能力整合(人力、技术、资源)、能力配置(跨部门合作,知识获取过程)和能力提升(动态环境适应,知识共享过程)。该观点与Kang Jina相似,认为以知识为基础的观点可以追溯到基于资源的观点、动态能力观点、组织学习的观点之上。

张秀梅[①]认为知识管理学派包括:①技术学派(以美国为代表):以Internet和Intranet、数据库管理系统(DBMS)、群件技术、数据仓库和数据挖掘技术、多维度分析技术、文档管理技术、联机分析处理技术、工作流和共享技术等,对企业知识进行电子化储存、共享和利用。②行为学派(以日本为代

---

① 张秀梅.知识管理与图书馆.[2006-12-11]. http:∥211.81.31.9/news/20040325/2.ppt 1650K 2004-3-25。

表）：知识是提高个体技能和组织能力的一个动态的过程。③资产(/资本)学派（以欧洲为代表）：对知识的价值作出合理的评估、测量。他们认为知识资本是市场价值与账面价值之差，或是公司得以运行的所有无形资产。

另外，彭锐认为知识管理学派包括：工程学派、过程学派、实体学派、系统学派。这和迈克尔·厄尔的观点一致。该文认为近年来学术界对知识管理学的研究，可以归为两种源流：一种被称为"技术学派"，即关注知识本身，注重运用信息技术手段来实现知识管理。该派致力于对知识管理技术与工具的开发与研究，试图用以技术实现为主的方式使企业知识资源最大化。一种被称为"行为学派"，即以人作为管理的重点，关注人生成、利用知识的行为、技巧和思维方式，通过各种方式激发员工生产、交流、共享和学习知识的积极性，以提高企业的持续学习能力。

其实，知识管理流派还可以从更多的角度划分，如根据理论性的程度来分，可以分为理论派和实践派。实践派将知识管理的理论与实践结合起来进行研究，既推进了知识管理学理论体系的发展，也为知识管理找到了广阔的应用空间。代表专家是 Kai Mertins、Peter Heisig、Jens Vorbeck，他们在合著的《知识管理：原理及最佳实践》一书中，对知识管理的标杆管理项目研究成果进行了系统分析，重点剖析了雅塞·利韬、Aventis、英国航空、惠普（奥地利）、IBM、Phonak、罗氏诊断—实验室系统、西门子 MED 等公司的知识管理实践。当然，我们还可以从研究者的学术背景对知识管理的流派加以分类，据此可以分为：计算机学派、图书情报学派、教育学派、人力资源学派、企业管理学派、科学学学派及哲学学派等，这些领域都活跃着知识管理研究学者。他们的研究都打上了自身学术背景的烙印，因此观点也就存在不少差异。

5.6 知识管理流派划分存在差异的原因

上述研究成果从研究对象来看，包括经验类隐性知识、可用物质直接表达或蕴涵的显性知识，也包括为实现知识价值而进行的知识转移、共享、积累、内化与创造所需要的其他物资：知识资源。①②

---

① Liebowitz J, Megbolugbe I l A set of frameworks to aid the p roject manager in conceptualizing and imp lementing knowledge management initiatives. International Journal of Project Management，2003，21(3)：189—198.

② 王润良，郭秀敏，郑晓齐.知识管理的维度与策略.中国软科学，2001(6)。

从研究内容来看,当前的知识管理可以分为3个学派:技术学派、行为学派和综合学派。① 从构建学科体系的研究对象和内容等角度,可以把已有的研究成果进行分类,结果如"表 5-13 所示"。

表 5-13　知识管理学科研究成果汇总表

学派		研究对象	研究内容	
名称	代表人物		核心内容	进展
行为学派	Ikujiro Nonaka Sverby 杜拉克,邱均平	知识资源	人力资源、信息价值、管理文化与制度、社会网络	智力资本、组织学习、知识网络等
技术学派	樊治平,苏新宁 M. J. Eppler,Abidi,Liebowitz	知识本身	通信网络、数据库、管理信息系统、智能体	领域知识的本体论、语义网络、网格技术、知识地图
综合学派	Yogesh Malhotra,王广宇,P. F. Durcker	知识及知识资源	知识过程论与流程固化	实践社区等

这些学派的研究表明,基本差异表现在对知识和知识管理内涵的理解上,而这两个概念是整个知识管理学理论体系得以建立的基础。陈建志归纳的对"知识"的不同观点有:①数据、信息、知识的阶层观点:数据是原始的事实数据;信息是处理过的数据;知识是个人内化的信息。②心理状态观点(State of Mind):知识是人类一种认知(knowing)及理解力(understanding)的状态。③物件观点(Object):知识是一种对象,可以储存及运用。④流程观点(Process):知识是利用专业技术的流程。⑤信息获取观点:知识是获取信息的一种状态。知识有两类,即我们知道的主题和我们知道从哪里找到关于这个主题的信息。⑥能力观点(Capability):知识是一种潜力,可以影响组织或个人的行为或决策。②

---

① Hicks B J, Culley S J, Allen R D, et al1A framework for the requirements of capturing, storing and reusing information and knowledge in engineering design [J]. International Journal of InformationManagement,2002(22):263—280.

② 陈建志.组织知识管理文献初探.[2006-12-11]. http:// joung. im. ntu. edu. tw/teaching/seminar/PhD_forum2004f /11-26/KM％20Intr-oduction％20for％20NTU％20PHD％20seminar. ppt. 2004-11-2.

5.6.1 国外的定义

不同领域的学者对知识管理强调的侧重点各不相同,概念内涵也自然有差异。有的是从管理对象定义,有的是从功能定义,有的是从行为方式定义,也有的是从目标定义,各种定义不下百余种。这既反映了学科发展的兴旺,也反映了学科发展的不成熟和学科的复杂性。比较能为大家广泛接受的有:

约格什·马尔蒙特拉(Yogesh Malhotra)认为:"知识管理是企业面对日益增长着的非连续性的环境变化时,针对组织的适应性、组织的生存和竞争能力等重要方面而采取的一种迎合性措施。本质上,它嵌涵了组织的发展过程,并寻求将信息技术所提供的对数据和信息的处理能力及人的发明创造能力这两方面进行有机的结合。"该定义完整地概括了知识管理的必要性、目的、内容、手段,揭示了知识管理的实质。目前被引用最多,得到人们广泛的认同。

美国德尔福集团创始人之一卡尔·弗拉保罗认为:知识管理就是运用集体的智慧提高应变和创新能力。该定义以其简洁、切中本质而被广泛应用。

丹尼尔·E·奥利里(Daneil E. O Leary)认为:"知识管理是将组织可得到的各种来源的信息转化为知识,并将知识与人联系起来的过程。"

美国莲花公司图文管理产品公司总经理斯科特·库柏指出:信息与人类认识能力的结合才导致了知识的产生。知识管理的目的就是运用信息创造某种行为对象的过程。

Schiko Nonaka认为,知识管理要求致力基于任务的知识创新、传播,并具体地体现在产品、服务和系统中。

Andra Warton则认为Lotus对知识管理的定义最为全面、简洁,即知识管理是系统地平衡信息和专门知识,以提高组织的创新能力、反应能力和生产率。这个定义既反映了知识管理的对象和手段,又明确了知识管理的目标,符合"图4-2"所示的知识与数据、信息及智能之间的相互关系,也体现了Deiphi调查公司的调查结论。Deiphi调查公司对600多个使用了知识管理软件的企业就投资知识管理的原因进行调查,发现其中34%是为了提升顾客服务的质量;30%是为了加快反应速度;25%是为了提高创新水平;9%是为了降低成本;2%是为了竞争。综上所述,可以认为知识管理是对包含数据、信息的广义知识的创新、生产、储存、转移和共享,以达到熊彼特所谓的五种创新的目的,满足顾客的需要的活动。①

其他比较有代表性的定义有：

"知识管理是利用组织的智慧和经验促进变革的过程"(Duffy:1999)。

"知识管理是一门学科,它对信息产生、捕获、组织和利用的过程进行集成和整合"(Bair:1999)。

"知识管理就是系统、有效地管理和利用组织的知识资源"(Saffady:1998)。

"知识管理是对企业知识进行管理和运用知识进行企业管理的学问"。

"知识管理是通过一组问答序列,即解决方案的集合寻找和识别与问题有关的关键性信息,并将这些信息进行提取,形成对某一问题的专门知识,作为决策的依据"。

"知识管理是关于有效利用公司的知识资本创造商业机会和技术创新的过程"。

"知识管理是为企业实现显性知识和隐性知识共享寻找新的途径……知识管理型公司能够迅速对外部需求作出反应,精明地运作内部资源,预测外部市场的发展方向和变化"。

美国生产和质量委员会(APQC)对知识管理所下的定义为："知识管理应该是组织有意识采取的一种战略,它保证能够在最需要的时间将最需要的知识传送给最需要的人。这样可以帮助人们共享信息,并进而将之通过不同的方式付诸实践,最终达到提高组织业绩的目的。"

美国国际信息技术服务咨询机构 ECsoft 公司的彼得·多林顿说："知识管理就是从有知识的人那里把知识传给需要知识的人。"

美国奥拉克尔公司(软件)欧洲副总裁菲利普·克劳福德提出了更为简单的定义："知识就是企业决策时需要的信息。"

5.6.2 国内的定义

自从"知识管理"的概念传入中国以后,国内对知识管理学的研究也如火如荼,迅速升温。关于知识管理的定义也出现了众多流派。总体可以归结为以下几种:

(1)知识管理就是对知识及与知识有关的资源的管理,如"知识管理的概

---

① 朱祖平.刍议知识管理及其体系框架.科研管理,2000(1)。

念可以从狭义与广义的角度来理解。所谓狭义的知识管理,主要是对知识本身的管理,包括对知识的创造、获取、加工、存储、传播和应用的管理。而广义的知识管理,不仅包括对知识进行管理,而且包括对与知识有关的各种资源和无形资产的管理,涉及对知识组织、知识设施、知识资产、知识活动、知识人员的全方位和全过程的管理"。"对于知识管理,人们一般认为,它是一个组织作为一个整体在组织内外知识的海洋中,充分利用各种工具和手段,对知识的捕获、应用和创新的过程,目的是将最恰当的知识在最恰当的时间传递给最恰当的人,以便使组织中的个人能够做出最恰当的决策,而组织则提高了应变能力和创新能力"。[1]

(2)知识管理是一种信息管理策略。如"知识管理是一种致力于将组织的智力资产记录型信息和员工头脑中的智慧转化为更大的生产力、竞争力的信息管理策略与理论"(陈锐,1999)。

(3)知识管理既包括信息管理又包括对人的管理。这种观点是对上述两种观点的综合:一方面,从知识管理发展历程来看,知识管理源于信息管理,是在其基础上发展起来的;另一方面,从知识管理及其所处的环境来看,人在知识管理中发挥着重要作用,知识管理又包括对人力资本的管理。

从上面这些不同的定义来看,至少可以说明人们对知识管理的认识还不够深入,对其内涵和外延还有些不够了解的地方。但是这些定义中也有一些共同点,那就是都强调了知识的核心地位和充分发挥知识的作用。

5.6.3 综合定义

对上述定义进行归纳,主要有两种观点:

① 狭义知识管理:将知识管理的对象限定于知识或信息。如阿比克(Andros Abecker)将知识管理定义为:"企业知识的识别、获取、开发、分解、使用和存储。"马斯(Masie)则认为,知识管理是一个系统地发现、选择、组织、过滤和表达信息的过程,目的是改善雇员对特定问题的理解。

② 广义知识管理:持这种观点的人将知识管理的范围扩大了,认为知识管理的对象不仅包括知识,还包括与知识交流的相关事物,如技术、组织结构和其他资源。如维娜·艾利对知识管理的定义是:"帮助人们对拥有的知识

---

[1] 刘冀生,吴金希.论基于知识的企业核心竞争力与企业知识链管理.清华大学学报(哲学社会科学版),2002(1)。

进行反思,帮助、发展、支持人们进行知识交流的技术和企业内部结构,并帮助人们获得知识来源,促进他们之间进行知识的交流。"维格认为,知识管理主要涉及四个方面:自上而下地监测和推动与知识有关的活动;创造和维护知识基础设施;更新组织和转换知识资本;使用知识以提高其价值。知识管理是协助企业和个人(People),借助信息技术(Technology)实现知识的生产、分享、应用、创新,并在个人、企业、战略,以及经济诸方面形成知识优势和产生价值的过程(Process)。这其中强调了三个方面,首先是知识管理的机制,它不仅是与技术相关的问题,而且是对"人、过程、技术"的有机集成,是一种"技术—社会"系统;其次强调知识管理的"管理"主要是对知识核心过程——"知识的生产、分享、应用、创新"的管理;第三点是说明知识管理需要实现特定价值,主要表现在它能够有利于提高个人和组织的智商、实现企业的整体战略及取得直接的经济绩效等方面。用简单的几个字来理解知识管理的内涵就是:"技术支撑、知识转化、创造价值。"①

国内学者夏敬华与孟凡强对知识管理的理解比较独到,他们认为:①知识管理的内容来源层面:知识管理是一个知识的生产和利用的过程。强调知识管理主要是对各种知识内容及其过程的管理。②知识管理

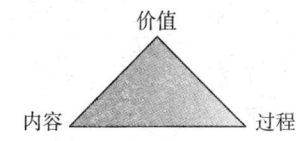

图 5-12　知识管理三要素结构

的活动层面:知识管理需要有相关技术和企业内部结构的支撑,要建立一个知识交流的技术和制度环境。强调知识管理不仅仅是与技术相关的问题,而是对"人、过程、技术"的有机集成。③知识管理的价值层面:强调知识管理需要实现特定价值,主要表现是:它有利于提高个人和组织的智商,有利于实现企业的业务目标和知识愿景,有利于取得直接的经济绩效等。

这样,知识管理不仅仅是技术,也不仅仅是文档管理、IT应用产品,不仅仅是对ERP、CRM等的补充。实际上,我们从"企业资源计划"(ERP)到"知识管理"的字面含义上,就不难识别其中隐藏的管理思想,即从"资源"观到"知识"观的跃迁。

所以,实现知识管理将是一个非常复杂的过程,它不仅需要一定的IT的硬环境的支撑,而且要以软环境为基础,如文化、价值观等,所有这些都要综合考虑。换句话说,知识管理就是要实现知识内容、知识活动及知识价值的

---

① 孙涛等.基于知识管理的企业动态核心能力构建.技术经济与管理研究,2003(3)。

总体平衡。

在实现知识管理的"内容、活动及价值"的总体平衡基础上，还要在"内容、活动及价值"的每个层面都实现其自身的平衡。如知识内容需要实现隐性知识和显性知识的平衡，知识活动则需要实现人、文化、过程及技术的平衡，而知识价值则需要实现个人智商和组织智商的平衡、有形效益和无形效益的平衡等。

在知识"活动"的平衡方面，首先，在知识活动中，需要紧紧抓住知识管理的核心过程——知识的创造、储存、分享、应用、更新，并结合软、硬环境的建设，将企业文化、信息技术和知识核心过程有机联系起来，创建出完整的知识活动。其次，除了以IT为基础来建立网络化的知识社区外，还要重视实体的知识社区的建设。只有全体员工积极参与实体及虚拟的知识社区建设，企业的知识管理系统才会真正启动，知识分享的文化才会被能被塑造。

知识价值的"平衡"。企业在实施知识管理过程中，应以平衡记分卡的财务、客户、学习及过程这四个基本面为参考，在协助企业创造利润的同时，兼顾员工持续学习和成长、客户满意和企业产品不断更新，才能真正创造出持续性的知识价值。

总之，数据库、文件管理系统和电子邮件是知识管理的基本要素。为了对知识管理进行领导，使知识流程（知识的采集和加工、知识的存储和积累、知识的传播和共享、知识的使用和创新）变得顺畅，理顺企业内部的组织结构是有必要的。

笔者认为，知识管理有两个含义，一是知识经济时代的知识型的管理，二是对知识的管理。前者是以知识为核心的管理，后者是将知识视为一种资产，对其进行管理。它包括个人、组织和国家三个层面。

因此，知识管理就是获取、利用并创新知识，提高组织创新和创造价值的能力，保障组织生存发展的一种活动。它包括知识的获取、整理、保存、更新、应用、测评、传递、分享和创新等基础环节，并通过知识的生成、积累、交流和应用管理，复合作用于组织的多个领域，以实现知识的资本化和产品化。知识管理的出发点是把知识看作最重要的资源，把最大限度地获取和利用知识作为提高组织竞争力的关键。因此，开展和加强知识管理，有利于有效地开发其知识资源，使知识资源在深度和广度上不断地得到扩展；有利于有效地利用知识资源促进和强化组织的创新能力；有利于促使组织知识资源与其他资源更好地结合，从而提高创造价值的能力。

王钦、黄群慧对知识管理有着独到的理解,他们认为可以从组织、行为和技术三个维度去理解。就组织价值维度而言,主要强调组织知识资源的利用和组织价值的提升,即组织在知识配置过程中创造价值的艺术。更有学者直接将知识管理视为一种组织管理职能。就组织活动维度而言,主要是强调知识管理是一组发现、生产、获得、存储、转移、转换、开发、转播、使用、保护的综合性活动,同时也包括组织环境和文化氛围的营造活动。就技术维度而言,主要强调知识管理是以信息技术为基础,用来支持和加强知识生产、转化与转移的过程。[①]

当然对知识管理的其他问题的理解也同样存在差异,但都可以从"知识"和"知识管理"这两个概念的差异中找到答案。

[①] 王钦,黄群慧.企业管理学研究前沿:知识来源、具体问题与判断标准.经济管理,2004(3):35-37。

6 知识管理学理论体系的构成

6.1 知识管理学理论体系构成的不同观点

目前,对知识管理体系的理解尚存在较大的分歧,下面从几个角度分别论述。

6.1.1 内容观

一种观点认为,[①]知识管理大致包括以下六个内容:

(1)知识管理的基本措施:它是知识管理的支持部分,如关系数据库、知识库、多库协调系统、网络等一些基本的技术手段,还包括知识链上最为重要的要素——人,以及人与人之间的各种联系渠道等。

(2)组织业务流程的重组:其目的是使组织的知识资源更加合理地在知识链上形成畅通无阻的知识流,让每一个员工在获取与业务有关的知识的同时,都能为组织贡献自己的知识、经验和专长。

(3)知识管理的方法:包括内容管理、文件管理、记录管理、通讯管理等。

(4)知识的获取和检索:包括各种各样的软件应用工具,例如智能客体检索、多策略(吸收反刍、加权归纳、交互选择等)获取、多模式获取和检索(数据、文本、语音、图形图像、电子表格、影视等)、多方法多层次获取和检索、网络搜索工具等。

(5)知识的传递:如建立知识分布图、电子文档,以及光盘、DVD、网上传输、打印等。

---

① 甘永成.实施知识管理的系统框架和策略.科技管理研究,2003(1).

(6)知识的共享和评测:如建立一种良好的组织文化、激励员工参与知识共享、设立知识总管 CKO、促进知识的转换、建立知识产生效益的评测条例等。

也有人认为,[①]知识管理的内容十分庞杂,大致包括:①推动新知识的有效开发(研究开发与学习);②支持从外面获取知识,并增强消化吸收知识的能力;③确保新知识在组织内能及时扩散;④促使组织员工都能利用与组织目标相关的知识;⑤确保组织所有员工都能知道知识在哪里,以便在需要的时间和需要的地方都能得到。在知识经济时代,实施有效的知识管理所包含的内容远不止这些方面,它要求雇员共同分享他们所拥有的知识,并且要求管理层对那些做到这一点的人予以鼓励。

另外,Marshall 认为,组织层面的知识管理包括六个方面的内容:①通过内部活动或 R&D 小组创造知识;②当需要时能从公司外部或内部获得所需的知识;③通过正式培训或非正式的在职培训活动,使知识在使用前就能被转移;④以报告、图表和演讲的形式呈现知识,使之易于被接受、使用;⑤当知识被确证后,能被用于过程、体系之中,并易于控制;⑥通过建立激励和领导机制来培植组织文化,以实现知识的使用、共享和增值的目的。

Andrawarton 则认为知识管理必须包括四个方面的内容:①创造机会使人们相互合作而产生新思想;②提供人们对未曾预测到的事件的反应手段;③在不断提高分工程度的环境中,建立组织文化库的保存和开发机制;④采取措施增强员工的技能。

6.1.2 业务观

这种观点主要是从组织的知识管理业务的角度出发而提出的,认为知识管理的体系总的来说大概可以涉及以下几个方面:

(1)组织内部知识的交流和共享

只有在交流中,知识才能得到发展,也只有通过共享和交流,才可能产生新的知识。对一个组织来说,创新是组织竞争优势之源,而创新本身归根到底是一种新知识的创造,也是组织知识资源的一种积累,因此,在组织内部各个部门之间、员工之间,在组织的内部与外部之间,都应该加强知识的交流与共享,否则就不可能实现创新。这方面有大量工作可做,如可以建立内部信

---

① 王均林.论知识管理.郑州工业大学学报,1999(1).

息网,以便于员工进行知识交流;利用各种知识数据库、专利数据库存放和积累信息,从而在组织内部营造有利于员工生成、交流和验证知识的宽松环境;制定激励政策,以鼓励员工进行知识交流;通过放松对员工在知识应用方面的控制,鼓励员工在组织内部进行个人创业,以促进知识的生成。

在这方面也有很多成功的例子。1994年,Intel公司微处理器事业部在开发高性能奔腾处理器的过程中发现,有60%以上的技术问题在别的小组的开发过程中碰到过,并且已经解决了,于是他们发起了一个计划,目标是分享"最佳设计方案(Best Known Method,BKM)",提高群体学习的能力。当时,他们采用的是MOSAIC浏览器,让所有人能够从网络工作站读取资料库的内容。"要整个组织一起选择合适的题目、制作文件并储存到BKM资料库中,我们由技术经理团队和技术小组共同合作,在组织的各个角落推动BKM计划和整体学习"。这大幅度降低了问题重复出现的概率,使新产品产出的速度大约为过去的两倍。在施乐公司,其内部知识库是建立在企业内部网络上的,由安装在服务器上的一组软件构成。员工可利用该系统阅读公报,查找历史事件,并在虚拟的公告板上相会。其知识库的内容包括公司人力资源状况、各职位所需的技能和评价方法、各部门和各地分公司的内部资料、公司历史上的重大事件、公司客户竞争对手和合作伙伴的详细资料、公司内部研究人员的研究文献和研究报告等。施乐的知识库里的这些资料可以为它们的竞争情报活动提供很好的素材。

(2)驱动以创新为目的的知识生产

随着技术的不断发展,经济全球一体化趋势的逐渐增强,组织面对的市场竞争也日趋激烈。在知识经济时代的市场竞争中,知识是竞争力之源。组织要想立于不败之地,就必须拥有比别人领先一步的产品、技术或管理优势,而这些优势必然是来自于组织以创新为目的的知识生产。无论是什么知识,只要是先人一步掌握,就可能给组织创新带来极大的便利与可能,甚至给组织带来巨大的利润。因此,创造适宜的环境与条件,充分开发和有效利用组织的知识资源,进行以创新为目的的知识生产,必然是知识管理的一项重要内容。

(3)支持从外部获取知识,并提高消化吸收知识的能力

组织的知识资源是创新的源泉,因此组织要使创新不断进行,就必须积累和扩大组织的知识资源。而这种知识积累又不能仅仅依靠组织自身知识的生产,因为自身知识是很有限的,所以必须注重从外部获取相应的知识,并

进行消化吸收,成为组织自己的资源。供应商、用户和竞争对手等利益相关者的动向报告、专家及顾客的意见、员工情报报告系统的信息,以及行业领先者的最佳实践调查(Benchmarking)等,都可以成为组织外部知识的来源。有时候,信息的传递、利用比收集更加重要,组织信息资产的价值不仅在于存储、提取信息的能力,更重要的在于将信息与特定过程、未知单元进行动态匹配。

(4)将知识资源融入组织产品或服务及生产过程和管理过程

知识管理的直接目的是组织创新,使组织赢得持久竞争力。而组织的创新是使组织的知识资源转化为新产品、新工艺、新的组织管理方式等。因此,创新离不开知识资源与组织产品或服务及其生产过程和管理过程的融合。所以,知识管理的一个重要内容就是要明确组织在一段时间内所需的知识及其开发的方式和途径,制定相应的开发和利用战略,保证组织的知识生产和知识资源的积累、扩大与组织的产品、服务、生产过程和管理过程紧密结合。

(5)管理组织的知识资产

总之,不论知识管理的内容是什么,数据库、文件管理系统和电子邮件等都是知识管理的基本要素。为了对知识管理进行领导,使知识流程(知识的采集和加工、知识的存储和积累、知识的传播和共享、知识的使用和创新)变得顺畅,理顺组织内部的组织结构是有必要的。如麦肯锡、安达信设立了知识主管;巴克曼实验室公司为其信息系统部门重新确定了方向,使该部门成为知识传递部;惠普公司在产品程序部和电脑销售部分别成立了知识管理小组。

6.1.3 流程观

目前知识管理体系大多是围绕着组织的知识流程(图)来构建的,至少也有流程的影子。这种观点认为,知识管理的实施最终要落实到技术和流程上来,具体而言就是在一定的技术平台上,搭建知识流各阶段所需的技术手段,从而实现组织的知识管理。所以,知识管理体系可用图 6-1 表示。

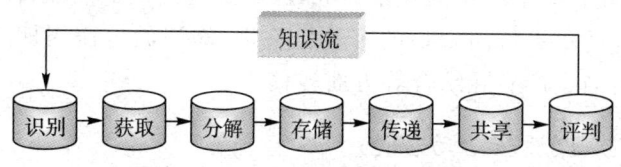

图 6-1　知识管理的基本构成(基于流程的角度)

也有观点认为,知识管理体系包括了知识目标、知识鉴别、知识获取、知识开发和利用、知识共享和传播、知识积累和存储、知识更新、知识评估等因素。

6.2 知识管理学理论体系的主要内容

知识管理的理论体系应包括以下几个方面的内容:

6.2.1 知识管理的基础理论

知识管理的基础理论包括知识管理产生的背景、知识管理的理论渊源、知识的类型和特点、知识管理的含义、特点、职能、原则和目标,以及知识管理的主体(包括知识主管、知识经理、知识业务员和知识管理协作者)、知识管理的组织结构(包括组织结构的作用、特征和设计)和知识员工的激励。

知识管理基础理论是知识管理学大厦的根基,对它的研究决定着知识管理学未来发展的空间大小,以及能否使知识管理研究体系保持相对的稳定性。

6.2.2 知识管理的技术理论

知识管理技术是知识管理得以顺利实施的有力保障。一方面,要把知识管理技术的研究成果运用到实践中转化为生产力;另一方面,可以在实践的过程中检验这些理论是否正确。对于正确的理论要进一步加强研究和推广,对不妥的理论要及时修正,使知识管理技术理论在指导实践的过程中得到提高,实践在理论的引导下得以不断前进。

知识管理的技术理论包括知识仓库和知识挖掘技术、知识地图技术、知识网格技术等。研究较多的知识管理技术有:企业信息管理系统与知识管理平台的融合技术、基于领域本体的知识表示技术、基于知识地图的知识组织技术、基于自然语言理解的智能检索技术等。对知识的采集和积累、存储和表示、加工处理和共享应用的技术研究,已经成为当前的热点,而下一代知识管理技术研究的重点将向知识的个性化管理、知识的生命周期管理、知识评价及知识如何与生产实际结合等方面转移。

6.2.3 知识管理活动理论

知识管理活动包括知识共享、知识流程、知识转移和知识管理评价。知识共享、知识流程和知识转移可以有效地实现知识的增值,有力推动组织的创新活动。通过知识管理评价活动,一方面让组织成员亲身参与评价的整个过程,提升他们和整个组织的知识管理能力;另一方面,对知识管理进行评价可以把组织知识管理活动所取得的成果呈现在组织领导的眼前,从而获得组织领导的高度重视和支持。知识管理评价还可以总结组织知识管理活动的经验教训,并把这些经验教训应用到组织未来的知识管理活动之中去,从而不断提高组织的知识管理能力。所以,知识管理评价也是应用知识的过程。

知识管理活动理论还应包括进行知识共享、知识流程、知识转移和知识管理评价的过程中的目的和相关制度保证,包括:第一,知识管理活动的目的。知识管理活动的目的可以归结为对人、财、物和信息等各种实体因素进行配置、调节、整合,从而发挥最大的社会经济效益。第二,知识管理活动的制度保证。包括知识管理活动的方针、知识管理活动的政策、知识管理活动的法规和知识管理活动的体制。

6.2.4 知识管理建设理论

知识管理建设包括三个方面的内容:

6.2.4.1 知识管理系统建设

知识管理系统建设包括知识管理系统的内涵、结构和作用、模型(知识结构图、知识利用图、知识发布图和知识传递图)、知识管理系统设计和维护、知识组件体系(包括知识门户、知识组件和知识库)等。

6.2.4.2 知识管理实施

知识管理实施包括:

(1)知识管理实施的步骤

第一,知识管理战略制定:组织为什么需要知识管理?知识管理应达到什么样的总体目标?这一阶段的工作任务是组织根据总体战略和目标,制定相应的知识管理总体规划,其成果形式是一份知识管理战略规划书。

第二,知识管理重点领域的确定:组织的核心竞争力是什么?组织哪些环节成本最高或潜在收益最大?这一阶段的工作任务是调查组织的关键部门或流程,以及高成本区或高潜在收益区的知识需求。其成果形式是一份组织内部优先实行知识管理的部门或流程名单。

第三,组织知识资源的评估:组织拥有哪些显性知识?组织拥有哪些可以满足员工要求的且尚待转化的隐性知识?这些知识存储在什么地方或谁的头脑中？这一阶段的工作任务是调查组织内部知识资源的现状、特性、优势和不足，以及组织外部知识网络上知识资源的内容、特征和可用性。其成果形式是一份组织知识地图。

第四，知识管理方案制定：如何满足组织的知识需求？需要克服哪些障碍？如何综合运用多种手段和工具去最快、最有效地达到目标？这一阶段的工作任务是研究组织推行知识管理可以运用的工具和措施。其成果形式是一份知识管理实施计划书。

第五，知识管理方案实施：如何才能最有效地将知识运用于组织的管理？如何通过各种手段和措施鼓励员工学习和运用知识？如何在知识资源获取和知识运用之间建立良性循环关系？如何以知识管理项目的形式实施组织知识管理方案？如何通过项目管理最大限度地达到知识管理项目的设计目标？这一阶段的工作任务是知识项目管理。其工作成果是一个个成功的知识管理项目。

第六，知识利用监督：提供的知识是否应用于组织的决策和业务运作？对于决策和业务的改进绩效如何？知识管理项目的绩效如何？这一阶段的工作任务是对已完成的知识管理项目进行评价。其成果形式是组织知识管理项目的评估报告。

(2) 知识管理实施流程

知识管理实施流程包括定义知识目标、鉴别知识、获取知识、开发知识、共享与转移知识、使用知识、存储知识和评估知识。

(3) 知识管理的实施策略

知识管理的实施策略包括变革现有观念、塑造知识型的组织文化、围绕组织目标的协调统一建立适应知识管理的组织结构、设立知识主管、建立组织知识库、创造尊重知识的组织内部环境、促进知识向内向外转移、加强管理组织的知识资产、注重结构性资本的积累、丰富员工知识、管理知识成果、建立递增效益网络、加大资金投入和建立评价系统。

(4) 知识管理实施方案

知识管理的成功实施，需要企业根据自身的特点，结合知识管理活动的内在规律，制定科学合理的实施流程和组织安排。其中，实施层面包括知识管理实施前如何做好知识管理规划、知识管理实施中经常遇见的问题及对策、知识管理实施后的效果评估。目前，已有众多的软件公司开发了功能各异的实施方案，如莲花公司、微软公司等。

(5)知识管理实施风险

随着越来越多的企业关注并实践知识管理,其背后隐藏的风险也越来越受到重视。国外的研究主要集中在知识共享的风险和障碍上。Davenport(1997)提出知识管理的"十律",着重分析了如何避免知识管理项目的风险。Stauffer(1999)认为,高级领导人以身作则,勤于学习新知识,乐于分享新观念与个人的经验和心得,作员工分享知识的表率很重要。Wah(1999)认为优异的知识管理企业应该招募具备团队合作、求知若渴并且好为人师特点的员工。Nonaka et al.(2000)指出,组织成员间分享内隐知识的前提是组织成员彼此之间应充满强烈的爱、关怀、信任与承诺,这样才会诱发组织成员分享内隐知识的行为。Ruggles(1998)经对实业界主管调查发现,知识移转最大的障碍是来自于组织文化层面,高达54%主管勾选此项。

中国的研究者从21世纪初开始对知识管理的风险展开了各种研究。黄立军(2002)、林莉(2003)将知识管理定义为一个伴随着风险的过程,其中蕴含着技术创新风险、人力资本流动风险、契约风险、泄密风险、时滞风险、道德风险;通过对这些风险的分析,总结并提出了知识管理风险防范体系,包括五大部分:提高风险防范意识、采用多样化的风险识别方法、适时的风险分析、制定有效的风险对策、即时进行风险监控。黄立军(2002)分析了企业知识管理风险预警指标体系,研究了企业知识管理的风险预警方法。

李建华(2002)重点研究了知识管理中的道德风险,他认为道德风险是一种本质性的风险,而非过程性的风险。要消除知识管理中的道德风险,必须对知识进行道德规范,使知识内容、知识主体、知识传播都符合道德要求。

储节旺、郭春侠(2003)提出企业在实施知识管理的时候,不能忽视其风险。知识管理的风险至少包括:投入风险、道德风险、流失风险、外溢风险、转化风险、成功风险、安全风险等。胡晓翔等(2003)将知识管理总结为与组织目标、文化、技术、知识资产、组织架构、评估与激励、财务等风险要素相关联的管理活动,并利用区间数方法来评估知识管理风险,还对如何控制知识管理风险提出了全面的策略框架。张昕光等(2003)基于黄立军等人的研究,采用了LWD算子和LOWA算子,给出了一种基于语言评价信息的多指标综合评价方法,该方法可以对企业知识管理的风险做出评价。

中国研究者对道德风险、流失风险、外溢风险的描述和研究,均显示出研究者过于从负面角度研究知识管理的倾向。对于知识管理风险的研究,也大多集中在静态研究上,即仅仅分析在某个具体时点下,知识管理所蕴藏的风险。知识管理项目开展的各个阶段,企业面临哪些风险,这些风险如何相互衔接构建风险链,企业如何才能控制这个风险链中的各项风险等,笔者即是从这些角度对其进行分析和研究的。

AMT研究院贾文玉认为知识管理项目的四个阶段蕴含着各种风险,他应用企业的五大管理要素模型(战略、组织、绩效、流程、文化)对这些风险进行描述和解析。如"表6-1"所示:

表6-1 知识管理项目的四大阶段

风险类型	知识管理项目的四大阶段			
	知识管理规划	知识梳理	系统选型与实施	持续改进
战略	战略支撑风险	知识遴选风险	项目控制风险	战略模糊风险
组织	组织设计风险	知识协同风险	系统支撑风险	组织涣散风险
绩效	变革推进风险	制度保障风险	制度保障风险	人员流失风险
流程	共识达成风险	流程调整风险	系统支撑风险	持续发展风险
文化	文化惯性风险	知识共享风险	系统使用风险	文化弱化风险

(6)知识管理实施评价

就知识管理评价的提法来看,知识管理评价文献包括:知识管理绩效评价、知识管理水平评价与审计、知识管理系统评价等方面。从知识管理的实施对象来看,知识管理评价文献包括国家机关、事业单位等公共组织(图书馆、医院、高校等)的知识管理评价、企业组织知识管理评价、知识型员工能力评价和知识主管素质与能力评价。从知识管理实施的环境来看,知识管理评价文献包括项目管理下的知识管理绩效评价、客户知识管理绩效评价、特定行业知识管理评价,以及知识供应链等背景下的知识管理评价。从知识管理评价的目的来看,知识管理评价文献包括:知识管理现状诊断、知识管理绩效影响因素识别、知识管理与企业核心能力关系分析等。这些理论在丰富和完善理论体系的同时,也给知识管理评价的实践者带来困难。

辛愚、李爱华认为有效实施知识管理的步骤有:认知、规划、试点、推广和支持、制度化,该模式比较适合中国的国情。①

就企业而言,还有很多学者对其知识管理实施进行了专门研究,比较有代表性的如:Wjgg(1999)提出了企业知识管理应该包含的主要模块:改革管

---

① 辛愚,李爱华.有效实施知识管理的步骤和方法.科技信息,2008(23)。

理体制,调查、绘制知识地图,制定知识策略;创建并详细说明与知识相关的方案和可行的初步方案,估算实施知识管理的初步方案的预期收益;将知识管理置于优先地位,确定主要知识标准,获得主要知识;建立集成的知识的转移计划,转换、散布和运用知识资本;建立与更新知识管理基础设施,管理知识资本;建立激励机制,调整企业的知识管理活动,促进以知识为核心的管理,监督知识管理。Rubinstein—Montano 和 Liebowitz 等人(2001)共同提出了一个较为详细的 SMARTVision 企业知识管理方法论,其主要步骤是:①决策:进行战略规划和商业需求分析,进行文化评估和建立激励机制。②建模:进行概念建模和物理建模。③行动:捕获、表示、存储、组合、创造、共享与学习知识。④调整:指导系统运用,进行知识审核和知识管理计算机系统审核。⑤传递:即发布知识。Jiang Wennian 和 Yang Jianmei(2003)提出了一个企业知识管理的十步骤模型:建立目标、确定范围、设计模型、制定方案、开发应用、颁布规范、执行流程、监督管理、评估总结和调整改进等。① 其实,企业知识管理的实施和一般组织的知识管理实施没有本质的区别。

6.2.4.3 知识管理实施环境

知识管理实施环境包括知识管理理念、激励机制、知识流程重组、客户知识管理、组织学习和组织文化。

6.2.5 知识管理层次理论

知识管理的层次理论包括个人知识管理理论、企业知识管理理论、政府知识管理理论和国家知识管理理论。

6.2.5.1 个人知识管理理论

理论上,个人知识管理可以归纳为两个主要领域:个人知识管理技能和个人知识管理技术。在今天知识竞争日趋激烈的社会,个体知识工作者(Individual Knowledge Worker)不断地需要在多台终端(比如 PC、手机、PDA)上,与多个人共同实现知识(信息)的捕捉、获取、分类、定位和分发。个体知识工作者(IKWs)之间的知识共享经常是跨越组织边界的。因此,个人的知识管理工具与上述的组织(通常是企业)的知识管理具有非常不同的特性。在个人群体的层面上,知识管理(P2P)通常被定义为文件共享、网络内容分发、协同工作和知识检索。潜在的个人知识管理(P2PKM,Technologies

---

① 司强,朱晓静.企业知识管理方法研究综述及展望.山东经济,2008(4)。

for Personal and Peer-to-Peer(P2P) Knowledge Management)应用包括:远程(电子)学习、实时协作和模拟实战、协同产品开发、商务过程自动化(BPA),以及电子商务(支付)体系。①

技能论者认为个人知识管理是个人知识管理技能。Dorsey 认为,个人知识管理可以看作一系列解决问题的技能,即个人知识管理技能(Personal Knowledge Management skills),"这些技能是 21 世纪成功地完成知识性工作所必须具备的"。一般可以概括和定义为以下 7 项核心个人知识管理(PKM)技能:重拾(重新找回)、评价/评估、组织、分析、表述、保护(防止知识泄漏)和(与他人)信息协同(共享)。其中,最后一项技能(信息协同)在技术上包括:勤于处理日常的电子邮件、视频会议和其他(电子)协作系统。

Hyams 则从更为宽泛的角度诠释了个人知识管理的含义,除了上述 Dorsey 所描述的信息方面的内容外,还包括时间管理、基础设施、组织工作等方面的技能。具体指:①时间控制;②工作空间舒适度;③快速阅读、备注和研究;④备案和文档管理;⑤信息设计(哪些信息有用,哪些信息无用);⑥有目的的写作;⑦知识/信息处理设施(通常指 PC 等 IT 设备);⑧知识/信息过滤技能。

经验论者认为个人知识管理是个人知识管理战略。Skyrme 也从经验方面定义了个人知识管理战略,包括以下内容:①明确自己的信息需求;②制定一个(知识)获取战略;③设定信息的优先级,确定哪些信息可以丢弃,哪些信息可以收取;④确定如何和何时处理手上的信息;⑤为需要归档和保存的知识建立规范;⑥创建个人的文件系统,可以兼顾(管理)自己的工作、生活和其他知识活动;⑦为不同用途建立信息目录(书签)和索引;⑧经常评估/评价所存储信息和目录的价值。

过程论者认为个人知识管理是对个人知识进行管理的过程。

个人知识管理(PKM)是一个连续的过程,如在日常活动中收集、分类、存储、搜索(检索)和重拾自己的知识。这些活动绝不仅仅局限于商业和其他工作任务,还包括个人兴趣、爱好、家居、家庭和休闲活动。

Frand 和 Hixon 曾这样定义个人知识管理:"它是一种概念框架,指个人组织和集中自己认为重要的信息,使其成为我们知识基础的一部分。它还提

---

① 李慷.关于个人知识管理(PKM)的一些基本概念(编译).博客网:http://www.blogchina.com,2003.11.9。

供某种将散乱的信息片段转化为可以系统性应用的东西的(个人)战略,并以此扩展我们的个人知识。"

6.2.5.2 企业知识管理

所谓企业知识管理,就是以企业知识为基础和核心的管理,是对企业生产和经营所依赖的知识及其收集、组织、创新、扩散、使用和开发等一系列过程的管理,也是对各种知识的连续过程管理,以满足企业现在和未来的需要,确认和利用已有的和获取的知识资产,开拓新的机会。企业知识管理要求企业把企业员工的个人知识转变成可以在企业内广泛共享和恰当利用的企业知识。

企业知识管理可以有两种不同的理解:一是广义地理解,认为知识管理是一种新型的管理模式,是以知识为基础的管理活动。它强调企业领导及员工对企业中各类知识的认识与学习,并将之作为企业各个环节运行的基础,在人们的思想中形成一种创新意识,以适应知识经济时代对企业发展的要求,是知识经济在企业管理中的具体化。二是狭义地理解,认为知识管理是企业现代管理中的一个内容,即设立一个知识总管,利用现代信息技术,对企业内部各方面的知识及员工培训进行管理,以使得各类知识得到有效的利用,并转化为更大的生产力。在知识经济时代,我们认为把知识管理理解为一种新型的管理模式更加合理一些。但不管如何理解,知识管理的出发点是把知识作为重要的资源,最大限度地掌握和利用它来提高企业的竞争力。

知识管理与传统的工业管理不同。我国学者跃清认为二者的主要差别如下:

①用知识的观点看组织,就会把人看作收益的创造者,其首要任务是把知识转化为无形的结构。而在工业时代的组织内,人则时常被简单地看成生产成本和生产要素。

②在知识组织内部,学习的目的是创造新的资本和程序,而不仅仅是运用新的工具和技术。

③在知识组织内部,生产流程是由观念驱动,并且有时是混沌不明的,这与工业时代生产流程中严格的前后次序和机器驱动形成鲜明的对比。

④工业时代的收益递减规律让位于知识递增规律,工业组织中的规模经济(economics of scale)让位于知识组织中的视界经济(economics of scope)。

⑤管理的权力基础取决于管理者知识的相对水平,而不是他们在组织中的等级职位。信息流的传递是通过可以分享信息的网络,而不是通过组织的

等级机构进行的。

企业知识管理不同于企业信息管理,也不同于人力资源管理。

一般所说的企业信息管理主要侧重于对企业信息的收集、检索、分类、存储和传输等,对信息管理者的创新能力并没有提出多少特殊的要求。而企业知识管理则要求将信息、员工与过程联系起来,进行大量创新。企业知识管理的目标在于运用信息进行创新。企业信息管理是知识管理的组成部分而不是全部。

企业知识管理强调人力资本管理和利用知识改变企业的经营方式以提高竞争力,这是信息管理所缺乏的。而人力资本的价值体现在人身上,人只能在某一时刻、某一地点从事某一件事,而知识一旦发明之后,可不断重复利用,因此,对企业员工的培训实际上是对人力资本的投资。另外,人力资本具有很大的私有性,而知识则有一定的公共性。但人是知识的重要载体,因此,人力资源管理是知识管理的重要组成部分。

6.2.5.3 政府知识管理

以劳力、资源为管理核心的传统管理正在被以知识为中心的知识管理所代替。企业知识管理理论的兴起直逼政府行政行为,要求政府行政管理与之相适应。

当前,企业知识管理理论与实践方兴未艾,企业知识管理理论首先在西方发达资本主义国家兴起,中国的跨国公司紧跟其后,正在逐步采用。企业知识管理理论既对政府行政管理提出了挑战,又为政府推行知识管理创造了条件。政府推行知识管理是行政管理理论与实践的创新,是对行政管理体制的改革,也是知识管理的必然发展趋势。

另外,随着经济全球化的发展,知识经济逐步成为我国经济发展的重要类型,虽然我国传统工业经济还会有一个很长时间发展才能完成,但是加入WTO以后,外国跨国公司将大举进入我国,国内以知识为主体的企业也会大大发展起来,我国传统的大型国有企业面临激烈竞争,将被迫采用现代管理方式——知识管理,以适应竞争要求。一旦企业大量采用知识管理理论,政府就不得不采用相应的知识管理方式与之相适应。而企业知识管理的一般原理和方法对于行政管理来说可以借鉴,政府采用现代企业的知识管理理论,就可大大提高政府管理的水平,促进政府行政管理上一个台阶。政府知识管理的推行,将是政府行政管理的一次新的理论创新和制度创新。

6.2.5.4 国家知识管理

知识管理是伴随知识经济时代到来而出现的一种新的管理形式,从研究领域上可分为宏观知识管理和微观知识管理。微观知识管理主要是组织层面的知识管理。宏观知识管理主要是指国家知识管理和部分政府知识管理,它是研究国家层面的知识化、知识资产存量的测算、知识创新体系构建与运作机制等。国家知识管理对微观组织知识管理会产生重大影响,如有制约、促进或引导等方面作用。

国家创新系统的根本目标是实现管理创新,建立起一个适应知识创新的系统,使知识在全国范围内通畅流动,充分共享,大力推进知识的生产、分配和应用,使经济发展真正建立在知识资源的最佳配置和合理运用上。从这个意义上,我们可以说,国家创新系统乃是国家层次上的知识管理。

6.2.6 知识管理战略理论

组织可以通过运用三种基本的知识管理战略实行革新,获得并保持竞争优势。这些知识管理战略是:知识创新、知识转移、知识保护。运用知识创新战略的组织着重于创新实践,并且致力于在创新群体内行成一种共识,以创造可以用来开发新产品和服务的新知识;运用知识转移战略的组织侧重于在组织内快速扩散知识,以尽可能快地充分利用这些知识,或将组织的知识冗余传递到组织外;运用知识保护战略的组织侧重于保护知识原来的和积极的状态(例如不使其缺失或变得可改变等),并防止其未经授权而转移向其他组织(例如运用法律或保密的手段)。根据 Holsapple 和 Joshi 的理论,这三种知识管理战略所涉及的知识处理活动有:①获取:在环境中辨别知识并转移这些知识,以为组织所用或内部化;②选择:在组织的知识资源内部辨认知识,以供使用;③内部化:通过吸收新的知识以改变组织的知识本质;④使用:形成新的知识,或是在组织外以一种有用的形式外部化某些知识。组织会侧重于哪些知识处理活动,关键在于组织将选择什么样的知识管理战略。①

对一些组织而言,知识管理战略的核心是信息技术。经过精心编码的知识储存在数据库中,组织员工都可方便地调用,我们称此为知识管理的"编码战略"。而在另一些组织中,知识跟开发人员密不可分,知识主要通过人员之间的直接接触实现共享。在这类组织中,电脑的主要作用是帮助人们交流,而非储存知识。我们称之为知识管理的"人格化战略"。选择组织的知识管理战略并不能随心所欲,而必须考虑组织服务客户的方式、组织的经济状况

---

① 樊治平,孙永洪.基于SWOT分析的企业知识管理战略.南开管理评论,2002(4).

及员工的具体情况。

一些咨询公司研究发现,如果组织在实施知识管理战略方面的重点不当,或试图同时推行两种战略,则组织实力很快就会受到削弱。

以下是三组相互矛盾并相互依存的知识管理战略管理模式:

6.2.6.1 变革型知识管理模式与持续型知识管理模式

在知识管理战略中,是对以往的知识进行深加工,还是把视角转向新知识的开拓,是知识战略所面临的重要问题。如果公司当前的知识存量和营造未来竞争优势所需知识并不相同,则决策人将面临两难境地。公司是否应继续深化以往公司成功所依赖的知识积淀?或者公司是否应改变其战略,开发其他类型的知识?实际上这是在持续性的知识管理战略和变革型知识管理战略之间进行权衡的问题,即在持续性和适应性之间、稳定性和灵活性之间进行权衡,是强化现有知识还是创新知识的问题。

所谓变革型知识管理战略就是怀疑和变革组织的基本假设,而持续性的知识管理是指逐渐地扩大组织当前的知识基础。这两者之间也需要做出一个权衡。从短期看,持续性的知识管理对现有知识的利用可能是最为有效的;但从长远看,变革型知识管理战略,即知识的开发对组织的成功又是必要的。如果组织太过于强调开发,将会使组织的开发成本巨大而收获无几;但如果组织过分注重于利用,则又会使组织陷入次优的稳定均衡状态之中。要同时取得这两者的长处是困难的。

如果把这两难困境和组织所在的行业特性及产业生命周期联系起来,这两者就会有机地统一起来。在快速而混乱、非连续、跳跃式的经济环境中重新定义和思考所有事物,是组织赢得优势的关键。它要求组织的所有成员以新的知识为基础,以行动和知识创新的更快的反馈循环来对这种全新的经济环境做出预先的反应。如不确定性、变数使得行业环境充满变数,则采取变革型知识管理战略是十分必要的,应尽可能避免对一种战略知识的过度依赖,尽力保持充足的灵活性。变革型知识管理战略没有否定每天渐进性的定位的价值,经历过显著的、不可持续的变革时期之后,持续性学习将有助于巩固转型性学习,从而巩固组织的竞争优势。在变革相对较慢的行业中持续性的知识管理是非常有效的。处在产业成长期的组织,行业标准已经成熟,主导技术已经成熟,技术标准相对稳定,行业进入渐进的创新时期。产品进入成熟期,意味着其中包含的知识成分和知识结构都趋于明晰和稳定,这使得编码成为可能,则主要应采取持续性学习知识管理战略。

戴尔实行的是编码化的知识管理战略。该公司向顾客提供的电脑不但价格低廉,而且是按照顾客在订单中指明的元件组装而成的。据统计,顾客订单中表现出来的元件组合方式有 40 000 种之多。按不同的组合方式装电脑需有不同的知识,不可能每个生产人员都能熟记,为此,戴尔公司投入巨资开发了知识管理系统(Koowledge Managment System),生产人员只需将顾客要求的组合方式输入该系统,如何组装这些元件的方法就立即显示出来。

HP 电脑公司(Hewlett Packard):该公司进行 R&D 投资,不断开发出新技术、新产品。为了使这些技术知识在遍布全球的各分部迅速推广,经理鼓励技术人员使用公司飞机直接去分部面对面地传授技术,以防技术失真。公司开发出的带有视窗操作系统和界面的电子示波器,其生产方法就是这样在全公司得到推广的。HP 实行的显然是人格化的知识管理战略。

6.2.6.2 单循环知识管理模式与双循环知识管理模式

(1)单循环学习和双循环学习概念

"单循环学习"和"双循环学习"的概念是哈佛经济学院教授 Chris Argyris 在他所著的《教聪明人如何学习》一书中提出的。

单循环学习(single-loop learning)可以比作一个自动调温器,当房间里的温度降至指定温度以下时,它就会自动升温,即单循环学习可以看成一件事物在物质世界中所经历的实现其自身功能过程的一部分。举例来说,商务流程是对员工在不同环境下如何作出反应而规定的商业规则,而不是经过编撰的简单的程序性的知识。员工从单循环学习中对各种事件产生感性认识,并根据商业规则的描述作出反应。这种方式可描述为认知—反映—调整的机械过程,是一种达标学习,适应性差。

假如自动调温器自动升温后,还会主动寻找是否有其他调温方法能更经济地实现房间加热的目标,这就是双循环学习(double-loop learning)。双循环学习除考虑规则本身外,还从构造上对单循环所引起的机械反应提出质疑。在 Chris Argyris 教授的例子中,双循环学习对低于指定温度以下环境作出的第一反应是衡量单循环学习中规定的解决方法的价值,其方法是看是否存在另一种替换方法,既能使温度回升,同时又更加简单。这种学习可描述为认知—反映—更经济的调整过程,是一种经济学习,适应性强。

(2)单循环知识管理和双循环知识管理

单循环知识管理:传统的知识管理认为从实践中获取的知识最有效,管理者们也尽可能地向他们的员工传递现有的组织规则。他们认为在尽量广的范围内普及组织规则有助于保证各项任务的有效实施,这使得管理者在管理活动中只关心技术的主要地位,而对怎样在适当的时间为适当的人提供适当的知识这个问题不够重视,是典型的单循环知识管理模式。

单循环知识管理可以看作个体行为,管理的对象是员工个体及其为完成工作而获取知识的程度(何时、何地),其中并没有提及组织学习,也不涉及知识创新和规则制定,局限于用技术解决问题,没有提升到组织层面的学习创新。这样的管理活动对日常的简单操作十分有效,但对真正意义上复杂的组织学习却几乎没什么价值。

双循环知识管理:在人类思维中,许多有效的构想都来自于双循环的思想,管理也不例外。双循环知识管理提供了一种以组织型双循环学习为理论基础的实施性战略。

正如双循环学习中提到的,组织中的员工在以常规方法解决问题之后会主动寻求更加先进的解决方法,并对这种新方法进行测试,综合评价其实际运用效果,以确认其是否较前者更具有优越性。活性组织(如人、动物、昆虫、团队、市场等)都保留着一个活性指令集,即知识管理中的知识集。知识集的成分是不断变化的,活性组织通过产生新指令、剔除旧指令,不断更新,从而实现知识创新,使活性组织更具有活力。这都体现了双循环管理的思想。一个公司进入市场后,如果很少对其运营方式进行调整和优化,则很容易造成组织的僵化和市场竞争力的衰退;相反,不断创新的公司则从本质上具有适应不同自然变化的能力。由此可见,组织的灵活性在相当大程度上取决于该组织学习体系的运作情况。

与单循环管理不涉及组织层面的学习相比,双循环知识管理则与组织知识的产生密切相关。该管理思想认为:一个组织的知识和学习环境应当明晰化,管理也应当明晰化,由组织中专门的学习/知识机构负责对认知体系进行规范并加以维护。伯明翰 AL(美国职业棒球俱乐部联盟)提出的"知识收割机"理论提供了一种系统的方法。该方法将描述型知识和过程型知识归纳为一种统一的形式,不同情况下这种形式可转化为多种表达方式,或保存为一条实践知识记录。当一个很有价值的员工即将离开的时候,他身上的隐性知识很难被保存下来而继续在组织中传播,这时候这种工具的作用就显得特别突出。这种对专家隐性知识的一次性转化和编码,不仅使他与其他同事共享不可见的知识变得更加容易,也减少了专家辞职时对公司知识总量造成的损失。此外,双循环知识管理还强调在适当的时间为适当的对象提供适当的知识。

简单地说,双循环知识管理很好地将组织学习与组织文化、运作规则及信息技术融合起来,保证了组织旺盛的生命力。我们可以用"图 6-2"简单地区分两种管理模式。

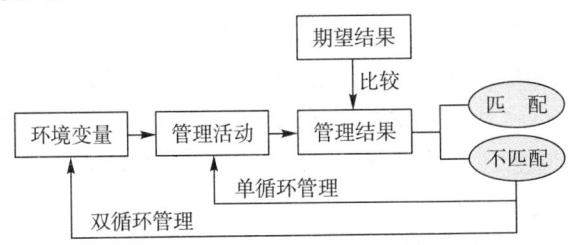

图 6-2　单循环与双循环识管理战略模式

6.2.6.3　法典化知识管理与人格化知识管理

Morten T. Hansen、Nitin Nohhia 与 Thomas Tierney 等人在考察了咨询、医疗保健服务和计算机等数个行业不同公司的知识管理实践后,提出存在两类知识管理的策略,分别对应着法典化知识管理模式和人格化知识管理模式。

(1)法典化知识管理模式和人格化知识管理模式

所谓法典化知识管理模式是指知识与知识开发者剥离,以达到知识独立于特定的个体或组织的目的,而后知识再经仔细地提取、进而汇编成法典并存储于数据库中,以供人们随时反复调用的模式。当今社会的知识种类庞杂、存量巨大、更新速度快,如果仅仅让消费者和厂商自己学习、收集所需要的知识,是不可想象的。知识编码因为规模宏大、技术先进,大大节约了收集时间,降低了收集成本,具有显著的比较优势。

戴尔公司虽然消耗巨资开发了容有 40 000 种(竞争对手为 100 种)组装技术的知识管理系统,但公司的销量十分大。例如 1997 年为 11 000 000 台,这意味着,平均每种组合方式一年内使用了 275 次。很显然,每使用一次分摊到的成本几乎是微不足道的。1999 年,该公司销售收入为 411.9 亿美元,近年来该公司利润每年以 83% 的速度增长。爱克思公司开发的门诊决策集成系统也颇为类似。据统计,这一系统的每项记录一年内使用达 8 000 次之多,使得每一次电话咨询收费十分低廉,因此,吸引了不少顾客。该公司占到了电话求医市场(Call-in medicine care)的 50% 份额。利润每年以 40% 的速度增长。

昂德森咨询公司(Andersen consulting)投入巨资开发出先进的电子文

件系统。该系统可以迅速将公司成员的知识及他们从外部收集到的知识进行编码、储存,成为文件数据库(Ducumen Database)。这些知识可被公司所有人员通过计算机直接调用,不必管这些知识的来源人是谁。他们多雇佣善于收集知识、使用知识、执行决策的人员,特别是刚毕业的大学生。相应地,对员工的报酬也是基于他们为文件数据库增加了多少知识,从中使用了多少知识而发。通过这些知识的重新利用,使该公司能为顾客提供标准化、高质量、快捷的咨询服务。昂德森的利润也因为知识的重复利用而每年以20%的速度增长。

安永公司企业知识中心的主任拉尔夫·普勒曾如此描述法典化知识管理模式:在剔除掉客户敏感信息后,通过将文档中零碎的关键知识,如面谈指导、工作日程、标靶数据和市场划分分析等加以汇总,并储存在电子知识库中,从而创造出"知识客体"。这种方法使许多人可以搜寻和提取到经过编辑的知识,而无需与最初的开发者接触。这就使知识得到了反复使用,促进了组织的成长。安永公司的主管人员为了确保法典化知识管理模式能高效率地进行而投入了巨资。企业知识中心的 250 名工作人员管理着电子知识库,并帮助咨询员寻找和使用有关信息。由专家撰写许多团队都能使用的报告与分析。在安永公司 40 多个实践领域中,每个领域都有一位专门的雇员帮助编辑和存储文档,由此产生的数据库通过网络来联接。安永公司的一个合作企业想要建立企业资源计划系统(ERP),但它没有独立制作,而是寻求安永的帮助,因为安永经常帮助其他企业建立这样的系统,具备这方面的经验,熟悉这种系统的成本状况、收益情况。在安永的帮助下,该公司只用 6 个月时间就建立了这样一个系统,而且非常成功。

如果说编码管理模式是从成本角度为顾客创造了价值,那么,人格化管理模式则主要是从效用角度达到这一点的。所谓人格化知识管理模式是指知识与其开发者紧密地联结在一起,知识主要通过直接面对面的接触来进行共享的管理模式。计算机在这类公司被使用的目的是帮助人们更好地沟通知识,而不是简单地存储知识。

有些顾客,比如 M.S.K 癌症中心的病人、麦肯锡公司的合作企业,他们往往要享用内容复杂、学科交叉、当前最新的知识。但是,一方面,这些知识的所有人一般非常少,如不依靠组织而是个人雇佣,将会成本太高而不现实;另一方面,因为信息不对称,他们并不知道哪些人真正拥有这些知识,有可能出现逆向选择(adverse selection)。他们也不知道这些"知识垄断者"会不会完全地、正确地使用相关知识，有可能出现道德风险。他们根本不知道自己具体需要哪些知识的服务。例如，一个癌症病人可能并不知道基础学科的新突破对他的治疗会很有意义。而这些方面正是人格化知识管理模式的主攻方向、核心内容和优势所在，它为这些顾客享用社会稀缺知识提供了机会。另外一些顾客希望自己购买的产品使用了不同于其他产品的知识，以满足他们个性化的需求。人格化管理模式在这方面的优势是明显的。

在医疗保健领域，一家电话医疗中心（Access Health）通过建立一个包含有500多种疾病症状的算法库，来向打进电话的求医问药者提供诸如在家治疗、医生登门和安排急诊等多种服务建议而大受欢迎。采用高度人格化知识管理模式的纽约斯隆—凯特灵癌症中心，则向癌症患者提供最好的，也是最用户化的建议与诊疗。该中心为确保研究人员之间、研究人员与临床医生之间，以及不同科别的临床医生之间知识的有效传递，采取诸如同一小组人员安排在医院同一区域工作，以及每一小组每周必须召开主题涵盖基础科学创新、临床调查结果、病人护理和正在进行的研究等内容的若干次全体人员例会，来大力强调面对面的直接沟通。全体工作人员根据癌症种类分成了17个小组，其中，在乳腺癌这个专业小组，就有包括肿瘤专家、外科医生、放射理疗师、心理学家和其他专业人士在内的40名专家。

为了让人格化的策略行之有效，像Bain这样的公司都花重金建立人员网络系统。知识不仅仅通过面对面的方式实现共享，还通过电话、电子邮件和视频会议等形式进行共享。麦肯锡公司则通过多种方式来培育网络系统：办事处之间的人员调动、支持咨询员立即给同事回电话、创建专家目录及在公司内使用咨询督导员等办法。这些公司也都发展了电子文档系统，但目的并不是提供知识对象，相反，咨询员浏览文档是为了迅速地切入某个特殊领域，发现谁曾在某个领域或专题上做过，这样，他们就能直接与这些人接触。

人格化模式强调投资人力资源，大力引进国内乃至世界一流的专家、学者，并花费巨资鼓励他们直接与公司其他人员和顾客进行交流，以便传播他们的知识。这些专家学者的知识非常复杂、博大精深，相对于社会总需求而言，这些专家极为稀缺。麦肯锡公司经常帮助顾客进行业务的区域拓展、国际拓展。为了论证拓展方案的可行性，麦肯锡常请经验丰富的生产线拓展专家，如对相关行业的历史、现状和发展趋势非常熟悉、富有远见的资深人士；对拓展地文化、风俗、价值观念非常熟悉的人文学家；还有熟谙当地法律法规的律师，以及世界一流的区域经济学家。有这些人的深谋远虑、周密论证，显然极大地减少了拓展方案的风险。

(2)法典化知识管理模式和人格化知识管理模式的经济原理

遵循法典化知识管理模式的公司依赖的是"反复使用的经济学"。一旦知识资产,如软件编码或手册开发出来,且每次使用时又无须大的修改的话,就可以以较低的成本反复多次地使用。知识存储在电子知识库中,它能被许许多多的咨询员在多种工作中使用。知识的反复使用节省了工作量,减少了沟通的成本,从而允许公司去接手更多的项目。

与此相反,人格化知识管理模式依赖的是"知识经济学"的逻辑。战略咨询公司向客户提供的建议是那些丰富的、难以言表的知识。共享深层次知识的活动是极花时间的,是昂贵和缓慢的,且不能够被系统化,因而效率较低。

拜恩(Bain)、波士顿(Boston)、麦肯锡(Mckinsey)咨询公司:它们只投资少量资金于信息技术,旨在建立诸如"寻人数据库"(People Finder Database)之类的系统,以求迅速发现谁在哪方面"有丰富的知识。这些人的知识通过头脑风暴会议或一对一交流得到传播。它们多雇佣拥有丰富知识、善于分享知识、能够解决问题的人员,特别是一流学校的 MBA。相应地,对员工的报酬也是基于他们与其他人直接分享了多少自己的知识而定的。该公司为顾客提供高度个性化、富有创造性、针对重大决策的咨询服务。这就意味着:①在这些公司中咨询员与合伙人的比率是相对较低的,Bain 公司与麦肯锡公司的每个合伙人大约有七个咨询员为其效力;②要想在短期内雇佣到许多新的咨询员是十分困难的,因为对每位新人都需要进行一对一的培训。这类战略咨询公司在实践中往往会发现:如果不以牺牲用户化的方法为代价的话,就很难实现快速增长。然而,高度用户化方案的提供,使他们比那些提供标准服务的公司能够收取更高的费用。例如,1997 年,一位麦肯锡公司的咨询员的每日费用为 2 000 美金,而在安德森咨询公司,这个数字仅略高于 600 美元。

由上述可知,法典化知识管理模式与人格化知识管理模式存在一些差异。无疑,明了这些差异,将是正确选择的前提和基础。如在计算机领域,德尔公司采取的就是法典化知识管理模式,而惠普公司采取的则是人格化知识管理模式,他们所取得的成功都是有目共睹的。

6.2.6.4 关键知识管理模式

关键知识管理模式是指不同组织根据自身的特点,强调组织中某一个或

某几个关键问题,并对其进行管理(流程、环节、制度、资源等)的一种知识管理模式。主要表现为:

(1)把知识管理作为企业经营战略

这是一种在全企业范围内实施的综合性战略计划。采用这种战略的企业认为知识管理是企业长期发展和竞争能力强的关键,他们通常把知识视为产品,对知识实施有效管理将对企业的赢利甚至生存产生直接的积极影响,因此不遗余力地推行知识管理战略计划。

(2)知识与最佳实践的转移战略

这是最为普遍的知识管理战略计划。它通过建立获取、重建、储存、分配知识系统和方法,把知识融入企业的产品和服务中,达到减少生产周期、降低生产成本和增加销售的目的。采取这种战略的公司认为这样能够使他们大大地减少周转时间和成本,增加销售量,"并更有效地用组织的知识瞄准客户的需求"。该战略强调以团队精神、客户关系和网络设施作为知识转移的基础,并采用多种措施鼓励知识转移,优化实践活动。

(3)以客户为中心的知识战略

采用这一战略的目标是捕捉、开发和转移知识,并理解客户的需求、偏好和业务,提高企业的核心竞争力。这一战略认为要从顾客那里学到东西,对顾客了解得越多,解决他们的问题也就更有效。

(4)建立员工个人对知识的责任感

人的知识和智力是唯一在使用过程中不被消耗且可以通过积累和创新而不断增殖的资源。员工智力资本战略鼓励和支持员工树立对识别、保持和扩展自身知识和能力及更新和共享知识资产的责任感。该战略依靠个人的主动性,通过企业的支持使员工个人对确认、维持、扩展他们自己的知识,以及更新、分享他们的智力资产负有责任感。要求企业必须建立鼓励知识和智力活动的激励机制,建立包括知识和能力的个人业绩评估体系。此外创建有利于尊重知识、尊重人才和知识共享的企业文化,也是该战略的主要内容。

(5)智力资产管理战略

这种战略的重点集中在更新、组织、评价、安全保护,以及充分发挥企业自有的专利、商标、技术诀窍、经营管理经验、客户关系、企业文化、企业组织体系等的可利用性,并使其市场化。发挥无形资产的作用是该战略的目标,管理的重点是对无形资产的组织、更新、评估、保护、增殖等。

(6)创新与知识创造战略

创新是一个民族、一个国家及一个企业兴旺发达的真正动力和不竭源泉,是知识经济的基本特征之一。这种战略强调通过基础研究与开发、应用研究与开发来创造新的知识。因为知识的发展是呈螺旋式上升的,要不断地发现和创造知识。这些企业认为,创新是他们成长的核心,独特的知识和专家经验增强了他们在市场竞争中的能力。只有进行新知识的创造和新技术的开发活动,进而不断完善和提高自身的核心竞争力和核心运作能力,才能使企业立于不败之地。

7 知识管理学学科体系的构建探索

学科体系问题对任何一门学科的存在与发展来说,都是至关重要的,它在一定程度上体现着研究主体对自己所从事的研究对象范畴、方法的认识程度,反映着该门学科的成熟程度。知识管理作为一门新的管理科学,其本身的知识体系和学科体系需要研究。因此,对知识管理的学科体系的研究是知识管理现在尤其是未来研究的主要领域之一。①

7.1 知识管理学学科体系构建的必要性和可能性

7.1.1 知识管理学学科体系构建的必要性

邱均平等所撰的《论知识管理学的构建》是国内较早探讨知识管理学科体系构建问题的论文之一。他们认为建立知识管理学具有实践意义、理论意义和科学意义,知识管理学的产生有其经济、技术、实践、理论、学科和教育方面的背景。②

赵涛、奉继承指出,知识管理作为一门新的管理科学,其本身的知识体系和学科体系需要研究。在理论和实践上,CKO 和 KME 需要什么样的培养课程,在教学上知识管理与我们现行的管理科学与工程、工商管理等专业或学科是什么关系,这些都是在知识管理的科研和教学过程中必须解决的问题。

随着知识经济时代的到来,知识资源将逐渐成为社会和经济发展的主要

---

① 赵涛,奉继承.知识管理的进展和研究方向. http://fengjicheng.bokee.com/2461904.html。
② 邱均平.论知识管理学的构建.中国图书馆学报,2005(5)。

资源,知识管理成为继科学管理之后管理学发展的又一次变革,创建和完善知识管理学科体系,不仅是理论上的需要,更是实践上的需要。

7.1.2 知识管理学学科体系构建的可能性

7.1.2.1 知识管理的理论研究和实践十分活跃

20世纪60年代初,管理学大师彼得·德鲁克提出了"知识管理"这一具有重大意义的概念。80年代以后,彼得·德鲁克陆续发表了大量相关论文,尤其是其所著《知识管理》一书,对知识管理学研究起到了重要的奠基作用。另外,被CIO杂志评为"新经济时代的10位大师"之一的美国知识管理权威学者托马斯·H·达文波特与其合作者的力作《营运知识》,被视为一本关于知识管理的权威性著作,在知识管理的工程实践和知识管理系统方面做出了开创性的工作,提出了知识管理的两阶段论和知识管理模型,这是指导知识管理实践的主要理论。其更突出的贡献是鼓励企业评估和管理人力资本,并为知识管理学创立了一系列经久不衰的专用词语和概念。①

知识管理的理念和实践始于20世纪80年代,进入90年代以后,知识管理成了学术界和企业管理界的极为热门的话题。1997年,英国出版商艾默德(Emerald)出版了第一种知识管理的专业期刊——《知识管理杂志》(Journal of Knowledge Management),随后出现了许多与知识管理有关的网站和杂志。20世纪90年代中后期,"知识管理"在美、英等西方发达国家的组织中得到了高度重视,许多公司逐年加大对知识管理的投入,每年度国际上还举办"世界最受赞赏的知识型公司(The Most Admired Knowledge Enterprises, MAKE)"活动。②

我国对知识管理学的研究始于1998年前后。1995年至1997年,仅有极其少量的论文发表;到1998年,我国发表的有关知识管理的论文迅猛增长。1998年、2001年、2006年是知识管理研究的三个重要年份,分别突破了百篇、千篇和两千篇论文的大关。1998年,我国第一个知识管理专业网站《中国知识管理网》(www.ChinaKM.com)建成并开通。而我国的知识管理应用基本上是始于2000年,2005年《IT经理世界》、《计算机世界》、《首席财务官》

---

① 马海群.知识管理学科建设的若干基本问题思考—兼评《知识管理学》.图书情报知识,2007(9).

② 杨建秀.论知识管理学的创生和发展,大连理工大学硕士论文.2005.12.

及计算机世界网等媒体与国内知识管理领域的领头羊深圳蓝凌公司在京共同推出了"2005中国知识管理调查报告"。

统计显示,目前我国有关知识管理学的研究机构、发表的论文、著作已蔚然壮观,并在迅猛增长(见表7-1)。建立知识管理学的条件已经成熟。

表7-1　1995—2007年国内有关知识管理的文章数

(以关键词检索,所选数据库:中国期刊网)

年份	1995	1996	1997	1998	1999	2000	2001	2002	2003	2004	2005	2006	2007
文章数	2	10	11	183	564	821	1097	1330	1735	1842	1881	2123	2206

注:由于检索的时间、选取的检索口径不同,数据可能会不完全一致。

7.1.2.2　知识对经济的贡献率持续上升,以知识为管理对象和基础的知识管理作用日益凸现

发达国家知识技术对经济增长中的贡献率20世纪初为20%,五六十年代为40%~50%,现已上升到80%。政府部门、企业单位、社会团体、学术组织和社会个体等所从事的科学管理活动都有知识的影子。[①]一切管理都是以知识为基础的。知识管理是指以知识为核心的管理,它通过知识共享与运用集体的智慧而提高组织的应变和创新能力,包括知识搜集、组织、创新、扩散、利用和开发等管理过程。

知识管理是管理领域的一次新的革命。正如管理大师彼得·德鲁克所指出的:"如果说工业经济之初诞生的科学管理是企业管理的第一次革命,那么在人类走向21世纪,也是知识经济来临之际,全球的企业管理将迎来第二次革命——知识管理。"人们普遍认为,经济学是经世之学,那么管理学则是致用之学。当代管理科学面临着寻求理论突破与发展的新任务。[②]这是知识管理学科的历史使命。

7.1.2.3　集成各相关学科的知识管理研究是知识管理学学科发展的必然趋势

学科发展的历史表明,一个学科的成熟将会引发这个学科与相关学科的集成。知识管理就是这样的一个科学研究领域。知识管理应用领域十分广泛,很多学科都有"知识"研究热点。譬如,经济学看中知识资源,社会学青睐知识制度,管理学热衷知识管理,法学突出知识产权,历史学挖掘知识文献。

---

① 庞跃辉.知识贡献取向:按"知"分配新探.深圳大学学报(人文社会科学版),2001(3)。
② 汪克强.管理科学面临新挑战.中外管理导报,2002(8)。

知识管理学是新生学科，必然涉及对诸多学科知识管理的整合与优化。①

7.2 目前对知识管理学学科体系的探索

7.2.1 对知识管理学学科来源及相关学科的探索

杨建秀认为，作为一种理论，知识管理学主要来源于知识科学、管理科学，还包括思维科学、社会科学、数学等。知识管理的相关学科包括：①图书馆学、情报学、信息管理学；②企业管理学；③人力资源管理学。

张金科、江保红认为，知识管理的内容有：①知识创新管理；②人力资源管理；③知识传播管理；④知识应用管理；⑤知识网络环境管理；⑥知识产权保护管理②。

王方、杨斌等认为，知识管理的内容应当包括：①知识的识别、获取与积累；②知识的传播；③知识编码；④知识编码共享与交流；⑤知识管理的技术；⑥知识管理的效益及其评估方法；⑦知识管理与企业文化。

刘林清、潘春蝶对知识管理的学科来源研究比较详细，他们认为，知识管理是一新兴学科，其研究者来自计算机、信息科学、管理学、经济学、社会学和哲学等。由此形成了知识管理学的知识体系：①知识作为企业能力，理论来源是战略理论；②基于创新和变革的企业经济学，理论来源是进化经济学；③组织信息处理和IT对知识管理的支持，理论来源是组织理论，特别是信息系统理论；④组织学习和学习型组织，理论来源是组织理论，特别是组织行为理论；⑤情景学习与实践社群，理论来源是教育理论；⑥知识交流、转移和复制，理论来源是组织内知识转移理论；⑦知识管理实践，理论来源是管理的经验学派理论；⑨知识哲学，理论来源是哲学中关于知识本质的认识等。③

邱均平认为目前国内外学者从学科角度对知识管理学的研究主要是从以下几个方面展开的：

①从研究方法看，大体可分为侧重于计算机与人工智能等信息技术手段的研究、侧重于从人文、社会与经济管理等角度进行的研究。

---

① 龚蛟腾：知识管理学：图书馆学之上位学科，中国图书馆学报，2006(165)。
② 张金科，江保红.论21世纪的知识管理.兰州铁道学院学报(社会科学版)，2001(2)。
③ 刘林清、潘春蝶.论知识管理研究的知识基础和主要研究领域.图书情报工作，2005(3)。

②从研究的对象看,也大致包含了两种类型:一类倾向于把知识看作相对稳定的实体,知识的管理则更多地涉及对知识内容的管理、维护与应用;另一类研究更多地强调知识的动态特性,因而知识管理更多涉及对与知识相关的过程(知识的创造、共享、传播与应用等过程)的管理;

③从研究学派看,目前对知识管理学的研究可以分为三大学派:即技术学派、行为学派和综合学派。

虽然学者的观点不同,但一般都认为,知识管理涉及的学科主要有:计算机科学(主要是知识管理技术层面)、信息管理学(主要是知识管理流程层面)、教育管理学(主要是知识创新和组织学习等层面)、人力资源管理学(主要是知识共享、隐性知识转移、知识管理文化与激励等层面)、科技管理学(知识创新、技术创新、知识产品生产等层面)。

7.2.2 对知识管理学学科体系构建的探索

邱均平教授认为,知识管理学学科体系可以从以下几个分类的角度去构建:首先,知识管理学可分为宏观知识管理学和微观知识管理学。其次,知识管理学可分为广义的知识管理学和狭义的知识管理学。第三,知识管理学还可分为理论知识管理学、技术知识管理学和应用知识管理学。

盛小平认为,知识管理的内容体系包括七大方面:①知识生产管理;②知识组织管理;③知识传播管理;④知识营销管理;⑤知识应用管理;⑥知识消费管理;⑦人力资源管理。①

姜冬云认为,知识管理学包含的内容有:知识管理目标、知识管理职能、知识管理手段、知识管理的组织形式、知识产权管理、知识管理的方法和技术、知识产品的经营。②

杨建秀认为,知识管理学学科体系主要包括三个层面:理论层面、技术层面和应用层面。具体内容是,①理论层面:知识管理学的概念、研究对象、内容体系,知识管理学的学科背景、学科定位、学科性质等;②技术层面:知识管理与信息技术的关系,如人工智能技术、计算机网络技术、知识挖掘技术、专家系统和知识库等;③实践层面:关于知识管理的应用和案例的研究。主要研究知识管理在各个微观层面的应用及成功案例。进一步,知识管理学科体

---

① 盛小平.试析知识经济时代的知识管理.情报资料工作,1999(5)。
② 姜冬云.论知识管理学的学科体系.长春大学学报.2006(16)。

系可以从两个角度构建：

①知识管理学可以分为宏观知识管理学、中观知识管理学、微观知识管理学。其基本结构为：

• 宏观知识管理学：知识管理战略、知识管理政策、知识创新管理、科学技术创新体系、知识系统工程、教育与知识人才培养、知识管理环境。

• 中观知识管理学：工业知识管理、高新技术产业知识管理、农业知识管理、知识产业知识管理……

• 微观知识管理学：个人知识管理、政府知识管理、高校知识管理、企业知识管理、图书馆知识管理……

②知识管理学也可以划分为理论知识管理学、技术知识管理学、实践知识管学。

• 理论知识管理学：知识理论、知识管理理论、知识创新管理、知识资源管理理论、知识管理系统、知识系统工程等。

• 技术知识管理学：知识管理系统、知识工程、知识挖掘、知识仓库、知识地图、知识网络、知识计量、知识审计、知识工具、知识管理方法论等。

• 实践知识管理学：知识管理与电子商务、电子商务、教育、虚拟企业、图书馆管理、知识服务、咨询服务和知识管理咨询等。

党跃武认为，知识管理的内容体系包括四大方面：①知识管理基础工作，包括知识管理规划组织和知识管理政策制定；②知识资本识别和维护，包括知识资本识别、知识资本审计、知识资本体系构建和知识资本体系维护；③知识资本开发和创新，包括知识管理系统建设和知识资本价值开发；④知识管理成果评价，包括知识管理系统评价和知识服务体系评价。①

卢海平，张建军认为，在知识管理中：①知识的采集、加工、积累和评估是知识管理的基础；②知识的交流、传播和共享是知识管理的目标；③知识的转化、应用和创新是知识管理的核心；④知识资源的输出是知识管理的最高境界；⑤观念更新与组织创新是企业开展知识管理的前提；⑥建立团队学习文化，构建学习型组织是知识管理得以长期开展并发挥作用的保证；⑦现代信息技术的发展使推广普及知识管理成为可能。② 所以，知识管理不仅包括了

---

① 党跃武.略论现代社会组织的知识管理.图书情报知识，2000(3)。
② 卢海平，张建军.创建知识管理学科体系培养知识管理专业人才.辽宁高职学报，2003(5)。

知识管理的流程,还包括与其相关的一些要素,如文化、技术、观念等。

王方等认为,知识管理包括的内容体系有:知识管理基本概念、知识管理的战略地位、知识管理的核心内容(即知识管理的流程)、知识编码、知识管理的技术、知识管理的效益及其评估方法、知识管理与企业文化。[①]

从知识管理的范围来看,我们认为知识管理学的内容体系应该分为理论、方法技术、应用三个部分。这三个部分共同构成了知识管理学研究的内容体系,成为一个整体。从层次看,知识管理包括微观、中观和宏观三个层次的知识管理。

7.3 知识管理学学科体系构建的实践及评析

在知识管理学学科体系的构建过程中,学者们不仅从上述的理论方面做出了积极的探索,还在实践中,尤其是在各种专著和教材的撰写过程中进行了可贵的尝试。由于篇幅所限,笔者仅分析有代表性的几部。

7.3.1 国内典型知识管理学学科体系分析

7.3.1.1 邱均平提出的知识管理学学科体系

邱均平教授是较早从事知识管理研究的主要学者之一,至2010年底,他已有23篇知识管理方面的论文被CNKI收录,收录量排在第六位。2005年,他发表的《知识管理学学科体系研究》是国内第一篇系统探讨知识管理学学科体系的论文。2006年3月,他主编的《知识管理学》由科学技术文献出版社出版。书中明确提出"知识管理学"概念。从理论、方法、应用3个角度构建出了知识管理学的学科体系,具体、系统、详尽地介绍了知识管理学的相关基本问题,[②]包括该学科的理论基础、工具与方法、实践应用及案例分析等。该书的体系脉络同样是采用了"理论—方法—应用"的路线,包括知识管理的基本问题与概念、知识管理技术、方法和工具、知识管理系统、知识管理应用,政府、企业、图书馆、个人层面的知识管理,知识管理与电子政务、知识

---

① 王方,杨斌,毛波,赵纯均.知识管理:管理教学的新领域.清华大学学报(哲学社会科学版),2000(5).

② 戴文涛.内部控制学科体系构建.审计与经济研究,2010(2):80—86.

创新、教育的关系,如图 7-1 所示。该书的特点在于全面论述了知识管理在政府、企业、图书馆和个人层面的应用问题,在知识管理的实践方面也介绍了电子商务、知识创新和知识管理与教育。但该体系有待讨论的地方是该书用两个章节分别介绍知识管理和知识资源管理。同时,该书对信息技术和知识管理技术分别进行了介绍,使得信息技术和知识管理技术的通用性被忽略。其实,知识管理技术的本质就是信息技术,是以信息技术为基础的。而对知识管理实践方面的介绍,仅仅强调知识创新、电子商务、教育和知识管理的关系三个方面显然是不够的,存在进一步完善的空间。[①]

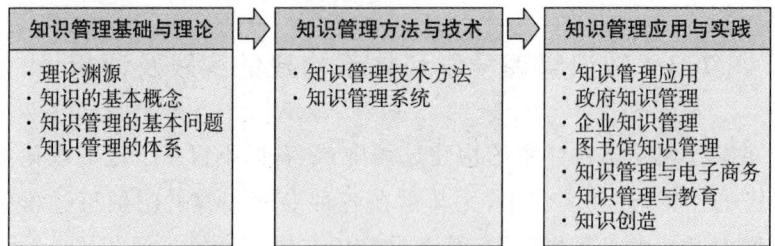

图 7-1 邱均平构建的知识管理学科体系

7.3.1.2 柯平提出的知识管理学科体系

柯平老师作为知识管理领域重要的学者,至 2010 年 12 月,已有 19 篇知识管理方面的论文被 CNKI 收录,收录量排在第十位。2007 年 7 月,其主编的《知识管理学》由科学出版社出版,这是国内第三本以"知识管理学"命名的知识管理研究领域的专著。此书同样系统地阐述了"知识管理"的基本概念、理论与原理,探讨了知识管理的基本思想,构建了知识管理的理论框架。全书分为上中下 3 篇,分别介绍了"知识管理理论"、"企业知识管理"、"社会知识管理"。其具体内容有知识管理的基本问题、理论渊源、知识管理体系、企业知识管理、知识共享、知识资本、知识管理的审计和评估、首席知识官、知识管理系统、技术、方法和工具,知识管理实施、知识组织与传播、知识产品与销售、公共知识管理、政府知识管理、国家知识管理和知识战略,如图 7-2 所示。此书特色在于集知识性、理论性、应用性于一身,首次提出了从公司治理视角入手的知识管理学学科体系构建的问题,提出了以知识治理为核心的知识管

---

① 邱均平.知识管理学.北京:科学技术文献出版社,2006。

理学学科体系。总之,此书是知识管理理论与应用的集成之作,创新之作。①

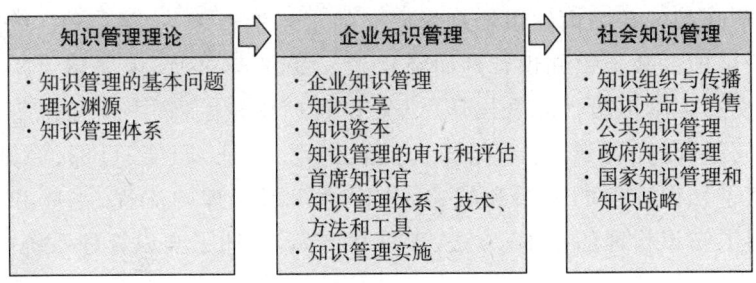

图 7-2　柯平构建的知识管理学科体系

7.3.1.3　盛小平构建的知识管理学科体系

盛小平教授在 2010 年以前有 16 篇有关知识管理研究文章被 CNKI 收录。2009 年 7 月由他主编的《知识管理:原理与实践》由北京大学出版社出版,这也是知识管理领域较新的教材之一。该书在深入、系统地阐述了知识管理原理与实践的同时,融入了知识管理理论研究的最新成果。② 通过梳理知识管理的发展历程,深入分析了知识管理成功的关键因素。此书最大的特色在于以案例为线索,汇集并分析了 22 个知识管理领域的典型案例,以此阐述知识管理的主要活动与辅助活动、知识管理战略等问题,设计了客户知识管理的具体实施途径,并且对知识管理的绩效评估与审计指标、方法及知识管理技术做了详细的说明。如图 7-3 所示。③

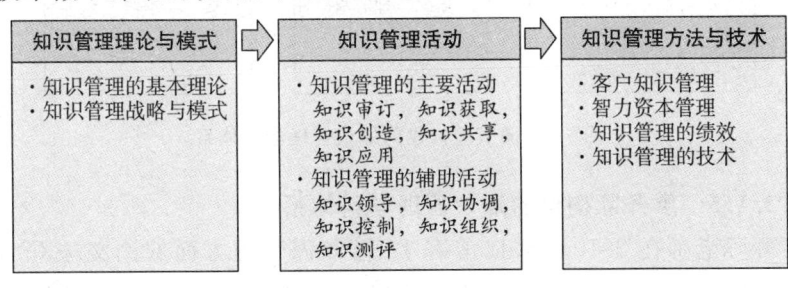

图 7-3　盛小平构建的知识管理学科体系

---

① 柯平.知识管理学.北京:科学出版社,2007。
② 李新祥.试论出版学的学科体系.科技与出版,2009。
③ 盛小平.知识管理:原理与实践.北京:北京大学出版社,2009。

7.3.1.4 储节旺提出的学科体系

储节旺教授是国内知识管理学研究的主要学者之一,在 CNKI 的数据库中,收录了他的数十篇知识管理研究文章。2006 年 3 月,由清华大学出版社和北京交通大学出版社联合出版了《知识管理概论》。该书从知识管理的相关基本问题(时代背景、理论渊源、内涵、作用、特征、职能、目标、原则等)入手,探索了知识管理的体系和战略,分析了知识管理的流程、主体和组织结构,介绍了知识管理的技术、方法、工具和产品,阐述了知识管理系统的建设、实施的程序、策略和环境建设方法,最后论证了知识管理在个人、企业、政府、国家层面的应用。该书的基本脉络是"理论—方法—应用",其特色是从微观到宏观、从理论到实践系统地介绍了知识管理的基本内容。① 2008 年,他发表了《知识管理学科体系构建研究》一文,分析了主要学者的代表著作中的体系结构,在论述了学科体系构建主要注意的问题的基础上,构建了理论、技术方法和应用三个层面,包括知识管理基本问题、知识管理理论渊源、知识管理流程、知识管理战略、知识管理制度,知识管理的技术、产品、方法,以及个人、组织、行业、国家知识管理的知识管理学科体系。如图 7-4 所示。

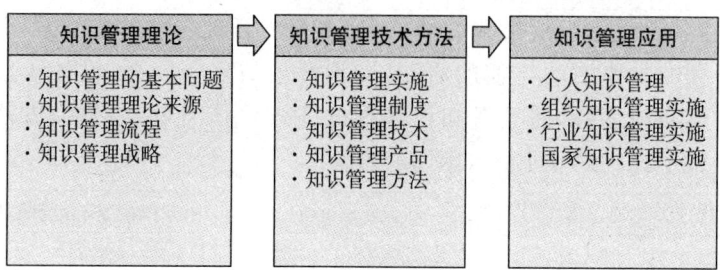

图 7-4 储节旺构建的知识管理学科体系

7.3.1.5 廖开际构建的知识管理学科体系

廖开际老师在 2010 年底以前有 10 篇知识管理方面的论文被 CNKI 收录,他于 2007 年 7 月主编了《知识管理理论与应用》一书。该书的体系结构是从知识管理的基本概念入手,从知识资本管理、战略管理、知识管理流程、知识管理技术、知识管理的组织行为、知识管理的实施和评价 7 个角度,系统地论述了知识管理的理论、方法和技术,并介绍了知识管理在客户关系管理、电子政务和项目管理中的实践应用,构建了一个较为系统的知识管理学教学

---

① 叶未明.关于国际金融学科体系建设的思考.浙江金融,2010(8):63—64。

内容体系。如图 7-5 所示。另外,该书的另一大特色在于理论与实际联系紧密,内容对实际操作有较强的指导性,可作为政府机构、企事业单位实施知识管理的参考用书。①

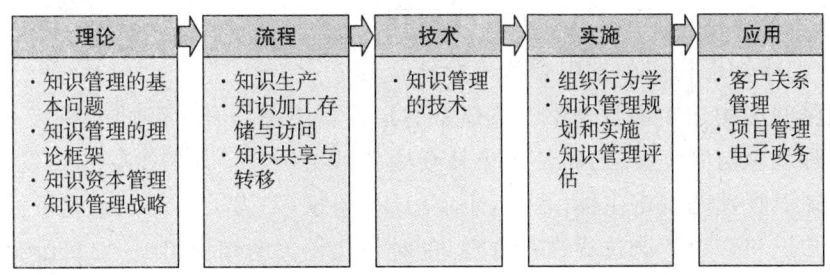

图 7-5　廖开际构建的知识管理学科体系

另外,周九常教授出版了《信息管理与知识管理》一书,他以知识管理与信息管理的关系作为研究主线,从知识与信息素质、知识管理流程与信息管理流程、人脑的知识管理和信息管理、信息咨询、知识管理与竞争情报、个人知识管理、宏观信息管理与知识管理、企业信息管理与知识管理、企业信息化和知识化、大学的信息管理与知识管理、知识主管和信息管理、知识管理与信息管理技术和系统等方面完成了书目体系的构建,如图 7-5 所示。该书最大的特色是对知识管理与信息管理的关系和各自的热点进行了对比分析。

苏新宁老师也是较早进行知识管理研究的学者,他有 10 篇相关文章被 CNKI 收录,是知识管理学研究领域的核心学者之一。他于 2004 年出版了《组织的知识管理》一书。该书主要讨论了知识管理的基本概念、组织的资源及知识的分类、知识转换、知识发现、构建知识地图、知识整合、知识创新与组织文化、知识管理和组织的竞争力、知识管理的激励机制,以及不同组织的知识管理等。该书的特色是对知识管理的流程,如知识的搜集、处理、组织、传递、创新过程进行了系统的研究,同时还提及构建组织文化、知识交流所需要的环境和氛围等问题。从组织层面的微观知识管理视角而言,该书的学科体系构建已经较为全面。

7.3.1.6　其他学者构建的知识管理学学科体系

(1) 奉继承构建的知识管理学学科体系

奉继承在《知识管理——理论、技术与运营》(中国经济出版社,2006 年 1

---

① 廖开际.知识管理理论与应用.北京:清华大学出版社,2007。

月)一书中,不仅探讨了知识的理论发展,还探讨了知识管理的学科建设问题,该书的体系就是作者对知识管理学科体系构建的一个尝试。主要内容有:概论、知识的基本规律、知识管理理论分析、知识管理技术、知识管理运营,基本的脉络也是"理论—技术—应用"。

(2)张润彤构建的知识管理学学科体系

张润彤构建知识管理学学科体系的指导思想是:知识管理作为一个全新的管理理念与管理方法,将使未来社会中各种组织与个人的生存方式发生变化。知识管理是特定主体(个人、企业组织、国家等)为了实现一定的目标,不仅对知识和知识生产过程进行管理,也对与此相关的知识组织、知识设施、知识资产、知识活动、知识人员进行全方位和全过程的管理。以他为第一作者的《知识管理概论》的内容体系包括:知识管理的基本思想、理论、方法和应用。

(3)夏敬华、金昕构建的知识管理学学科体系

夏敬华、金昕的《知识管理》(机械工业出版社,2003年)以"知识管理的迷思"开始提出问题,分别从知识管理的理念和方法、知识管理的系统与工具、知识管理的规划和实施,以及知识管理的案例与实践这几个角度对问题进行深入浅出的回答。该书不仅注重纠正一些存在的误区,澄清认识,还注重实践指导。其遵循的路径也是"理论—方法—应用"。知识管理的难点之一是实施,实施的背景、方法、时机和操作者的能力都会影响到其成效。该体系着重介绍了实施的基本步骤和应该注意的问题。

(4)苏新宁构建的知识管理学学科体系

苏新宁的《组织的知识管理》(国防工业出版社,2004年3月)是国内较早以"知识管理"命名的著作。该书主要讨论了知识管理的基本概念、组织的资源及知识的分类、组织的知识转换、知识管理中的知识发现、构建组织的知识地图、组织内部的知识整合、知识创新与组织文化、知识管理与组织竞争力、知识管理的激励机制和不同组织的知识管理等。

该书的特色是对知识管理的流程进行了较为详细的论述,还概述了与知识管理有密切关系的知识创新、组织文化、组织竞争力、激励机制等问题。就微观层次的组织而言,该书的体系是较为完备的。显然由于主题所限,该书对知识管理的其他内容不可能作更多的探讨。

(5)林东清构建的知识管理学科体系

林东清先生是中国台湾著名学者、中国台湾地区中山大学资讯管理系教

授。他撰写的《知识管理理论与实务》一书不仅非常系统、全面地总结了学术界重要的知识管理理论,而且包括了作者长期以来在知识管理领域的大量研究成果和丰富的案例,配合说明了知识管理的理论如何应用于企业管理的实践。本书中有对彼德·杜拉克、野中郁次郎等知识管理理论创始人的重要观点的系统整理,也有对 IBM、3M、休斯航天、台积电等中外知名企业知识管理最佳实践的介绍,还有对企业面临知识管理种种问题的深入研究和详尽分析。

该书的理论部分的内容包括:知识与知识管理的概念;知识管理的主要理论观点与结构模式,其中特别总结了知识管理战略的七大研究学派;知识管理的资本观点;知识管理的战略观点;知识管理学研究的组织行为和组织结构。

在理论部分,分别论述了组织层面的知识管理流程,如组织知识的定义与获取、知识创造、共享与转移、知识的利用、知识的存储、评估。该书对知识管理评估的介绍是全面而系统的,包括定性化的知识管理评估方法、过程导向的、目标导向的、竞争优势导向的、财务指标导向的、整合性导向的知识管理评估方法。

该书对组织的知识管理的技术也进行了较为系统的介绍,分为支持知识共享与传递的、支持知识存储的、支持知识创造的、支持知识获取与利用的主要信息技术工具、整合型的知识管理系统,这基本上是按照知识管理的流程来进行介绍的。该部分的一个显著观点是知识管理的技术就是信息管理技术。

该书最后部分介绍了知识管理的实施问题,如投资战略、管理战略、资源导向战略、引进战略、关键成功因素。

该书的体系模式也遵循"理论—技术—应用"原则,体系的完整性和合理性在已有的"知识管理"著作中是最好的。但该书的一个明显不足之处是某些章节安排有不合理之处,如作为知识管理流程中的评估环节与其他环节的内容脱节,没有进行整合;而关于知识管理的理论研究的组织行为观和组织结构观,也游离于理论章节之外。

7.3.2 国外典型知识管理学学科体系分析

7.3.2.1 Kai Mertins 构建的知识管理学学科体系

德国柏林的弗郎霍夫 IPK 公司生产技术博士、管理部主任 Kai Mertins

(卡尔·马丁)和 Peter Heisig、Jens Vorbeck 两位学者共同编写了《Knowledge Management—Concepts and Best Practices》一书。该书集成了多位著名专家在知识管理领域的研究成果及多个世界著名公司的知识管理实践经验,对实践领域的知识管理学学科体系构建有着重要的参考价值。该书系统际介绍了知识管理原理,详细介绍了在业务流程导向中,知识管理的应用、主动式变革管理、知识管理策略、知识型企业及知识管理效果审计等研究的新成果,并分别介绍了 100 余种知识管理的技术工具。其构建的体系结构如图 7-6 所示。除了进行理论探讨以外,该书将理论与实践紧密结合,深入分析世界著名公司在知识管理方面的最佳实践。但是,此书由于更偏重于应用与案例分析,因而理论性的论述和相关概念的诠释相对较少。[①]

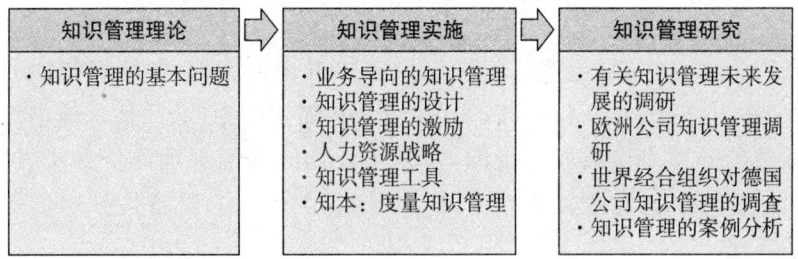

图 7-6　Kai Mertins 构建的知识管理学科体系

7.3.2.2　Tom Knight 和 Trevor Howes 构建的知识管理学科体系

Tom Knight 是英国知识管理战略研究方面的专家之一,精通信息系统的架构,而且曾在富士通欧洲分公司深入研究领导行为对组织内部的知识创造和运用的影响。Trevor Howes 曾在不同行业的公司和组织中长期从事管理咨询工作,对于商业及流程变革同样有着极为丰富的经验,特别是对企业的业务流程重组、组织的知识管理战略和信息管理等方面的研究有着很高的造诣。由他们两人编写的《Knowledge Management: A Blueprint for Delivery》是一本关于知识管理方案设计和实施的书。全书通过 7 个章节详细介绍了知识管理的五个主要阶段:变革压力的理解、组织反应的确定、规划愿景、实现规划和收获成果,并且深入揭示了技术、人员、流程、信息和领导的潜力和作用,详细分析了知识管理的主要技术和方法,并借助案例演示其应用过程。如图 7-7 所示。

---

① Kai Mertins, Peter Heisig, Jens Vorbeck. Knowledge Management—Concepts and Best Practices. Springer Press Ltd., 2003:2—16。

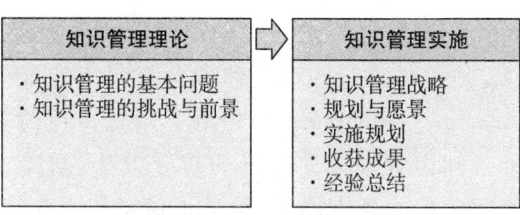

图 7-7　Tom Knight 和 Trevor Howes 构建的知识管理学科体系

7.3.2.3　Carl Frappaolo 构建的知识管理学学科体系

Carl Frappaolo 是美国知识管理研究领域重要的学者之一。其编写的《Knowledge Management》一书对知识管理的历史发展沿革、当前的发展现状和最新的研究进展作了详细阐述，对促进知识共享、实施和以知识为基础的战略问题，都做了深入的分析。其构建的知识管理学科体系如图 7-8 所示。

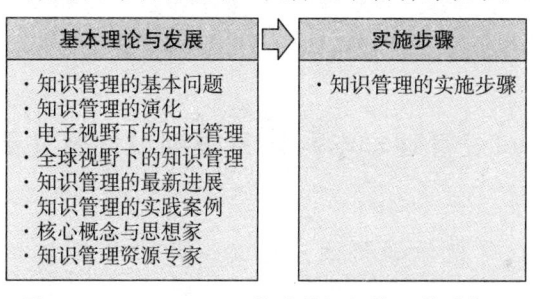

图 7-8　Carl Frappaolo 构建的知识管理学科体系

7.3.2.4　Bob Garvey 和 Bill Wliilamson 构建的知识管理学学科体系

Bob Garvey 和 Bill Wliilamson 也是美国知识管理研究领域重要的学者。他们的著作《Beyond Knowledge Management》代表了知识管理学研究的一个重要的理论流派——组织行为学派，他们通过对人力资源开发和组织变革的研究，深入揭示了知识管理的重要性。该书的特色在于构建了由战略能力、公司培训和知识产出形成的三维框架，突出了决定性的对话、历史性学习、解说和隐喻在组织中的重要地位，提出了以有价值的知识来构建组织文化的重要观点。如图 7-9 所示。

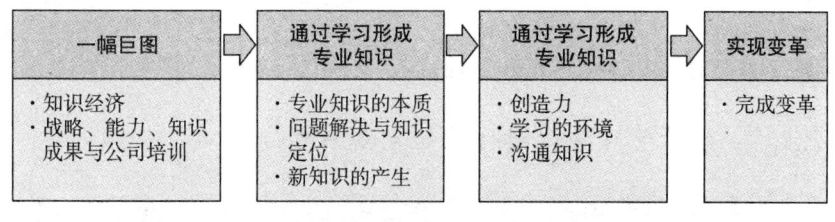

图 7-9　Bob Garvey 和 Bill Wliilamson 构建的知识管理学科体系

7.3.2.5 Rumizen,M.C.构建的知识管理学学科体系

Rumizen,M.C.是美国推行知识管理理念与实施的最优秀的学者之一。由其编写的《Knowledge Management》介绍了知识管理的基本概念和模型、在公司或组织内推行知识管理循序渐进的指导方法,阐述了知识共享战略,试述了实验知识管理工程的基本原则,论述了信息技术在知识管理中的应用及文化在知识管理中的重要性。其构建的学科体系如图 7-10 所示。

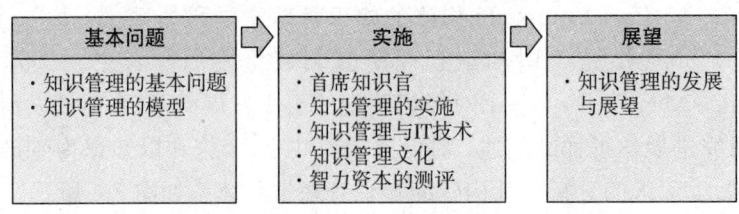

图 7-10　Rumizen,M.C.构建的知识管理学科体系

7.4　知识管理学学科体系框架设计及主要内容

7.4.1　知识管理学学科体系框架设计的出发点

作为一门新的学科,知识管理学科体系的创建需要考虑以下几个关键问题:①知识成为最重要的资源,知识管理也成为最重要的管理;知识管理是一种管理活动,管理也是一种知识活动。这是建立知识管理学的认知基础,是建立知识管理学的出发点。②知识管理是信息管理、人力资源管理、教育管理、科技管理、计算机技术、认知科学、知识工程等诸多学科集成的综合学科。这是建立知识管理学的学科基础。③知识管理表现为三个层次:个人知识管理(基础)、组织知识管理(核心)、国家知识管理(目标)。这是建立知识管理学的体系层次。④知识管理体系中,技术是基础,制度是保障,人是核心。这规定了建立知识管理学的文化基础和应用基础。知识管理是以人为本的,制度好坏的判断标准在于是否能调动人的积极性去采集、共享和创新知识。⑤知识管理是方法和工具,更是一种理念。

7.4.2　知识管理学学科体系的主要内容

7.4.2.1　体系特征

通过对国内外学者构建的知识管理框架进行分析,可以看出目前知识管

理学学科体系有以下几个特征：

①从关键词表征的内容来看，可分为理论概念类、方法工具类、实践应用类三大类。如知识管理的相关基本问题、知识经济、理论渊源等都属于理论概念类；技术、方法和工具、知识管理系统等属于方法工具类；企业知识管理、政府知识管理、个人知识管理等属于实践应用类。

②从研究过程来看，可分为研究主体、研究客体、研究媒介和应用领域四类。例如，首席知识官、人力资源管理、组织结构等属于研究主体类；知识获取、知识基本概念、知识转移与共享等属于研究客体类；技术、方法和工具、社会网络、知识管理系统等属于研究媒介类；而个人、企业、国家实施管理则属于应用类。

③关键词中存在包含关系。比如，知识管理流程中包含了知识获取、共享传播、转移、创造等关键词，这是由于研究的视角不同造成的；有些是从微观层面入手，仅研究组织层面的知识管理流程；而有些则是从宏观层面入手，不仅研究流程，还研究知识管理产业、战略等。

④对于知识管理的基本问题研究最多，即对时代背景、内涵、特征、作用与职能、目标、原则、发展史、类型等基本概念的研究最多，这也符合大学课本对于新知识引入的逻辑，因为它们通常是首先做相关基本问题的介绍。

⑤知识管理学是一门实践科学。知识管理的技术、方法和工具、知识管理的实施、知识管理案例等关键词出现的次数较多，这也反映了知识管理并非纸上谈兵，而是一门实践科学。

⑥知识管理研究的重点是对知识的管理，知识的流程与价值链是知识管理产生的价值所在。所以，围绕着知识管理流程的书目关键词出现的次数最多。

⑦知识管理的核心是对知识的载体——人的管理。首席知识官、知识管理与人力资源管理、组织结构、企业文化等词频排在前列，就是最好的证明。

⑧知识管理与人力资源管理、信息管理、计算机技术、科技管理、教育管理、项目管理等学科有着深厚的渊源，是对上述诸多学科的综合集成。而这些学科是知识管理学的学科基础。

7.4.2.2 体系归纳

通过对主要专家关于知识管理学科体系的理论系统梳理，同时，借助共词分析中的词频分析得到了知识管理领域学科类目的高频关键词。在因子分析、聚类分析和多维尺度分析的帮助下，笔者获得了知识管理学科体系的

分类方式与学科类目高频关键词的结构关系,[①]进而得到了如下的 4 种类型的知识管理学科体系:

(1)"理论—方法—应用"型

以知识管理的"理论—方法—应用"为研究脉络的知识管理学科体系是当前最流行的研究体系。此类学科体系可分为知识管理的理论研究、知识管理的技术和方法、知识管理的实践应用三个层次。知识管理的理论研究包括:知识管理的理论渊源、知识管理的基本问题、知识资本、知识管理体系研究、知识管理模型研究、知识管理战略、知识管理的流程研究、知识创造、知识管理与人力资源管理、CKO、知识管理的组织结构、知识管理与企业文化、知识管理的激励机制;知识管理的技术方法主要包括:知识管理系统、知识管理技术方法、知识管理工具、知识产品与销售、知识管理的实施、知识管理的审计与评估;知识管理的实施应用主要研究知识管理在各个行业、学科领域的应用情况,包括:客户关系中的知识管理、项目管理与知识管理、知识管理与电子商务、企业知识管理、政府知识管理,最后是对知识管理的发展与展望。如图 7-11 所示。而在整个体系的论述过程中,都有相关组织的知识管理的案例作为论述的基础材料。

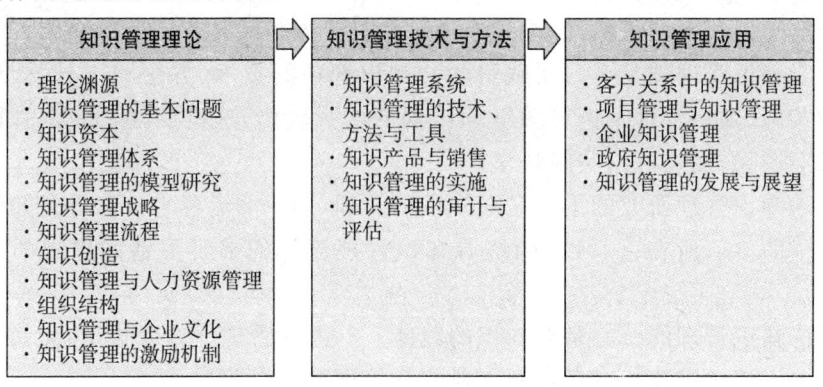

图 7-11 "理论—方法—应用"类的知识管理学科体系

(2)"流程—价值链"型

此类知识管理体系是以组织中知识的本体为切入点,以知识在组织中的流程和价值链为线索而构建的,如图 7-12 所示。该体系分为三个方面,分别

---

① 马费成 望俊成 陈金霞 胡超.我国数字信息资源研究的热点领域:共词分析透视.情报理论与实践,2007(4):438—443.

是知识的基本理论、知识管理的流程与价值链和知识管理的实践。具体而言,知识的基本理论包括:知识的基本概念、知识的性质、组织知识本体、知识管理框架;知识流程与价值链研究包括:知识获取、知识组织与传播、知识转移、知识和信息共享、综合集成和知识科学、知识网络和知识价值链;而知识管理的实践研究包括:组织知识的内容管理、知识管理实践。组织内的知识是知识管理研究的对象,而知识在组织内的流动与流动过程中产生的价值是知识管理研究的核心所在,因此,此类知识管理学科体系具有重要的理论与实践价值。

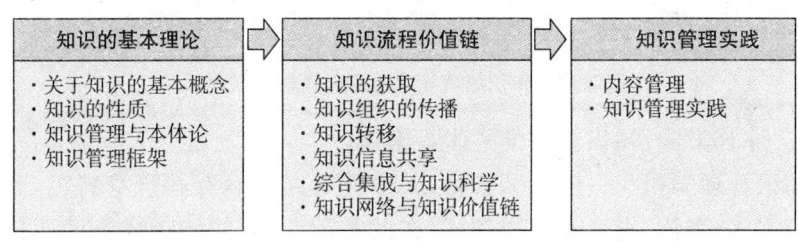

图 7-12　知识管理流程价值链类的知识管理学科体系

(3)"实践应用"型

该类体系包括知识管理实施的原因、知识管理实施的过程、方法、工具和知识管理实施的结果三个大类。在组织实施知识管理之前,要探讨实施知识管理的原因,即知识管理实施的可行性和必要性、实施带来哪些竞争优势和成果、实施的关键因素有哪些。然后,要进一步分析知识管理实施的过程、方法和工具。最后,实施知识管理可以形成组织的知识库、为领导者的决策提供支持、促进组织的科技创新。与此同时,还要考虑到知识管理带来的风险与挑战。如图 7-13 所示。

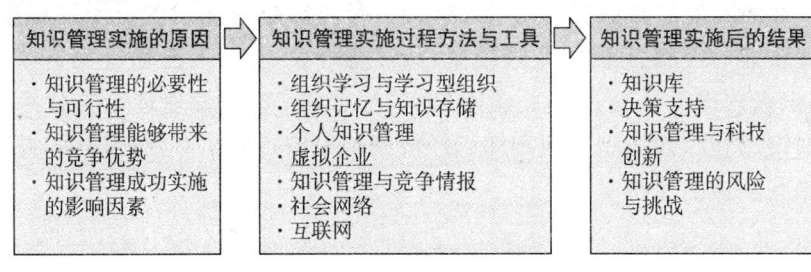

图 7-13　实践应用类的知识管理学科体系

(4)"战略管理"型

随着社会的发展,知识逐渐成为当今时代决定性的重要资源,人类迎来了知识经济时代。在这样的时代中,一个组织、企业或国家想要生存、想要保持自身的竞争优势,就要将知识作为自身的战略资源,并对它实施有效的战略管理。组织的战略管理可以确定其知识管理的目标,进而为这一目标的实施进行战略规划和路线指引。因此,知识战略管理类型的知识管理研究应运而生。其结构包括:知识经济、知识管理与信息管理的关系(技术、产品等)、知识产业、知识管理与战略管理和国家知识战略。如图7-14所示。知识战略管理属于宏观层面的知识管理,是知识管理研究的重要分支之一。

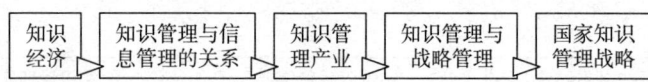

图7-14 知识战略管理类知识管理学科体系

(5)综合集成:知识管理学科体系构建

知识管理学作为一门交叉学科,其学科研究必然有其自身特色,即有特色研究主体、客体、媒介及应用领域,在此基础上,它才能形成自己所独有的学科体系。为此,笔者在前四节形成的知识管理学四种不同的体系框架的基础上,设计了包括以知识管理研究主体为核心的知识管理学、以知识管理研究客体为核心的知识管理学、以知识管理研究媒介为核心的知识管理学、以知识管理应用研究为核心的知识管理学四个层面的知识管理学学科框架体系,如图7-15所示。该体系不仅实现了对上述四种学科体系的整合,而且兼顾了学科的自身特色。

7.5 基于研究方法论的知识管理学构建

F. Bacon 说:"知识就是力量。"这种力量正影响着国家的资源发展战略,重组着企业的经营流程和管理模式,改变着个人思维习惯和行为方式。于是,知识管理成为社会各界关注的焦点。[1] 当前,知识管理理论与技术方法在图书馆、高校、知识型企业和知识经济型国家中得到了广泛的应用,并日益成为这些实体的经济基础。[2]

---

[1] Edwards J S, HandzieM, Carlsson S, et al1Knowledge management research & practice Houndmills, 2003, 1(1):49-57.

[2] 储节旺.国内外知识管理理论发展与流派研究.图书情报工作,2007(4):80-83.

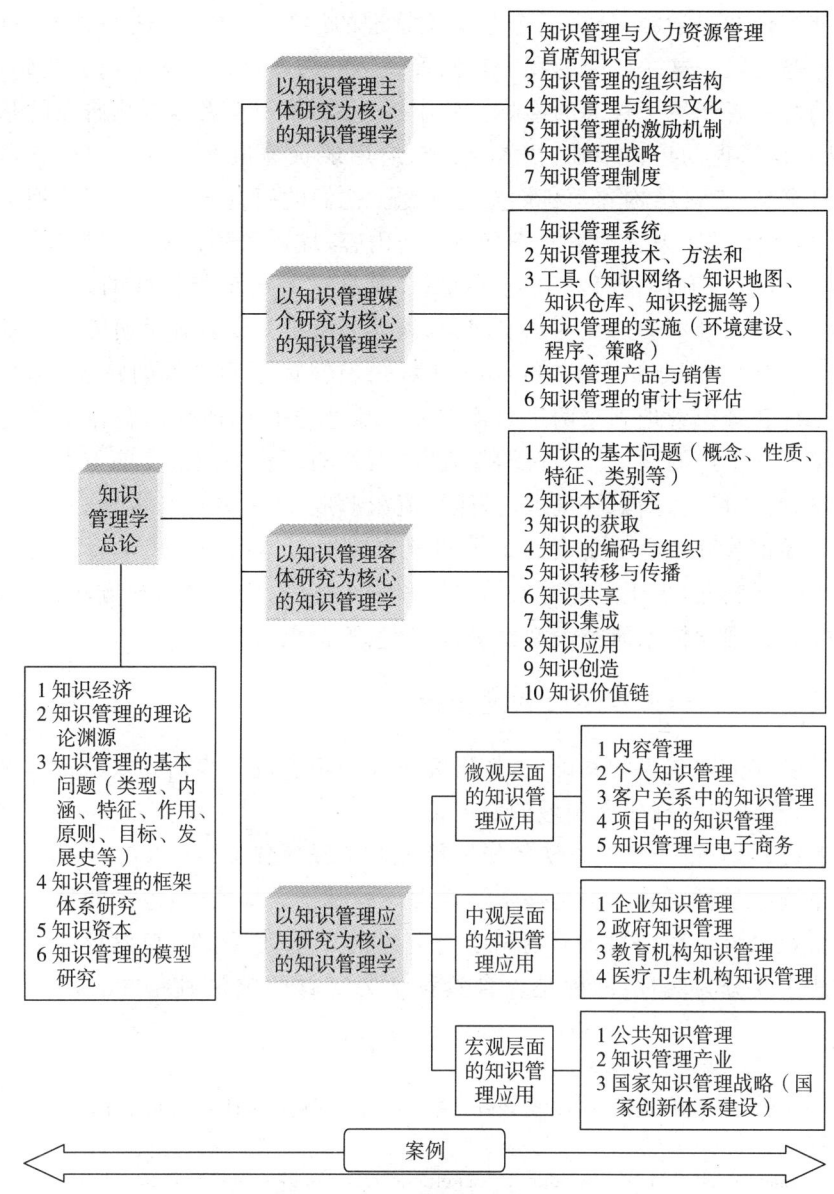

图 7-15 知识管理学学科体系

知识管理的快速发展引起了人们对知识管理学学科体系构建研究的兴起。左美云[①]在列举国内外知识管理概念的基础上,把知识管理分为技术、

---

① 左美云.国内外企业知识管理研究综述.工业企业管理,2000(9):30-36。

行为和综合3个学派,分析了企业知识管理的原则、策略、方法与技术、目标与内容等问题。这一研究为我国知识管理学的构建奠定了学科内容基础,对后来的研究者产生了极大的影响。盛小平、邱均平等学者在上述研究的基础上,从知识管理的理论基础、技术、措施、应用现状等角度分析了知识管理学的学科意义、学科结构和学科性质等问题。他们的研究丰富了知识管理学研究方法,扩展了知识管理学的研究领域与内容,描述了学科的发展框架。

马费城等[①]利用情报学的定量方法,通过对关键词等指标的统计,分析了国内外知识管理学研究的热点问题,深入分析了知识管理学研究中的重点内容。Liao Shushsien[②],Malhotra[③]针对知识管理不同学派的特点,从知识管理系统和知识管理理念两个角度对知识管理学科的研究内容作了系统分析。储节旺主持的国家社会科学基金"国内外知识管理理论发展与学科体系构建研究"项目,从知识管理理论发展、流派形成、研究领域与成就、知识管理流程和知识管理共享等角度总结了知识管理学的体系。上述学者在研究知识管理学问题上,由于研究对象的属性和时间范围、研究视角和方法的不同,使得知识管理学体系研究表现出复杂、分散等特点。

7.5.1 知识管理学的构建分析

笔者在上述成果的基础上,从研究方法的角度进一步划分知识管理学的学派,探索知识管理研究领域的发展策略。

7.5.1.1 基于研究方法的知识管理学学派划分

系统的学科研究方法是一个学科发展的基础。事实上,由于知识具有宏观与微观的统一性,[④]管理具有科学与艺术的二重性,因此,知识管理学的研究方法主要分为两种:一种是以自然科学为工具的定量研究方法;[⑤]另一种

---

① 马费成,张勤.国内外知识管理研究热点—基于词频的统计分析.情报学报,2006(2):163—172。

② Liao Shushsien. Knowledge management technologies and app lications—literature review from 1995 to 2002. Expert Systemswith App lications,2003(25):155—164.

③ Malhotra Y. Knowledge management for the new world of business [EB/OL]. [1998-07-13]. ttp://www1brint1eom/km/whatis1htm.

④ 邱均平.知识管理学.北京:科学技术文献出版社,2006。

⑤ MullerW, Wiederhold E. App lying decision tree methodology for rules extraction under cognitive constraints. European Journal of Operational Research,2002(136):282—289.

是以人文、社会科学为工具的定性分析方法。按照这两种研究方法,知识管理学就分为两个分支:人文社会学派和信息工程学派。前者融合了日本的行为学派和欧洲学派中的组织学习理论分支;后者融合了美国的技术工程学派和欧洲的知识资本测度理论分支。

基于研究方法的知识管理学科的学派划分有利于知识管理学研究理念和技术的有机融合。如果把知识管理研究内容划分太细,就丢掉了知识提高生产效率的整体效应。基于研究方法的知识管理学构建能体现目标、基础与实施过程三者形成的结构关系。同时,促进知识共享与创新的知识管理目标,也要求知识管理研究要有系统的整体观点,不可划分得过于微观,要体现知识管理是适应经济变化的所有协调工作的集成特征。

7.5.1.2 知识管理学构建的必要性、可行性与意义

知识管理学研究自身的复杂性和当前研究成果形式的多样性使得整合知识管理学研究资料和重组知识管理学内容体系十分必要。系统的知识管理学理论有利于减少重复性研究,促进研究交叉,形成科学的资源配置和优化学科发展的路径。在基于研究方法论的学派划分的基础上,总结知识管理学研究内容的范围和层次。范围的不断扩展和层次的逐级提高,表明知识管理学正向系统化方向发展。

知识管理学学科体系的构建将对知识管理学研究的深度和广度产生深远的影响。在理论上,知识管理学学科体系的构建有助于完善知识管理学自身体系、规范研究程序等。在实践上,知识管理学学科体系的构建能推动应用技术的发展,为开展实证研究和实施理论验证提供相关技术方法。同时,知识管理学学科体系的构建也将带动其他学科的发展与繁荣。

7.5.2 构建知识管理学体系中的关键问题

7.5.2.1 知识管理学发展瓶颈

从2000年至2007年中的知识管理学文献每年在总发表数所占的比例和每年的增长率两项指标可以计算得出,知识管理学研究进入了缓慢发展阶段,这不是知识管理学发展成熟的标志,是因为其发展遇到了瓶颈。这个瓶颈就是知识经济市场体制的建立与发展和落后的知识管理技术的矛盾。在美国、日本和欧洲等老牌资本主义国家里,知识管理学建立的基础是知识经济的出现,知识管理学研究的发展得益于知识经济体制的完善和发展。反过来,知识管理促进知识经济的优化。因此,二者的协同过程形成了组织的核

心能力。① 但是,一旦经济基础和形式发生变化,知识管理学同样也要受到技术、经济的瓶颈制约。通过对我国 2000 年至 2007 年知识管理学文献研究统计表明,研究成果分布不集中,体现了我国知识管理学研究资源的离散特征,这种状况影响了知识管理学的健康发展,制约了知识管理学的集成研究。统计表明知识管理学的研究成果主要来自综合性高校,其次是理工类院校;与具体行业背景或者具体的知识管理案例相结合的研究成果较少。这种现象限制了理论与实践的协同发展。

7.5.2.2 知识管理学优先发展领域

针对知识管理学发展中的瓶颈问题,从知识管理学学派的角度来看,在知识管理研究中,应该采取以下三方面的措施来突破知识管理研究瓶颈。① 发展知识管理技术,建立知识管理系统。在管理信息系统的基础上,建立基于本体论、Agent 等技术的决策支持系统,实现信息的系统化存储与过滤,提高知识挖掘的效率,使人从信息的海洋中解脱出来,并发挥人的潜能与智慧。同时,有针对性地开发一些知识管理子系统。如开发新的知识管理绩效评价工具,发挥评价过程与结果对知识管理战略规划与实施的预测与监控作用。② 加强知识管理的合作研究,集中知识管理学的研究资料,优化配置,改进现有知识结构体系,创造新知识,使知识在与传统的生产要素的结合中体现出可重复性,从而克服知识创新和环境变化的风险。在宏观上要建立国家产、学、研的知识产业链,在微观上要整合企业或组织的内外部资源而组建知识网络或者战略联盟。③ 加强知识经济体制管理。发展高新技术产业和信息产业,完善知识产权法规,保护和促进知识经济的和谐发展。

知识无限增长的巨大效应,克服了自然资源稀缺对经济发展的制约,从而使得知识管理研究成为当前管理学科研究的热点。我们应在对相关文献统计分析的基础上,从学科的研究方法入手对知识管理学学派进行划分,从学派发展的过程中寻找知识管理学的优先发展领域,以此突破知识管理学的发展瓶颈。

---

① Koh J, Kim Y G. Knowledge sharing in virtual communities: an e2business perspective. Expert Systems with App lications. 2004(26):155—166.

8 国内外知识管理学教育

知识管理被誉为继科学管理之后管理学发展的又一个里程碑。国内外学者对知识管理学学科体系的构建进行了不懈的探索,从理论研究上看,作为一门独立学科的知识管理日益成熟。同时,世界经济与科技的迅猛发展,使社会对知识管理人才的需求日益强烈。组织不再单纯依赖某个人的知识和经验,而是依赖于一个组织内部的运行系统来完成管理和创新。国外的一项针对澳大利亚、新西兰、美国、英国、南非和加拿大的调查表明,有81.9%的人对在LIS(Library and Information Science)部门设置知识管理课程表现出浓厚兴趣。[①] 因此,发展知识管理学教育,培养知识管理人才,是当前教育尤其是高等教育面临的一个重要课题。

8.1 国外知识管理学教育对我国大陆地区的启示

8.1.1 国外知识管理学教育发展的特点分析

8.1.1.1 高等院校广泛开设知识管理课程

美国、加拿大、英国、澳大利亚、新加坡等发达国家的知识管理学教育已经有较长的历史,且已形成较大的规模和影响力。新加坡南洋技术大学Abdus Sattar Chaudhry和Susan Ellen Higgins对这些国家进行的调查研究

---

① Sarrafzadeh, M., Hazeri, A., & Martin, B. (2006). Educating future knowledge-literate Library and Information Science professionals [C] // C. Khoo, D. Singh & A. S. Chaudhry(Eds.). Proceedings of the Asia-Pacific Conference on Library & Information Education & Practice 2006(A-LIEP 2006), Singapore, 3—6 April, 2006. Singapore:School of Communication & Information, Nanyang Technological University, 2006:115—121.

表明,在商业管理、信息系统研究、计算机科学工程这三个热门专业中,分别有 35%、40%、14% 的专业开设了知识管理课程。具体情况如表 8-1 所示[①]。

表 8-1 国外开设知识管理课程主要情况

国家	大学院系	知识管理课程	层次
澳大利亚	墨尔本大学信息系统系	组织中的知识管理	本科
	蒙拿史大学信息管理和系统学院	知识管理	研究生
	皇家墨尔本技术研究所(维克瑞亚)信息管理和图书馆学系	知识管理	研究生
	悉尼技术大学传媒和信息系	知识管理	研究生
加拿大	多伦多大学信息学系	组织知识管理	研究生
	不列颠哥伦比亚大学档案、图书馆和信息学院	知识管理	研究生
	女王大学商学院(金斯顿、安大略)	知识管理系统	本科
	艾伯特大学传播学院(埃德蒙顿,艾伯特)	知识管理和传播技术	研究生
新加坡	南洋技术大学信息学系	知识管理	研究生
英国	开放大学商学院	管理知识	研究生
	南方银行大学信息系统和数学学院	管理知识系统	研究生
	英国拉夫堡科技大学信息科学系	信息和知识管理	本科
	英格兰中央大学(伯明翰)信息研究学院	知识组织和管理	研究生
	斯克菲尔德-哈德姆大学斯克菲尔德商学院	知识管理	研究生
	诺林伯利亚大学(纽卡斯尔)商学院	知识管理	研究生
	南汉普顿大学电子和计算机科学系	知识技术	—
	利兹都市大学信息管理学院	信息和知识管理	研究生
	罗伯特·加登大学知识管理中心	知识管理	研究生

---

① Abdus Sattar Chaudhry, Susan Ellen Higgins. Perspectives on education for knowledge management:67th IFLA Council and General Conference, August 16 – 25, 2001[C/OL]. [2008-06-20]. http://dlist.sir.arizona.edu/767/01/S_Higgins_11.pdf.

续表 8-1

国家	大学院系	知识管理课程	层次
美国	阿拉巴马大学图书馆和信息学院	图书馆长问题:知识管理	研究生
	北卡罗莱纳州大学商业管理系	知识管理	研究生
	华盛顿大学卫生和社区医药学院	卫生服务知识管理	本科
	华盛顿大学信息学院	知识管理研讨班	研究生
	坦普尔大学商业管理学院	电子商务知识管理	研究生
	克莱尔大学信息科学研究生院	—	研究生
	多米尼大学图书馆学信息学研究生院	知识管理	研究生
	加州大学伯克利分校信息管理和系统学院	信息系统和服务管理	研究生
	得克萨斯大学奥斯汀分校摩纳哥商学院	信息和知识管理	研究生
	马里兰大学罗伯特·斯密斯商学院	知识管理全球化	研究生
	乔治·梅森大学商业研究生院	提示信息技术:知识管理	研究生
	乔治·华盛顿大学工程和应用科学学院	智能系统和知识管理	研究生
	科罗拉多大学(图书馆学信息科学)教育学院	知识管理	研究生
	明尼苏达大学卡尔松管理学院	知识管理	研究生
	南加利福尼亚大学马歇尔管理学院	知识管理	本科
	德帕尔大学商业研究生院	知识管理	研究生
	肯特州立大学科尔斯塔特商业研究生院	信息构建和知识管理	研究生
	纽约大学斯特恩商学院/信息系统系	知识管理和决策系统	本科
	乔治亚南方大学商业管理学院	知识管理	本科

除了在课程中增加知识管理方面的内容之外,有的学校还专门设立知识管理研究机构,如美国伊利诺州多明尼哥大学情报学研究生院。该院成立的"知识管理中心"设计了两组认证课程计划。一组是学士课程计划,由该大学图书情报学院与商学院共同实施。具体培训目标包括:理解知识管理、熟悉知识管理工具、构建知识资产、实施知识管理系统、建立共享知识的组织文化等,为企业培养"知识管理主管(knowledge management officers)"、"知识管理专家(knowledge management specialists)"等。另一组是在此基础上开设的知识管理学硕士学位课程计划,其核心课程包括知识管理、组织分析与设计、知识技术、信息政策等,具体内容涉及知识管理的历史与内涵、知识生产获取与传播、知识组织索引及数据编排原则、知识构建、知识管理计量、知识

管理应用软件、外部信息源与联机信息系统、组织内外环境的核心因素、组织战略与结构关系、决策动力与方法、知识显示与获取、决策支持系统与专家系统、数据库管理技术、组织内和组织之间知识管理问题、Internet/Intranet 操作与网站代理、知识产权、越境数据流、国家信息政策等。①

8.1.1.2 知识管理学教育层次齐全,类型多样

国外知识管理学教育的总体特征是培养的层次齐全,包括本科到研究生的正规教育,还有大量的职业培训或短期培训。具体有以下几种形式:

①正规教育。如前所述,在一些发达国家,正规的知识管理学校教育已经发展得比较成熟。我国台湾地区的图书资讯学教育界近年来不论是在本科生层次、还是在研究生层次,也都十分重视对知识管理课程的建设。为实现培养理论与实务并重的,从事资讯整理、增值、知识管理与传播等工作的全方位资讯传播专家人才的教育目标,台湾地区的诸多高校都增设了知识管理课程,如台湾师范大学社会教育学系图书资讯学组、台湾政治大学图书与档案学研究所、世新大学资讯传播学系暨研究所等。②

②远程教育。除正规教育外,还有一些院校开设了远程教学或网上教学。澳大利亚 RMIT 大学商业信息技术学院信息管理与图书馆研究系 1994 年开始进行培养目标与定位的根本调整,将知识管理作为开拓新市场的战略选择,并逐步实现远程教学。③加拿大多伦多大学信息研究学院(Faculty of Information Studies,FIS)在互联网上开发了"知识管理指南"项目,如知识管理继续教育课程、知识管理研究资源、知识管理入门指导、知识管理专题资源(被命名为 Alpha Source),以及正在筹建中的"加拿大知识网络"、"FIS 知识管理研究与计划"等栏目。④

③证书培训。在西方国家,知识管理证书培训是比较普遍的。如美国丹佛大学在图书馆情报学教育计划中实施的知识管理高级认证项目,对象是知识型组织的信息专家,其中包括:图书馆情报学专业硕士生及其他具备图书馆情报学实践基础、研修过信息用户认知和信息组织等图书馆情报学核心课程的人员。该认证的核心课程有:知识环境、信息获取与检索、知识管理、知

---

① [2008-06-20]. http://www.dom.edu/gslis/km.html#Topics.
② 陈幼华,杨宗英. 情报学研究生课程设置研究. 图书情报工作,2003(2):13—14.
③ William Martin. New directions in education for LIS:knowledge management programs at RMIT. Journal of Education for Library and Information Science,1999(40):142—150.
④ [2008-06-20]. http://www.fis.utoronto.ca/content/blogcategory/258/318/.

识技术、竞争情报、知识管理法律问题等,选修课程则包括知识管理中的信息传递、网站内容管理及知识管理专题研究①等。

IBM高级商业管理学院(ABI)则是一个职业培训机构,它其中一项很重要的工作是调查电子商务战略怎样影响组织及其信息管理、人力资源管理及其相关技术,也帮助客户理解、运用一些最前沿的思想来增强其决策能力,帮助他们更好地了解整个行业最新的趋势与问题。学院提供了一些短期或长期的不同课程,授课的都是各个领域的专家。课程涉及不同的领域,主要包括电子商务带来的企业再设计、客户关系管理、知识管理、商业智能、供应链管理、协作与人力资源管理、战略和领导等。在这里,知识管理被作为一个独立的管理主题予以讨论。课程内容主要包括知识管理简介、知识管理资源、知识管理技术、知识管理实践、创建知识型的业务流程图、IBM的智力资本管理、设计知识管理方案计划等。

④实践社团:这是一种名副其实的学习型组织,如印度的班加罗知识社团。该社团拥有一个由6人组成的核心团队,创建的目的就是在班加罗地区共享KM的知识和经验,通过KM,共同创造较好的KM意识和运动,以便对产业和社会产生影响。他们希望探讨KM的最佳实践案例、工具和技术。他们想覆盖的知识管理领域有:知识管理框架、过程和政策,知识技术和系统、知识文化和环境,创新、创造和知识产权保护,智力资本、测量和方法,以及软件再用、组织学习。

8.1.1.3 课程体系设计合理、新颖,突出实用性

美国信息管理学专家霍顿早就指出,信息管理学核心课程的一个大类就是知识的组织与管理,包括分类、索引、存储与检索。美国有很多院校都开设了知识管理类课程,如匹兹堡大学信息学院的知识表示与建模课程,马里兰大学巴尔的摩分校信息系统系的信息系统自由学习、知识管理和知识组织、模式和可视化、人工智能等课程。最值得指出的是伊利诺多明尼哥图书馆学和情报学研究生院,它有硕士、博士和高级证书班三个教育计划,其中硕士、博士为正式的学位教育,分信息系统、信息组织、信息管理和信息服务等4个方向。信息组织方向开设的知识管理类课程有:知识组织标准的发展和应用及与此相关的社会和组织变化、知识组织和表达的理论、概念和实践(核心内容)。②

---

① [2008-06-20]. http://www.du.edu/education/programs/lis/.
② 丁蔚,倪波.中美图书情报学研究生专业课程比较研究.图书情报工作,2000(5):82-83.

另外一个著名的知识管理培训案例来自 KMCI 公司。KMCI 是一家成立于 1997 年,专门从事知识管理的培训机构。KMCI 所进行的 CKIM™ 培训(Certificate in Knowledge and Innovation Management)包括近 20 个主题,几乎涵盖了知识管理所有的主要问题,并且和组织发展有较为密切的关系,体现了培训的实用性。这些内容主要包括:①知识管理的理论基础;②知识管理战略和案例研究;③知识管理方法论:K 流和知识工具;④K 流、知识需求动力、总结;⑤风险学:通过消除欠佳的想法而减少风险;⑥风险知识标准;⑦开放企业:知识管理的战略视野;⑧如何制造知识;⑨知识管理测量和标准;⑩知识管理:平衡记分卡和适应记分卡;⑪选择知识:消除欠佳的想法;⑫关键理性主义者知识管理;⑬组织知识管理和知识保持;⑭知识管理和信息技术;⑮知识管理和可持续创新;⑯关键伦理:开发关于事实和价值的对象知识;⑰知识管理小组:你需要什么样的技能?⑱企业知识门户和知识管理。KMCI 针对其中的每一个内容都制定有非常详细的教学计划,包括内容概述、大纲、要点、进度和师资等。

华盛顿大学(UW)于 2008 年 7 月 14 日至 18 日在西雅图举办的为期一周的知识管理夏季研讨班,也以介绍知识管理的基本概念和最佳实践为主要内容。举办者将研讨班的目标明确表述为:①通过知识管理识别、获得、建立提高组织绩效的机会;②提高组织知识管理的能力,通过整合知识管理方法、利用最新工具和技术的长处,为平级管理和上级管理创建学习环境;③绘制其他组织成功实施的知识管理实践阵列;④较深的知识管理技术和管理研究。其主题包括:一,知识管理根源:KM 依赖什么? 内容有:编码知识并使知识活动显性化的框架;知识生态和经济的思想;将知识管理导入组织的意义;数据、信息、知识之间的基本关系及其在知识管理活动中的设计和实施中的意义;知识管理标准背后的事实和猜想;显性知识和隐性知识;创造、存储、获取和运用知识。二,知识管理分科:案例研究、最佳实践、成为实践者的方法。内容有:知识管理出售者和知识管理生产者;实践社区;知识发现和数据挖掘;知识管理和知识产权;门户;专家定位;Blogs、Wikis 和其他的社会网络应用。

关于西方国家知识管理课程的安排,新加坡南洋技术大学的 Abdus Sattar Chaudhry 和 Susan Ellen Higgins 对其做了系统总结。他们将所调查的院校开设的知识管理课程分为 5 个方面,分别是:①基础:知识的定义和复杂性、知识的形式(显性和隐性)、知识来源(最佳实践、实践社区)、知识工人、智力资本、以知识为基础的组织、知识管理过程、知识管理推动者、知识共享模式;②技术:通用技术概览、知识管理有效技术的选择和设计思考、知识管理构建、知识管理工具和应用及协作(群件工具)、商业智能(数据分析工具)、文献管理系统、内部网\门户\网站;③过程(编码):知识审计、知识采集与获取、知识地图、知识资源的组织和分类、知识库的开发与维护、知识的检索、利用与再利用;④应用:咨询公司和IT企业知识管理应用的案例研究和成功故事、知识管理在不同部门和行业应用的思考、组织的知识管理项目实施。⑤战略:为从组织知识资源中获得优势而在组织工作中进行的知识集成、维持知识管理工作的步骤、知识管理的制度化、人力资源及其支持(知识专家的角色和责任)、知识资产的测量等。

8.1.2 国内知识管理学教育发展的特点分析

在我国,目前知识管理涉及多个学科,知识管理学研究的力量主要集中在系统工程与计算机科学、企业管理、信息管理与图书情报这三大领域。这和国外有很大的相似性。高校中的工商管理、经济、计算机,以及信息管理院系等纷纷将知识管理课程纳入其专业教学课程体系中,而信息管理和图书情报领域是知识管理研究和教育的主导力量。总体而言,武汉大学信息管理学院、北京大学信息管理系和南京大学信息管理系是我国知识管理学教育的核心力量。在知识管理学教育取得一些成就的同时,也还有一些甚至是关键性的问题亟待解决。具体有:

8.1.2.1 除少数已形成专业,大部分仅以课程或专业方向的名义存在

2000年5月,大连市多所公办、民办大学的有识之士联合成立了知识经济应用理论研究课题组,经过深入研究,广泛论证,确定了知识管理专业的教学计划,申报辽宁省教育厅,并获批准开设国家学历文凭专科层次的知识(资源)管理专业。[①] 虽然只是专科,却也代表了我国知识管理学独立、正规教育的开始。

目前,我国的公办高等院校仍没有开设知识管理学本科专业,然而知识管理学的依附式教育已有10年左右的时间了,一般表现为在相关专业设置知识管理类课程。如武汉大学信息管理学院在其信息管理与信息系统本科专业中就专门开设了知识管理学课程,华南师范大学经济与管理学院也在其

---

① 卢海平,张建军.建设知识管理学科 培养知识管理人才.辽宁高职学报,2003(5):157—159.

所属的信息管理学本科专业及电子商务本科专业中开设了知识管理学课程。但是这些课程大多数仅限于选修，仅有少数作为方向性的核心课程。

在我国硕士研究生和博士研究生教育中，知识管理学大多是作为情报学、图书馆学、管理科学与工程等专业的研究方向出现的。较早的如北京师范大学情报学专业设有知识管理与咨询策划研究方向。

根据笔者的统计，目前我国的高等院校及科研机构中设有情报学硕士点的有70家，其中博士学位授予点有8个。[①] 在这些情报学硕士点中，设有知识管理研究方向的共有10家，分别是安徽大学管理学院（知识管理与竞争情报）、黑龙江大学信息管理学院（竞争情报与知识管理）、吉林大学管理学院（知识管理与数据挖掘）、兰州大学管理学院（竞争情报与知识管理）、四川大学公共管理学院（知识管理与网络经济）、天津师范大学管理学院（知识管理与竞争情报）、武汉大学信息管理学院（信息管理与知识管理）、重庆大学经济与工商管理学院（知识管理）、中国农业科学院文献中心（信息管理与知识管理）和中国科学院成都情报文献中心（知识管理与网络经济）。

在这些设有知识管理研究方向的高等院校中，有6所国家"211工程"院校，其中5所属于国家"985工程"院校。从设立知识管理学科的院系来看，主要集中在管理学院（4所）和信息管理学院（2所）。从研究方向的名称来看，开设知识管理与竞争情报专业方向的有4所（占40%），开设知识管理与网络经济方向的有2所（占20%），开设信息管理与知识管理专业方向的有2（占20%）所，开设知识管理专业方向的和开设知识管理与数据挖掘方向的各有1所。也有其他专业开设知识管理专业方向的，如安徽大学技术经济专业就有一个知识管理与技术创新方向。

综上所述可知，我国知识管理人才培养呈现出"三个集中"特点：集中在几个大城市、集中在几个重点大学、集中在博士和硕士点。承担知识管理学教育任务的主要是一些国家重点大学的管理学院或信息管理学院。知识管理通常是与竞争情报、信息管理或者网络经济一同出现的，这也从侧面反映了知识管理学的边缘学科性质。

8.1.2.2 培养规模不大，分布不广，主要是培养学术精英

国内知识管理学的研究机构比较分散。从设有知识管理研究方向的院校的地理位置来看，华东地区1所（安徽大学），东北地区2所（黑龙江大学和

---

① 任红娟. 我国情报学博士教育研究. 情报科学，2007(4)：625。

吉林大学),华北地区 2 所(天津师范大学和中国农业科学院),西南地区 3 所(四川大学、重庆大学和中科院成都情报文献中心),华中地区 1 所(武汉大学),西北地区 1 所(兰州大学)。其中,武汉大学于 1979 年招收了首批情报学专业硕士生,①是最早设立情报学专业的院校之一,其对知识管理学的研究有相当长的历史。从这个角度看,华中地区是我国知识管理学研究的重要阵地。

与知识管理硕士教育类似,知识管理博士教育也主要依附于情报学。目前,拥有情报学博士学位授予权的单位共有 8 个,分别是:武汉大学、北京大学(与中国科技信息研究所和中国国防科技信息中心联合举办)、南京大学、吉林大学、华中师范大学、南开大学、中国人民大学和中国科学院文献情报中心。在这 8 所院校及研究机构中,设有知识管理相关研究方向的有 4 所。如表 8-2 所示。

表 8-2 我国情报学博士点知识管理研究方向

序号	名称	导师	知识管理相关研究方向
1	武汉大学信息管理学院	邱均平	知识管理与竞争情报
		周宁	网络信息组织与知识管理
		何绍华	知识管理与组织创建
2	北京大学信息管理系	秦铁辉	情报研究(竞争情报)与知识管理
3	南京大学信息管理系	苏新宁	知识管理
4	华中师范大学管理学院信息管理系	王伟军	信息服务与知识管理

知识管理学博士教育除了依托情报学之外,还有一部分是依托图书馆学和管理学与工程学的。如南开大学商学院信息资源管理系图书馆学博士点下设置的知识管理理论与应用研究方向、大连理工大学管理学院管理科学与工程博士点下设的知识管理研究方向、北京航空航天大学经济管理学院管理科学与工程博士点下设的知识管理研究方向等。

目前承担知识管理博、硕士教育任务的主要是一些教育部直属的全国一流重点大学和具有雄厚实力的科研机构。由于本科知识管理人才培养不足,知识管理人才队伍很难壮大,因此可以说,我国知识管理人才培养还处在典型的精英教育阶段。

---

① 马费成,卢涛.我国的情报学研究生教育.情报学报,2006(25):315。

8.1.2.3 课程体系设计取得了一些成果,但仍有不尽合理之处

在有关院校及科研机构中,本科和硕士教育阶段开设的知识管理方面的课程,主要有知识管理导论、知识管理方法与技术、知识管理理论、知识管理、公司知识管理。这些课程都属于知识管理类的主要课程,而且实用性很强,能够帮助学生加强对基础理论的学习。

在知识管理博士教育阶段开设的与知识管理相关的课程,主要有知识管理与信息法研究、知识管理与数据挖掘等。[①] 课程设置把知识管理放在一个具体的领域或技术下,具有重要的实际意义和很强的可操作性。我们认为,知识管理是一种管理理念,与组织的各个方面都存在关系。知识管理的重要任务是实现组织内部的知识共享、转移、运用和创新等,这就需要信息技术的支持。

当前的知识管理课程设置基本能满足人才培养的要求,但是仍有一些重要方面没有涉及,如知识的评测、知识管理和企业流程的整合等在国内都很少有专业涉及。因此要借鉴西方国家的经验,完善我国知识管理课程的设置,以提高人才培养的质量。

8.1.2.4 专业定位不太明确

专业定位不仅关系培养什么样人才的问题,还关系该专业在众多专业中的生存和发展的问题。由于我国知识管理学教育只有极少数是以专业的形式存在的,所以专业定位、人才培养目标就不可能清晰。上述开设知识管理方向的院所一般都没有明确的培养目标或者定位,虽然有相关的知识管理课程学习目标,但这远不能解决人才培养的整体需要问题。而在少数专科层次开设的知识管理专业,虽然有培养目标,但由于层次较低,开设的学校较少,也不能满足我国知识管理专业人才培养的整体要求。

2007年6月,中国人民大学档案学院教授张斌在一次关于知识管理学教育的研讨会上的主题发言《知识管理人才培养目标》中,曾对知识管理人才培养目标进行了描述,但是该目标只是针对知识管理的高级人才——知识主管(CKO)而言的,而知识管理培养的人才显然不都是知识主管。因此,对于知识管理人才培养到底应该达到什么样的要求,高、中、低三个层次的人才培养规格如何,很值得我们深思。

---

① 王知津,孙立立.我国情报学博士研究生教育走势分析.情报资料工作,2006(1):97.

8.1.2.5 培养形式单一

我国对知识管理人才的培养形式过于单一,基本上只限高校的正规培养,其他形式如短期培训、职业培训等非常少。知识管理学的研究力量主要集中在高校、研究院所,企业等组织很少有关于知识管理学的研究成果。一些企业虽有知识管理的实践,一般也不能上升到理论高度。高校尚且不能有效开展知识管理学教育,其他教育形式当然就更难以实现了。

另外,由于缺乏实践上的良好经验,企业对知识管理实施的要求也不强烈,社会对知识管理学教育发展的倒逼机制不健全,使知识管理学教育必然存在先天不足。实际上,知识管理学教育的发展更应该结合职业培训来进行,因为只有社会需求才是知识管理学教育的深厚土壤。

8.1.2.6 对发展知识管理学教育还不够重视

在1998年国家公布的高等学校专业目录上,并没有知识管理这个专业。在图书情报学领域众多的研讨会中,对知识管理学教育的研讨也不多,即使涉及的,一般也只是讨论知识管理对图书情报学教育的影响,或者是图书情报学专业如何开设知识管理课程等问题。2002年6月30日,中国人民大学召集了北京大学、中国人民大学、武汉大学、黑龙江大学等高等学府和中科院的数位青年学者,对知识管理学教育作了一次集中研讨。据笔者掌握的资料,这应该是我国第一次全国意义上的知识管理学教育专题研讨会。

期刊论文方面,呼吁发展知识管理学教育的论文主要有卢海平、张建军撰写的《建设知识管理学科 培养知识管理人才》,王心裁、吕元智撰写的《知识管理课程体系设置与知识管理学教育刍议》等。其他的主要是探讨信息管理和图书情报学如何开设知识管理课程的,如肖勇在《图书情报工作》上发表的《信息管理专业知识管理课程的教学安排探讨》,在论述信息管理专业开设知识管理课程的必要性的基础上,围绕知识管理课程在整个信息管理专业课程体系中所处的位置、课程教学目标、课程教学内容和课程教学方法,对信息管理专业知识管理课程的教学安排问题进行了探讨。① 另外还有马海群的《论知识管理与图书情报教育改革》,陈幼华、杨宗英的《情报学研究生课程设置研究》等。即使这样,这类文章也不是很多。

应该说,由于学术界重视不够,且政府部门发展知识管理的意识不足,知识管理学教育的发展自然是举步维艰。

---

① 肖勇.信息管理专业知识管理课程的教学安排探讨.图书情报工作,2006(3):107-111.

8.1.3 我国知识管理学教育发展对策

发展我国的知识管理学教育事业,缩短与发达国家的差距,是当前知识管理学界一项十分迫切的任务。为此,要积极开展知识管理学教育的研究,呼吁社会各界尤其是企业界予以关注,更重要的是要取得教育管理部门的理解和支持。从知识管理学教育自身来说,还需要注意以下几点:

8.1.3.1 明确知识管理的培养目标

中外学者比较一致的看法是:知识管理是运用一定的手段,获取、编码并有效利用组织的集体智慧的过程;知识管理通过帮助人们共享知识而提高组织绩效;知识管理是创造一种激励环境,帮助人们使用、创造、共享、探索、存储、转移知识,并以此获得竞争优势。美国学者 Wright,Gary L 认为,通过知识管理学教育,组织能够成功理解知识管理,组织需要实施和制度化知识管理。基于这些认识,知识管理专业在人类知识的领航、知识产品项目的开发与知识系统的建立等方面都拥有特色和优势。知识管理学教育必须明确该培养目标、突出这一特色和优势,将传统信息管理能力培养转变为知识管理能力培养。新加坡南洋大学的学者 Abdus Sattar Chaudhry 认为,知识管理能力包括:Facilitating Knowledge Sharing(促进知识共享)(Management)、Managing Intellectual Assets(管理智慧资产)(Financial Management)、Enabling Technologies(支持技术)(IT)、Championing KM Initiatives(倡导知识管理活动)(Leadership)、Managing Dynamic Content(管理动态内容)(Information Management)、Managing Relations(管理关系)(Communication)。

我们认为,知识管理学专业教育目标应为:以素质教育为基础,以综合能力培养为中心,面向知识经济时代培养符合社会需要的具备基本文化素质、基本知识管理技能的应用型、复合型的中、高级专门人才。这些专门人才的基本能力包括:开发新知识、将知识应用到决策和组织流程中,建立知识仓库、促进知识共享、评估知识的价值。

8.1.3.2 构建从本科到博士培养的完备的专业教育体系

本科是人才培养的基础,大规模、高规格的人才培养一定要从本科开始。有条件的学校,如北京大学、武汉大学和南京大学在开展知识管理学教育时,一定要把握好这个平台,精心打造师资与教学资源一流的、独具特色的本科专业。目前,比较现实的方法,就是在相关本科专业中增加知识管理类课程。比如在信息管理与信息系统专业开设"知识管理概论",进一步还应该开设知识库系统、知识组织、知识获取、知识挖掘等课程,也可以在本科设置专业方向。这也许是目前发展知识管理学教育的最现实的途径。

同时,继续完善、加强目前研究生专业的知识管理方向教育,并力争早日从依附专业独立出来,如在管理科学与工程一级学科下,可设置知识管理二级学科。另外,还可以合作兴办 MKA(Master of Knowledge Administration),鼓励跨专业报考,采取各种有效措施确保 MKA 群体的知识结构更加合理。

8.1.3.3　扩展知识管理课程在相关学科的设置

知识管理学课程目前主要在信息管理与信息系统、图书馆学、情报学、技术经济学、企业管理学、计算机应用等专业开设,但这还不够。要积极创造条件,在其他相关学科和专业设置拓展知识管理课程,如人力资源、教育管理、科技管理、电子商务、物流管理、档案管理等管理类专业及知识类专业。这种扩展既是发展知识管理学科的需要,也是这些学科自身发展与融合的需要。

8.1.3.4　完善知识管理学教育课程体系,确定核心课程,突出实用性

卢海平、张建军从理论上认为,结合现代人才培养标准、企业管理基础知识和知识管理专业人员的工作内容及相应能力需求,知识管理专业应开设公共基础课、管理基础课、专业基础课、专业技术课等四类相应课程。其中,公共基础课和管理基础课与现在的专业基本相同。专业基础课包括心理学、伦理学、公共关系学、企业文化学、创新思维训练、知识理论、知识商品概论、人力资源管理、知识产权管理、客户关系管理、创新工程管理、企业流程再造、信息管理学、管理信息系统等。专业技术课包括学习型组织建设、知识管理概论、知识管理方法与技术、知识企业的组织创新、知识资产评估方法与技术、知识管理案例分析、知识管理解决方案分析与应用等。

南开大学商学院信息资源管理系柯平教授提出了两种知识管理学教育观,即面向企业的知识管理学教育和面向图书情报机构的知识管理学教育。面向企业的知识管理课程教学内容包括知识管理对企业的意义、知识管理与信息管理、知识管理的基本原理、企业知识理论与企业知识管理、知识资本及其管理、企业知识管理的实施、企业知识管理的发展方向等;面向图书情报机构的知识管理课程教学内容包括知识概论、知识资源管理总论和知识资源管理分论。其中,知识资源管理总论包括知识资源管理的基本概念、体系、发展、意义;知识资源管理分论包括知识组织、知识传播、知识资源评价、知识记录管理、术语管理、科研管理、知识产权管理、知识系统管理、国家知识政策、知识可持续发展、网络知识管理等。

柯平提出的体系有重要的启发意义。但我们知道,知识管理不仅是一般的管理方法,还是一种管理的观念,在任何领域都有用武之地,我们不可能对每一个领域都设计一个教学内容体系。因此,我们有必要确定知识管理的核心课程,其他专业课程或作为必修、或作为选修,可由各校安排。笔者认为,知识管理概论、知识组织、知识创新、知识技术和方法、知识工程、研究与开发管理、知识产权管理、知识论、知识管理案例评析应该成为核心课程。不论设置什么课程、设置多少课程,都要围绕知识管理人才培养的目标和规格来进行,注重学生的素质和能力培养。

8.1.3.5 组织高水平的研究队伍编写知识管理教材

专业教育除了要有高水平的师资队伍、丰富的教学资源与设施,还必须有高水平的专业教材。为此,可以组织国内外著名的知识管理专家,统一规划、组织编写核心教材,并争取纳入到国家规划教材之中。当然在目前知识管理专业尚且不成熟的情况下,以专业的名义纳入国家规划教材有很大难度,但先期我们可以在企业管理或者信息管理与信息系统专业中,单列一个知识管理方向或者知识管理类别,先编几本主要的教材,等条件成熟后再编写其他核心教材乃至选修教材。

8.1.3.6 积极开展知识管理的企业培训或证书培训活动

从国外图书情报教育机构对知识管理的反应来看,知识管理的各种培训活动是目前专业教育改革与社会接轨的一项重要举措,充分体现了图书情报教育机构在知识管理学教育中的领先优势。国外在这方面有丰富的经验。我国的北京大学信息管理系也已于 2001 年 5 月率先开设了情报学专业知识管理与咨询策划方向的在职研究生课程,开创了知识管理企业培训或证书培训活动的先河。今后,我们要继续扩大培训规模、创新培训形式,把知识管理学教育与实际紧密结合起来,充分释放知识管理的强大魅力,发挥知识管理"点石成金"的威力,促进我国经济和社会的发展。

8.2 港澳台知识管理学教育

在知识经济社会,产品和服务的生命周期不断缩短,任何组织机构要想在这样一个社会求得生存和发展,就必须通过持续不断的创新来提高自身的核心竞争力。知识管理以人为本,通过促进知识的共享、鼓励创新与合作、支持群体学习、协调组织成员之间的关系等手段,并运用集体的智慧提高组织的创新能力和应变能力。可以说,知识管理是构建组织核心竞争力的关键。随着知识管理价值的不断凸显,越来越多的领导者认识到知识管理的重要性,因而对知识管理人才的需求增长迅速。知识管理学教育开始引起越来越多学者的关注。

我国港澳台地区的经济活动活跃,是世界闻名的金融中心、信息中心。港澳台地区一直非常重视教育的发展,特别是近二十年更是把发展教育当作赶超发达国家和促进高新技术发展的关键举措。港澳台地区的教育发达,具有国际水平。港澳台地区的知识管理学教育已经相当成熟,形成了比较完整的体系。因此,对港澳台地区知识管理学教育现状的研究具有重要的现实意义。

8.2.1 港澳台地区知识管理学教育现状

8.2.1.1 香港地区知识管理学教育

香港的知识管理学教育层次分明,教育形式多样。教育层次覆盖到正规教育、远程教育、证书教育等几个方面。

①正规教育。在香港,知识管理正规教育主要分为本科和研究生两个层次。香港地区的知识管理正规教育主要依托资讯管理、资讯系统、全球企业系统管理、电子商务等专业,是以这些专业核心课程、必修课程、辅修课程或选修课程的形式出现的。本科层次开设知识管理相关课程的高校和课程名称如表 8-3 所示。

表 8-3 香港地区本科层次开设知识管理课程主要情况

高校名称	专业	辅修课程	选修课程
香港城市大学	资讯系统	商业智能、创新与企业、创新管理	虚拟和真实社区中的知识管理、管理支持与商务智能系统
	全球企业系统管理	创新与企业、创新管理	管理支持与商务智能系统
	电子商务	创新与企业、创新管理	虚拟和真实社区中的知识管理、管理支持与商务智能系统、知识与资讯模型、过程创新与变革管理
香港科技大学	资讯管理		创新管理

香港知识管理专业研究生正规教育设立了电子商务与知识管理研究方向,仍然主要依托资讯及其相关专业。研究生层次开设知识管理相关课程的高校和课程名称如表 8-4 所示。

表 8-4 香港地区研究生层次开设知识管理课程主要情况

香港城市大学知识管理研究生课程		
方　向	核心/必修课程	选修课程
电子商务		分布式与共享式数据库、数据仓库与数据挖掘、管理支持和商业支持系统,知识管理系统
电子商务与知识管理	知识管理、以资讯技术为基础的组织革新、知识关系管理	管理支持与企业智能系统
资讯系统管理	组织革新资讯技术、知识管理	管理支持与企业智能系统
商业资讯系统		组织革新资讯技术、管理支持与商业智能系统
香港科技大学知识管理研究生课程		
—	创新管理,数据挖掘	—

香港城市大学信息系统系还开设了群众的智慧(虚拟和现实社区中的知识管理)、知识和信息建模、商务知识管理系统、面向商务应用的知识管理、知识管理系统、知识管理特别专题、基于知识的关系管理等知识管理相关课程。

②远程教育。香港理工大学开设了知识管理的远程教育。知识管理研究生教育采用的是弹性学制,允许学员利用业余时间通过在线学习的方式在 2~8 年内毕业,学员在毕业之前必须修满 18 个学分,学费由学员自行承担。香港理工大学知识管理研究生的目标是:使学员深刻理解在设计和实施知识管理方案时所必需的工具和方法,熟悉知识管理相关领域的最新发展动态,更新知识管理方面的知识,使学员具备在现实工作中运用知识管理的能力。培养对象是信息管理、档案管理和知识管理方面的相关人士,以及信息技术、人力资源管理、技术管理、项目管理等方面的专业人士。开设的主要课程如

表 8-5 所示。①

表 8-5　香港理工大学开设知识管理课程主要情况

课程名称	学期 1	学期 2
必修课程		
管理知识	★	★
知识管理系统方法与工具		★
组织学习:方法与实践		★
管理和评估智慧资产	★	
知识管理中的战略问题和案例分析		
核心课程		
创新管理与技术管理	★	
企业知识端口	★	
知识社区		★
商务智能与数据挖掘	★	
网络学习技术与实务		★

此外,香港理工大学还在线提供知识管理相关资源的下载,帮助学员及时解决学习过程中所遇到的问题。

③证书教育。除了提供知识管理远程教育之外,香港理工大学还提供一个名为"知识管理专家"的认证教育。该认证教育运用现实生活中的实例帮助学员深刻理解知识管理的原则和过程,为学员提供与经验丰富的知识管理实施专家见面的机会,使学员能够从专家身上获得灵感,同时让专家提出提升学员自身知识管理能力的建议。认证教育面向的是高层管理者、商业领袖、项目主管,以及那些希望了解知识管理对他们的组织有何种影响的人们。该知识管理认证教育课程主要包括四个模块。如表 8-6 所示②。

---

① KM Program[OL].[2008-10-14]. http://www.ise.polyu.edu.hk/km/content/ckp_01.htm.

② Certified Knowledge Professionals(CKP)[OL].[2008-10-14]. http://www.ise.polyu.edu.hk/km/content/ckp_01.htm.

表 8-6 香港理工大学知识管理课程认证教育主要模块

模块	名称	课程
1	知识管理基础	知识管理简介、知识类型学、知识管理过程、管理智慧资产、知识管理战略制定、知识管理益处、教训及关键成功因素
2	知识管理实施与案例分析	知识审计的工具和方法、知识管理工具简介、知识管理项目实施与案例分析、绩效评估和案例分析
3	知识管理中的组织/文化问题	第三代知识管理、共享组织知识：方法与实务、组织学习：文化和行为的变化
4	知识管理系统和工具	知识管理系统方法与基础设施、协作技术、分类法及其他工具、企业知识端口、分类法及其在知识管理中的应用、社区软件与个人知识管理

学员只要参加了 80% 以上的课程，并通过评估即可获得由香港理工大学知识管理研究中心颁发的知识管理专业认证证书。

综上所述，香港地区知识管理学教育已经形成了较为完整的课程体系。这种教育的三个层次之间相互促进，形成一个良性发展态势，不断为香港知识管理的发展注入活力，推动知识管理学教育的持续发展。

8.2.1.2 澳门地区知识管理学教育

澳门地区的知识管理正规教育目前还不存在。造成这种局面的原因是多方面的。最主要的原因是作为知识管理学教育最主要依附对象的图书资讯(LIS)教育在澳门发展相当缓慢。20 世纪 90 年代以前，澳门不存在任何形式的图书资讯教育。人们不得不离开澳门到别的地方接受图书资讯教育。在 20 世纪 60 年代，一些学生开始到台湾师范大学学习图书资讯学学士学位的课程。在 20 世纪 80 年代，一些澳门人开始到葡萄牙参加文献学的学习。从 20 世纪 90 年代开始，一些澳门学生来到中国内地接受图书资讯学研究生教育。1991 年，当时的葡萄牙政府在东亚大学(澳门大学前身)开始实施文献学学士课程计划。这是澳门首次在本地开展图书资讯教育。然而，这个课程计划只吸引了那些希望在毕业之后能够赴葡萄牙工作的学生。1998 年，澳门图书资讯管理协会、澳门业余进修中心和北京大学信息管理系三方发起了澳门第二次图书资讯学教育，此次课程计划共有 72 学时。尽管如此，截至目前，澳门尚不存在任何形式的图书资讯学正规教育。这是制约知识管理学教育在澳门发展的重要原因之一。①

尽管知识管理正规教育在澳门尚未正式形成,但知识管理学教育的依附式特点依然有所体现。澳门公开大学在工商管理专业硕士和博士课程中分别开设了变革管理(6 学分)和评估管理知识(20 学分)等与知识管理相关的课程,②在国际商法硕士学位课程中开设了国际知识产权法这样一门与知识管理相关的课程。③

综上所述,知识管理学教育在澳门还处于萌芽时期。但从一些高校开设的相关课程状况来看,知识管理学教育在澳门已经引起了相关人士的关注。尽管如此,知识管理学教育要想在澳门取得快速的发展,还需要澳门政府和社会各界人士的共同探索和努力。

8.2.1.3 台湾地区知识管理学教育

台湾地区知识管理学教育发展相当成熟,主要以知识管理正规教育和知识管理学培训教育为主。

①知识管理正规教育。台湾地区的知识管理学教育主要在知识管理和资讯两个学科领域中进行。为了培养知识管理人才,台湾大学图书资讯学系开设了知识管理学程,并制定了系统科学的课程体系。如表 8-7 所示。④

---

① PAUL W. T. POON. (2006). LIS EDUCATION IN MACAU:BIG CHALLENGES FOR A SMALL TERRITORY. Proceedings of the Asia-Pacific Conference on Library & Information Education & Practice 2006(A-LIEP 2006),Singapore,3—6 April,2006. Singapore:School of Communication & Information,Nanyang Technological University,2006:279—283.

② 工商管理专业硕士学位研究生和博士学位研究生[OL]. [2008-10-14]. http://www.aiou.edu/chn/mba_china/mba.

③ 国际商法硕士学位课程[OL]. [2008-10-14]. http://www.aiou.edu/chn/ilaw/ilaw_str.htm.

④ 必修及应修学分数[OL]. [2008-10-14]. http://translate.google.cn/translate?hl=zh-CN&sl=zh-TW&u=http://www.lis.ntu.edu.tw/~km/&sa=X&oi=translate&resnum=1&ct=result&prev=/search%3Fq%3D%25E5%258F%25B0%25E6%25B9%25BE%25E5%25A4%25A7%25E5%25AD%25A6%2B%25E7%259F%25A5%25E8%25AF%2586%25E7%25AE%25A1%25E7%2590%2586%26complete%3D1%26hl%3Dzh-CN%26newwindow%3D1%26client%3Daff-sub-lianmeng%26channel%3Dv232.com%26hs%3DkKG%26affdom%3Dv232.com.

表 8-7　国立台湾大学知识管理学程课程

课程阶段		课程名称	必/选修	学分
基础课程		知识管理概论	必	2
进阶课程	资源领域	知识组织	必（核心）	3
		索引及摘要	选	2
		资讯检索	选	3
		企业资讯服务(含工商图书馆)	选	3
	管理领域	组织行为(含组织学习)	必（核心）	3
		人力资源管理	选	3
		决策支持系统	选	3
		专案管理(含软体专案管理)	选	3
		知识经济(含知识经济与人力分析)	选	3
		智慧产权管理系统	选	3
		资讯科技与组织研究	选	3
	系统领域	知识工程导论(含高等资料库)	必（核心）	3
		高等知识管理系统	选	3
		人工智慧	选	3
		资讯检索与挖掘	选	3
		自然语言处理	选	3
		资料库管理(含资料库系统)	选	3
		网络探勘与检索	选	3
		资料探勘与机器学习	选	3
实习课程		知识管理专题	必	2

在资讯领域开设的知识管理相关课程多见于研究生层次。在研究生层次开设的知识管理相关课程如表 8-8 所示。

表 8-8　台湾高校知识管理研究生课程

国立台湾大学	
课程名称	学分
智慧产权管理系统	3
知识管理	3
台湾科技大学	
课程名称	学分
策略知识管理	3
科技与创新管理	3

②知识管理培训教育。除了知识管理正规教育之外,台湾地区的知识管理学培训教育也相当发达。台湾知识协会通过整合台湾地区知识管理方面的著名学者、教授资源,应社会对知识管理学教育的需求开设了一个名为"知识管理研习营"的课程。该课程历时 30 小时,目的是使学员具备独立实施知识管理的能力。面向的人群分为四类:e 时代的企业经理人/办公室工作者;企业内白领工作者,希望用智慧而非劳力成就事业者;e 时代的政府部门工作者;对知识有兴趣的人。该项目开设的主要课程如表 8-9 所示。①

表 8-9 台湾知识协会知识管理课程

序号	课程名称	时间
1	智慧传承:认识知识管理(科技面、理论面、管理面、执行面)	3 小时
2	智慧分享:知识管理的知识关键,个人管理 VS 组织管理,个人学习 VS 组织学习	3 小时
3	智慧构建:知识管理的核心,如何构建?谁来构建?知识的整理、挖掘、呈现、规则化,内隐知识 VS 外隐知识	3 小时
4	知识管理与电子商务	3 小时
5	知识库的建置:知识管理系统的心脏取得、扩散、使用、分享、整合、加值、解析、创新、再扩散、再使用等	3 小时
6	知识管理在组织的应用	3 小时
7	知识管理系统的导入与建置的实例分享(架构设计、运作、绩效评估)	3 小时
8	知识管理在金融产业的应用	3 小时
9	知识管理在传统产业的应用	3 小时
10	知识管理在高科技产业的应用	3 小时

台湾地区的知识管理学教育已形成了比较合理的格局,一方面通过正规教育促进知识管理理论研究的发展,另一方面通过知识管理培训教育不断提升知识管理从业人员的知识和技能水平。两个方面相辅相成,不断推动着台湾地区知识管理向新的高度攀登。

---

① 知识管理研习营[OL].[2008-10-14]. http://www.knowledgetaiwan.org/course_02.php.

8.2.2 港澳台地区知识管理学教育的特点

港澳台地区知识管理学教育的特点具体如下:

8.2.2.1 知识管理学教育层次比较齐全、类型多样

港澳台地区,尤其是港台地区的知识管理学教育的层次相当齐全,有了学士、硕士和博士三个层次,培养的类型有正规教育、远程教育和培训三种形式。

①正规教育。香港城市大学在资讯管理硕士点下开设了电子商务与知识管理研究方向,该方向确立了严格的人才培养目标,并根据研究方向的特点制定了科学合理的课程体系,以确保知识管理教学的教学质量。台湾大学图书资讯系开设了专门的知识管理学程,并制定了培养目标。

②远程教育:除了正规教育以外,另一种做法就是允许学员利用业余时间通过网上学习的方式,完成知识管理课程的学习。香港理工大学的知识管理课程允许学员通过在线学习的方式,在一定的弹性学制内完成相关的课程任务。该校还在线提供各种知识管理方面的电子资源。

③培训:港澳台地区开展了形式多样的知识管理培训课程。如香港理工大学开办的"知识管理专家"的认证培训,只要学员参加了80%课程的学习,并且通过了专家团的评估,便可获得由香港理工大学知识管理研究中心颁发的知识管理专业认证证书。台湾知识协会开办了"知识管理研习营",让学员通过30小时的学习,使学员具备独立实施知识管理的能力。

8.2.2.2 知识管理课程设计合理、新颖,强调应用性

港澳台地区知识管理学教育的课程设计比较合理。无论是知识管理正规教育还是知识管理培训教育,都拥有自己独立设计的课程体系。香港理工大学的"知识管理专家"的认证培训包含知识管理基础、知识管理实施与案例分析、知识管理中的组织/文化问题、知识管理系统和工具四个模块的内容。第一个模块主要向学员介绍知识管理的一些基本知识,回答知识管理是什么的问题。第二个模块向学员阐明实施知识管理的具体步骤,解决的是怎么做的问题。第三个模块通过介绍组织环境的变化,向学员解释知识管理的必要性,解决的是为什么做的问题。最后一个模块解决的是用什么的问题。

港澳台地区开设了大量知识管理技术方面的课程,国立台湾大学在开设知识管理课程时,甚至把实习课程单独列出作为一个模块。这些迹象表明港澳台地区非常重视知识管理教育的应用性,并试图通过知识管理课程体系的

设计来强调这一点。

此外,台湾大学知识管理类课程还开设了专案管理(含软体专案管理)、智慧产权管理系统、高等知识管理系统、人工智慧等课程。香港理工大学开设了管理和评估智慧资产等与知识管理相关的课程。这些课程在我国大陆地区知识管理课程体系中很难看到。

8.2.2.3 知识管理学教育呈现出依附性的特点

港澳台地区知识管理学教育是在知识管理、图书资讯学、工商管理、电子商务、资讯系统等多个领域进行的。其中,图书资讯学是知识管理学教育的主要阵地,知识管理的高层次教育也是依托资讯学得以实现的,以独立的知识管理学科而且出现的几乎没有。知识管理学教育的开展主要是通过在现存的专业中开设知识管理相关课程,或者是作为上述某个专业的研究方向出现的,如香港城市大学资讯专业硕士点下设置的电子商务与知识管理研究方向。这些说明港澳台地区知识管理学教育也具有依附性的特点。

8.2.2.4 独立办学与合作办学相结合

港澳台地区一方面利用自身的资源优势独立开展知识管理学教育;另一方面,积极与外界沟通交流,开展合作办学,探索知识管理学教育的新模式。1998年,澳门图书资讯管理协会、澳门业余进修中心和北京大学信息管理系三方合作开展图书资讯学教育,为知识管理在澳门的发展奠定了一个良好的基础。香港理工大学与德国多特蒙德科技大学合作开展知识管理课程认证教育。两所高校通过合作的方式整合了优质的知识管理学教育资源,使培训取得了良好的经济效益和社会效益。

8.2.3 结论与启示

港澳台地区的知识管理学教育取得了一些优秀的成果,如办学层次齐全、类型多样,课程体系合理,实用性强等。但我们还应该清楚地认识到知识管理学还没有形成一个独立的学科体系。因此,如何确立知识管理学独立的专业地位便成为值得我们大家深思的问题。只有作为一门独立专业的知识管理学才能保证社会对知识管理人才的数量和质量的需要,才能推动知识管理理的不断发展和进步。知识管理的专业化发展还需要一个时间过程。当然,实现知识管理大范围内的专业化发展并非是知识管理学教育的最终目的,而是知识管理学教育发展的一个里程碑。知识管理学教育更大的意义是:通过传播知识管理,提升个人能力和企业经营绩效,实现经济效益和社会效益的最大化。

我们从港澳台地区知识管理学教育中获得的启示有以下几个方面：

①进一步在图书资讯学、工商管理、电子商务、资讯系统等相关专业中开展知识管理课程。一方面能够进一步扩大知识管理的影响力，另一方面也为知识管理的专业化发展打下一个坚实的基础。

②及早制定知识管理学学科建设计划。知识管理学学科建设计划应包括师资力量建设、专业培养目标、课程体系设置等方面的内容。要紧密结合实际需要，制定出切实可行、独具特色、科学系统的知识管理学学科建设方案。知识管理学学科建设计划的形成不但可以指导知识管理学教育工作的开展，而且可以作为评价知识管理学教育工作成效的尺度，更为重要的是实现知识管理学教育从理念到现实的过渡，具有重大意义。

③由点到面推动知识管理学教育的快速发展。首先在实力雄厚的名牌高校中开展知识管理学教育，探索出一套科学、成熟的知识管理学教育模式，然后在大范围内复制，迅速做大做强知识管理学教育。

④开展多元化的知识管理学教育。在运用传统办学模式的同时，积极整合外部资源，开展形式多样的知识管理学教育，不断提升知识管理学教育的质量。

⑤大力推进知识管理培训。通过知识管理培训将知识管理理论与实践相结合，充分凸显知识管理的价值，从而催生社会对知识管理人才的迫切需求，推动知识管理学教育事业的快速发展。

9 知识管理的未来发展趋势

下面分别从知识管理自身的发展趋势、知识管理学研究的发展趋势和知识管理学教育的发展趋势阐述知识管理的未来发展趋势。

9.1 知识管理自身的发展趋势

9.1.1 知识管理技术和工具多样化,知识管理产品普遍化

未来组织所使用的知识管理技术和工具主要有以下几种:

9.1.1.1 知识仓库知识挖掘技术

随着社会竞争的加剧,从大量数据中查询和提取用于决策的信息就显得越来越重要。这就涉及大量用于决策的数据,而传统的数据库系统尚无法满足这种需求,这体现在:①历史数据量很大;②辅助决策信息涉及许多部门的数据,而不同系统的数据难以集成;③由于访问数据的能力不足,使传统数据库系统对大量数据的访问性能明显下降。针对这种情况,近年来迅速发展起来一种组织、管理、存储数据的新技术——数据仓库(Data Warehouse,简称DW)技术。它将决策分析所必需的大量分散的历史数据和详细的操作数据,经过处理转换成集中统一、随时可用的信息。

(1)数据仓库技术的产生和发展

①数据仓库技术的起源。

20世纪70年代出现并广泛应用的关系型数据库技术为大量数据和信息的组织和管理提供了有效工具。然而从80年代中期开始,由于市场竞争和信息社会需求的发展,人们迫切需要信息系统支持决策,支持突发查询的能力,即对任何业务在任何时间提供解决任何问题的能力。这种需求促使在

80年代中后期出现了数据仓库思想的萌芽。90年代初,W. H. Inmon在其里程碑式的著作《建立数据仓库》中提出了"数据仓库"的概念,从此数据仓库的研究和应用受到了广泛关注。据统计,数据仓库的企业投资回报率均在40%以上。

②数据仓库的定义和特征。

目前数据仓库还没有统一的定义。被誉为数据仓库之父,现任Pine Cone System公司总裁的W. H. Inmon在《建立数据仓库》一书中对数据仓库做了这样定义:数据仓库是支持决策过程的、面向主题的、集成化的、稳定的、不同时间的数据集合。这个定义体现了数据仓库作为知识组织技术和工具的鲜明特征,如主题性、有序性等。数据仓库作为一种特殊的知识库,包括了显性化的知识,如固化的技术、已有项目经验、经营运转情况、客户需求和大量的客户信息;另一方面作为一种分析手段,通过对数据信息的分析,可以帮助组织领导掌握生产经营信息,加速知识更新,清晰表达出组织当前的运营状况和发展情况,从而为组织决策、策略调整提供依据。因此,数据仓库不是数据的简单堆积,而是从容量庞大的数据库中抽取数据,并将其清理、转换为新的存储格式,即根据决策目标将存储于数据库中对决策分析所必需的、历史的、分散的、详细的数据,经处理转换成集中统一的、随时可用的知识和信息。

数据仓库具有以下特征:

• 数据量巨大。数据仓库的数据量很大,一般为10GB左右,它是一般数据库(100MB)数据量的100倍。

• 数据按主题归类。传统数据库面向应用,而数据仓库中的数据面向主题,每一个主题对应一个客观的分析领域。

• 数据具有集成性和有序性。数据仓库的集成特性是指在数据进入数据仓库之前,必须经过数据的加工和集成,即信息组织,这是建立数据仓库的关键步骤。其次运用主题结构将原始数据按主题标引归类,做成面向主题的数据结构。

• 数据具有稳定性。数据仓库的稳定性是指数据仓库反映的是历史数据的内容,并不是日常事务处理产生的最新的专有的数据,这些数据来源于其他数据库,经组织集成进入数据仓库后很少或根本不加改动。

• 数据具有一定的时限。一般要求数据时限为5年至10年。数据仓库的建立并不是要取代数据库,而是要建立一个在较全面完善的信息应用的基础之上、用于支持高层决策分析的系统。

数据仓库中所存放的数据是分析型的数据。数据仓库应当存储面向主题的、集成的、随时间不断变化的数据,它与传统的数据库有很大不同。表 9-1 所示的是基于数据库和数据仓库结构的企业应用系统的不同部分的比较。

表 9-1　数据仓库与数据库支持应用系统的区别

指标 类型	数据库系统	数据仓库系统
数据 技术 方面	操作型数据、增、删、改操作频繁	分析型数据,极少有更新操作
	各类操作基于索引进行	各类操作不完全基于索引进
	以查询工具为主	以分析工具为主
功能 方面	支持传统的联机事务处理 OLTP	支持联机分析处理 OLAP
	事件驱动和面得应用的	业务分析和决策支持的
	要求响应速度极快	要求响应时间合理
	用户数量庞大,各类业务人员都有需求	用户相对较少,以业务决策和管理人员为主

③数据仓库的实现过程与主要功能。

数据仓库的实现过程的主要步骤是:汇集整理各种源数据;存储管理数据和数据挖掘;获取所需信息。数据仓库的建立不仅要遵循建立数据库的一般规律,而且要根据知识管理的特征和要求进行,特别注重以下几个要点:一是数据信息的搜集和集成;二是确保数据的质量;三是按规则更新客户数据、保持对已有客户的统一看法;四是数据仓库统一共享,以发挥最大效益。对知识数据仓库的构建还应该注意:知识的挖掘、知识的鉴定和编码、知识分类和使用方法的开发及软件设置、硬件资源的配置、相应的组织设置和员工培训等问题。

在企业运营过程中,数据仓库提供的主要功能包括:动态、整合的数据管理和知识查询功能。集成的客户知识分析功能:一是基于数据库支持的、及时识别忠诚客户的功能;二是基于数据库支持的客户购买行为的参考功能;三是基于数据库支持的客户流失警示功能。

④数据仓库的发展方向。

数据仓库技术市场正以迅猛势头向前发展。一方面数据仓库的市场需求量越来越大,每年约以 400%的速度扩张;另一方面,数据仓库产品越来越成熟,数据仓库的厂家越来越多。今后几年数据仓库技术将会向以下方向发展:并行化和可扩展性;集中化,数据仓库项目将越来越大;数据仓库与Internet/Intranet 的集成;数据开采工具的成熟和广泛使用;向通用数据库发展,支持面向对象的能力;数据仓库打包应用。

(2)数据仓库的系统结构

①数据仓库的逻辑结构和物理结构。

数据仓库是存储数据的一种组织形式,它从传统数据库中获得原始数据,先按辅助决策的主题要求形成当前的基本数据层,再按辅助决策的要求形成综合数据层,随着时间的推移,当前数据层转为历史数据层。可见,数据仓库中逻辑结构数据是由 3 层到 4 层数据组成的,它们均由元数据(Meta Data)组织而成。数据仓库中数据的物理存储形式是多维数据库存储方式,即虚拟存储方式和基于关系数据表的存储方式两种。

②数据仓库系统。

数据仓库系统(DWS)由源数据、仓库管理和分析工具 3 部分组成。

源数据:数据仓库的数据来源于多个数据源,包括内容数据和外部数据。

仓库管理:在确定数据仓库信息需求后,首先进行数据建模,然后确定源数据仓库的数据抽取、清理和转换过程,最后划分维数及确定数据仓库的物理存储结构。仓库管理包括对数据的安全、归档、备份、维护、恢复等工作,这些工作需要利用数据库管理系统(DBMS)的功能。

分析工具:即用于完成实际决策问题所需的各种查询工具、多维数据的 OLAP 查询分析工具、数据开采 DM 工具和 DSS 的分析预测工具等,它们各自的侧重点不同,适用的范围和针对的用户也不相同。具备了以上这些工具的数据仓库系统,才能真正高效地利用数据仓库中蕴藏的大量宝贵的信息。

③数据仓库应用的 C/S 结构形式。

数据仓库应用是一个典型的 C/S 结构,其客户端的工作内容包括客户交互、格式化查询及结果和报表生成等。服务器端完成各种辅助决策的 SQL 查询、复杂的计算等。现在,一种越来越普遍的形式是三层结构,即在客户与服务器之间增一个多维数据分析服务器。OLAP 服务器能强化和规范支持的服务工作,集中和简化原客户端及 DW 服务器的部分工作,降低系统数据传输量,因此工作效率更高。

④数据集市。

数据集市(Data Mart)是一种规模小,面向特定应用的部门级数据仓库。它是中央数据仓库的一个子集,只包含一个或几个主题;数据集市由业务部门具体设计、开发、管理和维护;它具有紧密集成的工具集,能提供更详细的预先存在的数据仓库的摘要子集,并可升级为完整的数据仓库。目前,全世界对数据仓库的总投资有一半以上均集中在数据集市上,因其提供了一种分析数据的廉价途径。

(3)数据仓库的开发工具

数据仓库的巨大市场,使得数据仓库产品不断出现,其中 Busimam objects,Sybase 和 Platinum technology 等解决方案比较具有典型性。

①Businam objects 解决方案。

Businam objects 是集查询、报表和 OLAP 技术为一体的智能决策支持系统,它使用独特的"语义层"技术和"动态微立方"技术来表示数据库中的多维数据,具有较强的查询和报表功能,且提供挖掘(Drill)等多维分析技术,支持多种平台和多种数据库,同时还支持 Internet/Intranet,可以通过 WWW 进行查询和分析决策。

②Sybase 解决方案。

Sybase 的数据仓库的解决方案能同时处理几十个即时查询,其 Bit-Wise 技术和垂直数据存储技术使系统只访问特定的少量数据,使得查询速度比传统的关系型数据库管理系统快 100 倍。

(4)知识挖掘技术

这是信息被分解成结构化和非结构化的数据储存技术。关系数据库中的信息是一种结构化的数据;非结构化的数据是一些文件和基于文本的信息。用户需要以某种方式来存取这种信息。一旦信息被定位,就要以某种方式将其从各种信息库中提取出来。

现有的知识提取技术不外乎可分为三种类型:即语义的、协作的和可视化的。

9.1.1.2 知识地图技术

为了系统管理知识资源,知识管理必须综合运用战略、组织、流程、技术、文化等多种措施和管理工具,动员组织拥有的一切资源来实现知识管理的目标。在实现知识管理的五大措施中,流程措施占有十分突出的地位,而流程的核心内容便是知识地图(Knowledge Mapping)。① 知识地图是知识目录和领域专家的导航,它允许对所描述的组织知识资源进行处理、浏览和形象化。

(1)知识地图的概念

知识地图,或称"知识分布图"(又称"知识黄页簿"),是知识的库存目录。就好像城市地图显示的街名、图书馆、车站、饭店、学校、机构等一样,知识地图寻找人或组织有哪些知识项目及其分布和地点位置,以便员工按图索骥,找到他们需要的知识来源。其实质是一种利用现代化信息技术制作的组织知识资源的总目录及各知识款目之间关系的综合体。

知识地图所显示的知识来源,可能是部门名称、小组名称、专家名字、相关人名字、文件名称、参考书目、事件代号、专利号码、知识库索引等,但却不包含知识的内容本身,它是指南和向导,用以节省员工追踪知识来源的时间。有了良好的知识地图,无论需要的知识多么冷僻,只要有个开头,就可以透过层层的推荐一路追踪下去,从而找到知识的源头。这样的滚雪球效应,使员工在需要知识的时候,不会因为太费时间而将就于便利但不完善的知识。组织也可以利用知识地图了解哪些知识尚待补强或开发,哪些知识应当扩散及推广等。

所以,知识地图包括两个方面的内容:一是通过知识资源调查所获取的知识资源目录;二是目录内各款目之间的关系。一份完整的知识地图不仅能提供知识资源的存储地点、所有权人、有效性、及时性、主题范围、检索权利、存储媒介及使用渠道等,还能揭示所有的知识资源,如文档、文件、系统、政策、名录、能力、关系、权威及专利、事件、实践经验等。其所描绘的对象主要是人、显性或编码化的知识及其过程或方法。所以,知识地图不仅能清楚地揭示组织内部或外部相关知识资源的类型、特征及知识之间的相互关系,还能揭示组织的知识结构、业务流程、员工激励机制、客户承诺,以及组织用以创造和利用知识的技术。

知识地图一般使用抽象的符号或图像来表示这些对象。随着 Internet 技术的飞速发展和知识获取手段的日益增多,组织中的各类知识迅速增加。尤其是那些组成比较复杂且规模较大的组织,其知识增长的速度更快。因此,单一的知识地图是难以完成对知识的管理的,而要将其进一步扩展为知

---

① 乐飞红.企业知识管理实现流程中知识地图的几个问题.图书情报知识,2000(9)。

识地图集(knowledge atlas)。知识地图集的结构如图 8-1 所示。

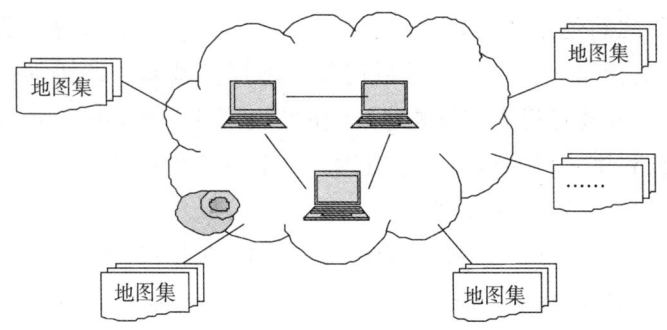

图 9-1　知识地图集的结构

知识地图集是将组织中多个知识地图通过 Intranet/Internet 联结和整合,是对知识地图功能的进一步拓展。知识地图集包括了不同种类的地图,如知识流程、拥有知识的人、组织存在的问题、解决问题的方法及目标等各式各样类型的地图,知识地图集可以将各个知识地图彼此之间的连结表达出来。知识地图集通过建立每个知识地图与其他知识地图之间的联系,来增加每个知识地图的价位。知识地图集能够显示一个复杂项目和流程的更多方面之间的更多联系,它不仅可以描述知识的内容和存储问题,还描述了时间、原因和结果等问题,以及在流程中,某些知识何时被需要、不同活动和领域的知识间关系如何、这些活动为什么会发生等。在知识地图集的帮助下,组织中的成员可以知道他们的工作何时需要某种类型的知识及到何处去找这些知识,或者这些知识是否合适、是否需要重新开发或从外部引进。同时,知识地图集还能够告诉人们某些流程的特点、最好的经验、常犯的错误,并能够显示知识创新是否真正实现,是否已偏离最终目标,偏离有多远。

(2)知识地图在知识管理流程中的作用

知识管理的流程涉及众多因素,如战略、领导、评测、组织、技术和组织文化等。所有这些因素都必须统一视为企业的知识资源,并进行合理配置。知识地图在知识管理中起着关键的作用。知识地图是知识管理流程措施中的核心内容,它能够揭示组织内部知识获取和流失的机理,描绘组织内部知识流的运行路线,进而协助组织了解员工流失如何影响组织的知识资产,帮助组织更好地建立工作团队。

知识地图在知识管理中的作用体现在如下几个方面:①有助于知识的重

复利用,有效地防止知识的重复生产,节约检索和获取时间。②发现"知识孤岛"并在它们之间建立联系,以促进知识共享。③发现组织内部能有效促进学习的非正式社团。④为知识项目进程评估提供基础。⑤协助员工快速获取所需知识。⑥通过提供知识检索,来协助决策及业务问题的解决。⑦提供更多的学习、利用知识的机会。⑧有助于知识资产的创造和评价。⑨有助于建立合适的知识管理基础设施。

协作是知识管理的一个核心问题,因此知识地图必须成为组织协作工作的一个重要组成部分。如知识地图可以作为一个 Lotus Notes 电子邮件的附录送到组织的另一个网站,从而使组织其他员工也能共享这种明确而清晰的知识。知识地图还可以通过其他协作技术,如 Lotus Teamroom(TM)进行共享,从而进一步丰富知识地图的内容。

(3)知识地图的绘制方法

在知识地图绘制工作中,组织要制定相应的知识款目著录规则及建立各条款目之间关系的规则,这些关系包括互见、参见等,从而为实现知识管理工作的标准化和规范化奠定基础。

一般来说,组织绘制知识地图应注意以下几点:①深刻认识知识的时效性。②明确阐释知识的激励制度,确定适当的绘图范围,尊重员工的隐含知识。③尽可能包括所有的知识类型,如显性知识和隐性知识、正式知识和非正式知识、内部知识和外部知识、编码化知识和个人经验、瞬时知识和永久知识等。④高度重视组织结构与组织文化及奖励制度,并重视及时性、共享性及相关法律,如专利法、商标法等。

(4)知识地图的实现技术

从技术上讲,知识地图的实质就是知识目录的总览,知识地图允许对组织知识资源进行处理、浏览和形象化。

所谓知识目录,是指组织知识库或组织知识资产的分类典藏(categorized collection)登记表(一个精心设计和组织的登记表),它是在组织知识资源评测的基础上形成的一个数据库,收藏组织知识资源的著录信息,能揭示各知识款目之间的关系,并提供相应的链接服务。信息和知识的目录由元数据揭示,简单的元数据仅仅提供目录源的有关外部特征信息(如地点、作者、信息或知识生产日期及入藏号等),高级的元数据能揭示知识款目的内容特征(如主题、分类号、应用及知识的相关背景等)。

在知识目录中,对组织运作具有重要意义的信息和知识,根据某种分类体系对其进行分类和典藏,其中的信息可以是文件、Intranet 和 Extranet 上的 Web 主页、文档管理系统、最佳实践记录、数据库、数据仓库及数据市场;其中的知识可以是专家知识、商业规则、工作流程图、工艺手册、配方、图表和地图。对于组织来讲,元数据的数量可能十分庞大,且要求经常性地存取与更新。所以组织的知识目录必须基于数据库平台并能够在全组织范围内提供多项服务功能,如知识目录的缩放、知识内容的维护和保护、对组织知识资源连续的快速检索等。

知识地图与浏览技术的结合,使得组织知识管理技术基础设施的建设成为一项不断进步和易于管理的活动,并为组织知识管理所引发的组织与文化变革提供了有力支持。知识库管理技术与网络技术的结合,可以使组织很容易地建立组织的知识中心,即利用网络通讯协议把整个组织的知识库联接起来,采用统一的检索软件和用户界面,为用户提供对整个组织知识库的透明检索服务。

在知识地图技术方面,较有代表性的是 IBM 公司的 IBM KnowledgeX。它是 IBM 公司推出的一个强大的知识地图解决方案,在全企业范围内扩展了 IBM DB2UDB 的功能,使数据库成为企业所有数据、信息和知识的中心,为全企业范围内的知识管理提供了一个理想的基础设施。

微软公司充分利用数字科技为知识地图建立了良好的索引系统。员工可以在任何时间、地点通过网络取得知识员工的资料。使用者可以用关键词或主题进行搜寻,也可以进行比对。电子地图比印刷地图更便于修改,且能随时更新,可信度更高。数字系统还能提供图像及影片,比文件更人性化。愈人性化的系统愈能建立人际信任,也愈能使知识管理发挥功效。但是单纯的科技并无法确保知识地图能有效地被利用,重要的还是地图本身的质量。《时代生活》杂志社曾经使用索引式档案架(Rolodex,旋转抽出式索引档案架,以环圈贯穿卡片,旋转时可做自动检索),也发挥了极佳的索引效率。对于变动性不大的组织,书面黄页加上丰富多元的索引信息,亦可发挥令人满意的寻找知识来源的功效。

微软公司的知识地图中包含了 137 项显性知识及 200 项隐性知识,每一种能力都有四级知识程度:基本级、操作级、领导级、专家级。对每一级程度的定义都有详尽的描述,务求清晰及易于评量,并避免主观的误差。微软重要部门的每个职务,都需要经理赋予40~60个知识项目加以评估,而每个员工的实际能力也依此标准衡量,评估过程由员工、小组及经理互动完成。最后,微软将此知识地图上传,使全球各处的微软员工都可以利用网络查询。为了便于分类查询,知识项目被归类为四种属性:入门知识、基础知识、独特知识与全球知识。愈到后面的知识则愈珍贵。

9.1.1.3 知识网格技术

知识经济时代的知识管理需要信息技术的支撑,因特网技术的发展使知识管理从理论和实践上获得了巨大发展。但是随着知识交流和运用规模、范围的扩大,因特网技术面临着许多难以解决的问题。目前,网格技术已从WWW时代向GGG时代转变,这项技术将为知识管理的变革提供新的发展动力。

(1)网格技术的发展

计算机的应用模式经历了终端—主机模式、客户—服务器模式、浏览器—万维网(WEB)模式,现正向未来的客户(浏览器)—虚拟计算(服务)环境模式发展。网格就是形成虚拟计算和信息服务环境的基础设施。① 网格被视为继Internet之后的又一次网络革命,被视为21世纪的新型网络的基础架构。万维网(World Wide Web)也将升华为网格(Great Global Grid)。

网格(Grid)通过高性能计算环境,促进全球分布式计算资源、存储资源、数据资源、信息资源、知识资源、专家资源的全面共享、管理、协调与控制,这些资源包括机器、网络、数据和任何设备。② 欧洲网格项目提出了一种三层框架——计算(数据)网格、信息网格和知识网格,即是一个下中上的三层结构,从下层至上层,数据的抽象层次愈来愈高。上层则建立在下层功能之上,需要控制和调用下层的功能。"计算和数据网格"(Data Grid),主要解决数据访问问题;"信息网格"(Information Grid)是将"异构的信息访问"变成"同构的信息访问",包括信息表示和检索、Internet上信息的分布与组织;知识网格建立在"信息网格"之上,借助于经过信息网格处理后的同构信息,实现知识的自动积累,并进行"数据挖掘"、"知识挖掘"和问题求解。它们之间的

---

① 王德禄.知识管理的IT实现—朴素的知识管理.北京:电子工业出版社,2003。
② 王晨.基于网格的Web Services.情报理论与实践,2004(1)。

关系用图 9-2[①] 表示：

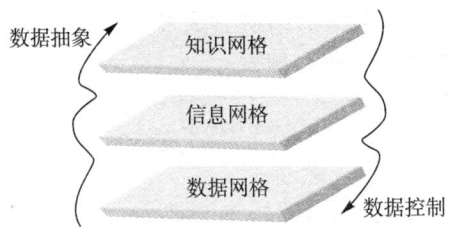

图 9-2　数据网格、信息网格和知识网格关系

网格的体系结构目前主要有两种，即 Ian Foster 提出的五层沙漏结构和 IBM 与 Ian Foster 提出的"开放式网格服务架构（OGSA）"。五层沙漏结构与传统的 TCP/IP 体系结构有点类似；开放式网格服务架构是从开放式标准 Web 服务延伸出来的架构。[②]

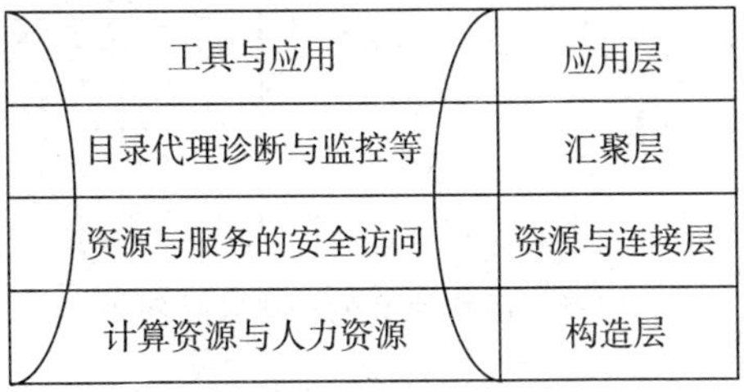

工具与应用	应用层
目录代理诊断与监控等	汇聚层
资源与服务的安全访问	资源与连接层
计算资源与人力资源	构造层

图 9-3　五层沙漏结构图

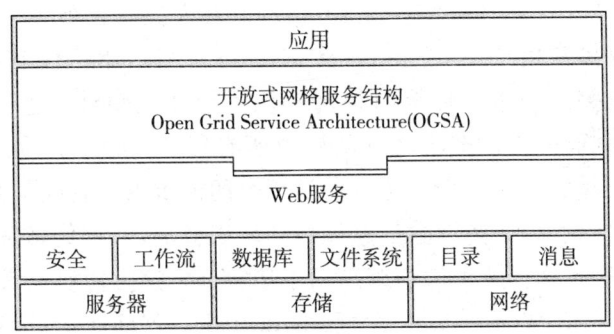

图 9-4　开放式网格服务（OGSA）架构图

---

① 渠岸杉，黄理灿，陈卫东，潘云鹤. e-Science 技术综述. 计算机测量与控制，2003(9).
② 吴迪，王青海. 网格计算及其应用研究. 微型计算机应用，2003(9).

网格是一种新技术,因此具有新技术的两个特征:其一,不同的群体用不同的名词来称谓它;其二,网格的精确含义和内容还没有固定,而是处在不断的变化之中。网格研究的常见实例有:

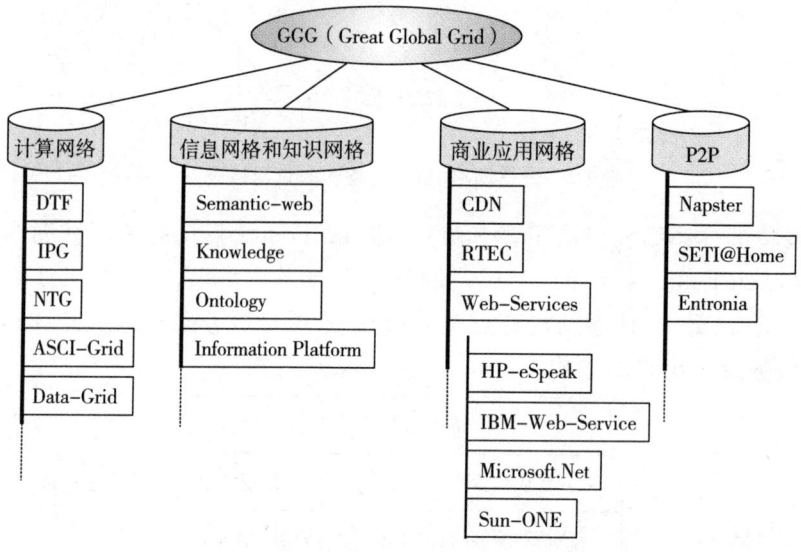

图9-5 网格研究的一些常见实例

最"正统"的网格研究来源于美国联邦政府过去10年来资助的高性能计算项目。这类研究使用的名词就是"网格"或"计算网格"。早期还使用过另一个名词——"元计算"(Metacomputing);也有人把网格看成未来的互联网技术。国外媒体常用"下一代Internet"、"Internet2"、"下一代Web"等词语来称呼与网格相关的技术。传统因特网实现了计算机硬件的连通,Web实现了网页的连通,而网格试图实现互联网上所有资源的全面连通,显然这是信息知识资源管理的根本转变。还有一类研究的侧重点是智能信息处理,它与网格研究的共同点是如何消除信息孤岛和知识孤岛,实现信息资源和知识资源的智能共享,而这反映了知识管理的本质特征。这方面研究常见的名词有语义网(Semantic Web)、知识管理(Knowledge Management)、知识本体(Ontology)、智能代理(Agents)、信息网格、知识网格、一体化智能信息平台等。

网格的思想早在1960年就提出了,但对网格的大规模研究则是近十年的事。21世纪高性能计算的趋势是与网络结合,产生网格新技术。目前,世界上许多国家都对网格技术非常重视。美国、欧洲、日本、印度等国都启动了大型网格研究计划,并得到了产业界的大力支持。英国政府已投资1亿英镑,而美国政府用于网格技术基础研究的经费已达5亿美元。随着网格研究在学术界的发展,信息产业界的大公司也相继公布了与网格目标一致的研究开发计划。在美国,SCM(供应链关系管理)和CRM(客户关系管理)等商业应用领域已经开始使用网格技术。比如美国通用汽车(GM)已经开始测试通过网格将经销商和GM、甚至配件制造商等连接起来的订发货系统。IBM、辉瑞(Pfizer)、爱立信(Ericsson)、日立(Hitachi)、宝马(BMW)、联合利华(Unilever)、葛兰素威康(Glaxo Wellcome)、史克必成(Smith-Kline)等,都已经开始构造和试用内部网格。我国政府在2002年6月的"863计划"中设立了网格专项,研制中国国家网格。联想和中科院计算所分别推出了深腾6800高性能计算机和曙光4000A超级服务器,形成了织女星网格(VEGA-KG)品牌,并初步应用。①

网格技术将带来因特网的新生,极大地改变着我们的工作和生活。美国《福布斯》杂志预测,2020年将产生一个年产值为20万亿美元的大工业,相当于现在美国GDP的两倍。

(2)知识网格的提出及意义

①知识网格的涵义。

知识网格(knowledge grid)领域的主要创始人诸葛海研究员给出了知识网格的全面定义:知识网格是一个智能互联环境,它能使用户或虚拟角色有效地获取、发布、共享和管理知识资源,并为用户和其他服务提供所需要的知识服务,辅助实现知识创新、协同工作、问题解决和决策。知识网格使用基于知识的方法学和技术学,包括知识工程工具、智能软件代理、数学建模、模拟、计划等。它包含了反映人类认知特性的认识论和本体论,应用社会学、生态学和经济学原理,并采纳了下一代互联网所使用的技术和标准。

知识网格将超越现有的信息检索、过滤、挖掘、问题回答等技术领域。在传统的自然语言处理、语音和手写体识别、科学计算、形式语义之外另辟蹊径。主要研究知识获取与知识表示的理论、模型、方法和机制;知识可视化和创新的问题;在动态虚拟组织间进行有效的知识传播和知识管理;知识的有效组织、评估、提炼和衍生;知识关联和集成。

---

① 刘洁,郑丽萍,郭韦钰,时鹏,丁连红.中国织女星知识网格研究进展.计算机研究与发展,2003(12).

知识网格要解决的核心问题包括3个方面:资源的规范组织——资源空间模型;资源的智能聚合——软设备;资源的语义互联——语义链网络。

知识网格中的"网格"比计算网格中的"网格"含义更广,网格不是实施知识网格的唯一平台,但知识网格应该吸收网格的理念。

②知识网格的特点。

知识网格有以下五个不同于其他技术的特点:

• 人们能够通过单一语义入口获取和管理全球分布的知识,而无须知道知识的具体位置,非常易于人们对知识的检索。这是知识管理追求的重要目标之一。

• 可以将全球分布的相关知识智能地聚合起来,并通过后台推理与解释机制提供按需的知识服务。达到这个目标的方法之一是知识提供者提供元知识,统一的资源管理模型将有助于实现知识服务的动态聚合,可以真正实现按个性需求提供知识,非常有利于创新的实现。这是知识管理的根本价值所在。

• 人或虚拟角色能在一个单一语义空间映射、重构和抽象的基础上共享知识和享用推理服务,其中的相互理解没有任何障碍。知识网格还会使知识共享更加普适。知识共享是知识管理其他活动顺利进行的前提。

• 知识网格应能在全球范围内搜索解决问题所需的知识,并确保合适的知识闭包(即最小完备知识集)。为了达到这个目标,我们需要建立新的知识组织模型。这是目前知识管理面临的困境之一。知识网格使知识管理更加有效。

• 在知识网格环境中,知识不是静态存储的,它能动态演化且保持常新。这意味着知识网格中的知识服务在使用过程中可以不断自动演化改进。这是目前任何知识库和知识仓库所无法做到的。

③知识网格所关注的问题。

知识网格主要关注以下五个问题:

• 知识获取与知识表示的理论、模型、方法和机制。在知识网格中获取知识有两种方法:一种方法是人们直接通过交流互相获取知识,或通过接受他人发布的知识资源获取知识;另一种方法是知识网格通过对诸如数据、文本和图像等资源进行抽取、挖掘、归纳、演绎、合成来获取知识。知识网格应该能够辅助人或虚拟角色有效地获取和发布知识,并以人、机都可理解的方式将其表示出来。因此,我们应建立一个开放的原语集合来实现知识表示,这些原语应能表示多粒度的知识,并能通过原语操作得到新的知识。

• 知识可视化和创新。主要包括智能化的用户接口(如语义浏览器或知识浏览器),它使人们通过可视化的手段来共享知识。语义链网络和认知图可以缩短知识表示和知识可视化之间的鸿沟。接口应体现知识网格的个性特征,并能通过类比推理、归纳机制及组织规则来激发知识创新。显然这是知识管理的一个巨大进步。

• 在动态虚拟组织间进行有效的知识传播和知识管理。中国知识网格研究组提出用一种知识流网络来实现动态虚拟团队间的知识有效共享。

• 知识的有效组织、评估、提炼和衍生。知识可通过基于语义的范式来组织,以确保有效的检索和修改操作。知识网格应能删除冗余知识,并提炼知识来合理扩展有用的知识。它也会有助于从已有的知识、范例和类似文本的知识源中衍生出新知识。

• 知识关联和集成。知识网格应能关联和集成不同级别(如概念级、公理级、规则级和方法级)和不同领域的知识资源,以此来支持跨领域的类比推理、问题解决和科学发现。

④知识网格体系结构。

知识网格的体系结构是一个如图 9-6 所示的三层结构。其中人类层反映知识网格的社会和人类行为特征。它包括:知识空间、用户空间、社会组织规则。知识空间包含所有参与者的明确知识;用户空间包含用户信息;社会组织规则表示评估其社会价值的标准或规范。人类通过特定媒体(如文本文档)以自然语言的方式传送知识。知识网格可能需要用户提供被当前媒体忽略的元知识、背景知识和常识。

语义层包括知识表示子空间和角色子空间。前者以机器可理解的形式表示用户知识,后者根据用户意图为用户提供多种角色。该层还包括需求子空间和服务子空间。在知识表示子空间中,用户和服务可以通过角色来表示需求;在角色子空间中,服务是自治、自表示的。系统以社会价值观来评估服务的有效性。

知识表示子空间是以语义空间和规范语义空间的形式组织的。语义空间能通过规范化处理来达到完备性、完整性、有效性和正确性等质量要求。语义链、本体和名空间属于语义空间。

语义层可避免用户直接与资源实体层交互,用户不必关注资源的形式和位置,这也使得资源实体层的任何变化对用户来说都是透明化的。因此,当通信平台和表示基础变化时（如标记语言更新），语义层能够保持相对稳定。

资源实体层包括智能通信平台和资源实体空间。后者包含知识存储子空间、XML 文件子空间、HTML 文件子空间、软设备子空间等。知识网格能利用互联网的优点并与其兼容。知识存储子空间是通过定义在语义空间的原语来实现的。中国知识网格研究组提出用软设备模型来概括和封装各种资源类型，包括推理机制、知识资源和数据资源。智能通信平台综合了客户机/服务器、网格、P2P 计算的优点，支持移动性。

在知识网格体系结构中，任何用户或服务都可根据其应用领域选择一个角色，在需求空间输入需求。服务空间中的服务将在需求空间中主动查找相匹配的需求，然后为需要服务的用户（或虚拟角色）提供最佳服务；通过服务代理选择最优的服务，或者将相关服务进行组合而提供统一集成的服务。在服务交互中，服务集成包括数据流集成和知识流集成，从而获得单一语义映像。

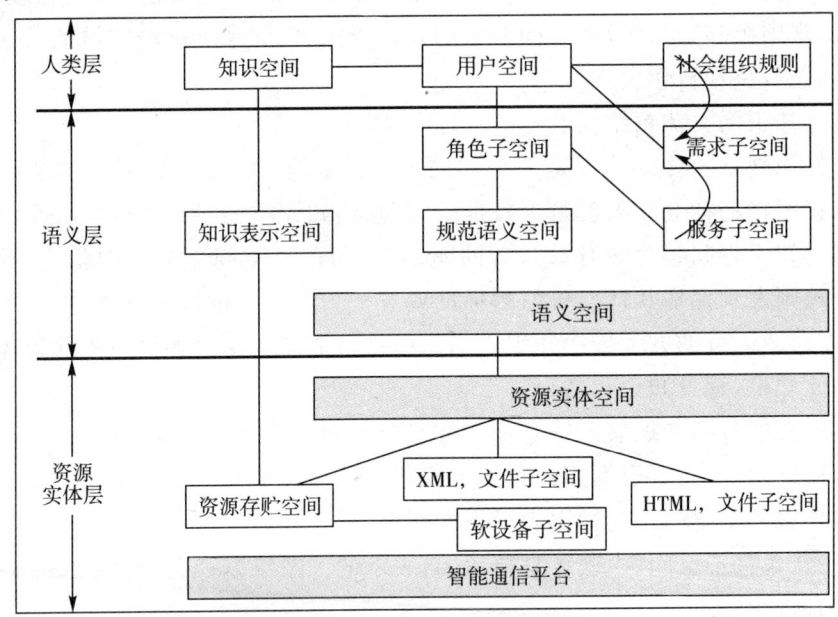

图 9-6　知识网格多空间体系结构

（3）知识网格将推动知识管理深度发展

正在兴起的网格技术，为人们对知识信息的需求由文本单元向知识单元的深度发展提供了实现的可能性，同时也要求人类采用新的知识组织方式来建立知识管理的大平台。它将改变人类知识生产、传播、创新和分配的传统方式。构建网格的目的在于实现人类知识的有效利用。它不仅对网格管理软件提出了技术要求，同时也对知识管理的理论和方法提出了挑战。网格技术将会为知识管理带来革命，引发知识管理向深度发展。所以，知识管理需要知识网格的支持。

从知识管理的角度看，知识网格是知识链组成的知识网络图，是用关联和链技术将"知识结构"、"知识单元"、"知识元"组成的层次知识链、网状知识关系图。"知识元"构成了知识网格的最小单位，是求解问题的证据，是知识网格的核心。知识元具有独立性、封装性、继承性等特点。知识网络通过网格计算实现对知识的动态调用，达到对知识的动态利用的目的。因此，知识网格对知识管理的挑战要求解决以下问题：

①构造知识元和知识域(knowledge domain)结构。在现有的学科分类体系的范围内，对人类全部文明成果进行系统的整理、甄别、认定，以确定各学科的基本知识元和知识域，可组织专家就若干个成熟的基础学科的知识元和知识域认定进行实验。

②开展知识链理论与方法研究。实现知识组织结构由等级式向网络式转变。研究知识元和知识域的链接，构建由知识元和知识域组成的新知识结构。知识元、域之间的不同层次、不同学科的链接，是实现新知识生产、知识传播、知识有效利用的关键。并在此基础上实现更大范围乃至国家级、全球的知识结构体系。

③建立知识平台。知识元的独立性与知识元的链接性是知识创新的途径之一。知识链的实现将依赖于知识平台的建立。知识平台将是实现知识创新的前提，将构建起整个科学分类体系，包括对诸多的综合学科和交叉学科框架的构建，使人类的知识成果系统化、有序化。目前，中国数字期刊网已经初步实现了这一目标。

④提高隐性知识向显性知识编码转变的技术层次。隐性知识向显性知识编码转变是知识生产、知识学习、知识利用的基础。知识创新标引与创新检索同用户需求具有耦合共振性。快速的知识提供是快速知识创新的前提，是一个组织或国家长期培育和保持核心竞争力的主要保证。

⑤知识网格是"知识巨脑"。知识网格的建立须由知识管理专家、科学管理专家，以及各学科的专家和企业、政府的通力合作，才有可能实现。知识网格的建立将会把个人知识与整个人类的知识成果连接起来。它与引文索引

的本质区别在于它不是文献链而是知识网络链。它会使知识的创新以无法预料的速度迅猛增长,也将使人类文明走向一个新的高度。

未来的社会组织为了提高自身的创新能力和应变危机的能力,必须综合运用各种知识管理技术,形成一个科学合理的知识管理技术体系,保证各项技术之间相互协调、相互支持、相互促进,从而不断提高组织的核心竞争力,使组织在知识经济时代立于不败之地。

9.1.1.4 知识管理产品普及化

随着知识管理价值的不断凸显,人们对知识管理的关注达到了一个前所未有的程度,对知识管理产品的需求越来越大。未来,知识管理必然会迅速普及,风靡全球。目前具有代表性的知识管理产品主要有:

(1)Lotus:以专取胜

在所有知识管理解决方案中,Lotus 给人印象最为深刻。知识管理所必需的文档管理和群件技术在 1998 年前后已经是 Lotus 的主打产品。而 Lotus Notes 本身是一个可完成多种应用的平台,虽然不是浏览器界面,但在原理上已经很接近企业门户,这些都是 Lotus 进入知识管理市场的先天优势。近几年知识管理的兴起,对 Lotus 来说,实在是一个发展的天赐良机。

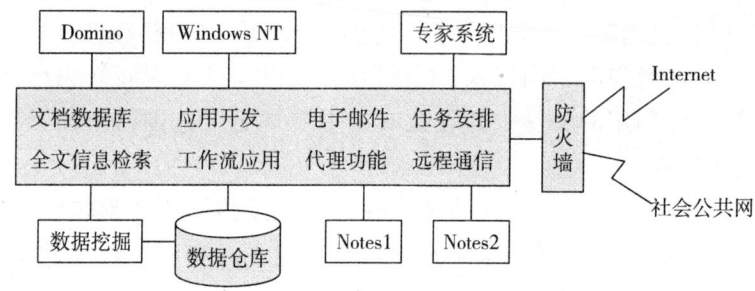

图 9-7 基于 Lotus Notes 群件的知识管理系统

Lotus、IBM 研究中心、IBM 知识管理研究所共同对 Lotus 专业服务及 IBM 全球知识管理服务机构在全球的 2 万个客户的知识管理实践进行了调查,以 Lotus 现有技术为基本出发点,制定出独特的理论框架,并确立了知识管理产品的策略。第一个产品 K-Station 企业门户和其配套产品 Discovery Server 已经完成。

Lotus 认为,仅仅将知识管理局限在从海量信息中提取有用资料是不够的,还要找到具有专业知识的人,这些人还要交流、互动、进行创造性的工作。于是,Lotus 将数据、资料及处理过程定义为"事物(Thing)",将建立在网上的虚拟工作环境定义为"场所(Place)",将员工、客户、专家、合作伙伴等定义为"人(People)"。而在人、场所、事务之间建立有机关联才是理想的知识管理环境。

其中,K-Station 已经具有知识管理系统必备的知识管理功能。在 K-Station 中,每个人都有自己的场所,即个人场所(Personal Place)。个人场所为担任不同角色的人员提供定制的日常工作环境。在个人场所中可进行电子邮件处理、管理日程、讨论、获取订阅资料、编辑文档等操作。沟通场所 (Community Place)为由相关人员组成的小组提供了共享与共同工作的环境。所有个人文档都被加上了基于场所的标签,并按场所将文档进行分类归档。这种机制为文档的共享和检索提供了方便。在场所中可以看到何人正在线上,并列出共享场所的清单,在线上的人可以相互进行即时的消息沟通。目前,K-Station 必须在 Domino 环境下运行,因此系统中至少要有一个 Domino 服务器。

(2)微软:追求通俗

微软一方面将现有产品基本上贴了知识管理的标签,一方面也在开发新一代知识管理产品。微软的新一代知识管理产品正在进行第三版 β 测试,其产品代号为"Tahoe(太湖)"。与 Lotus 不同,微软没在知识管理理论上标新立异,在这一点上,微软比 Lotus"通俗"得多。

按照微软的说法,Tahoe 是集文档管理、文档索引/检索和协同工作于一身的企业门户。Tahoe 的文档管理包括版本控制、文档的作者与密码属性管理、文档发布控制、签发控制等功能。在文件索引方面,Tahoe 可以进行全文检索,也可以对网站、文件系统、Exchange 服务器、Lotus 服务器等多种信息源进行检索。

除此之外,在 Tahoe 系统中还可以采用人工方法对文档进行分类处理,在处理过程中,通过 Tahoe 的分类助理可以学习人工分类规则,当样本达到一定数量,分类助理就可以自动进行分类。

Tahoe 由文档服务器、索引服务器和检索服务器组成。这些服务器既可以安装在一台机器上,也可以分装在三台机器上。使用时,既可以以 WWW 方式进入 Tahoe,也可以通过 MSOffice 中的 Tahoe 插件进入,还可以直接从 Windows 文件系统进入。

微软的策略是只提供知识管理系统平台,而对各行各业的知识管理解决方案,则是由经微软认证的合作伙伴提供。

(3)IBM:挖掘文本

在文本挖掘软件中，IBM 的 TextMiner 很有代表性，其主要功能是特征抽取、文档聚集、文档分类和检索。

TextMiner 的特征抽取器能从文档中抽取人名、组织名和地名及由多个字组成的复合词。此外，特征抽取器还能抽取表达数字的词汇，例如，"钱"、"百分比"、"时间"等。抽取完特征以后，有相似特征的文档就被自动聚集成一个集合。利用这一功能，知识管理系统可以从大量文档中找到相关文档。TextMiner 还可以对文档进行自动分类。

(4) Autonomy：去除冗余

在中国，知道 Autonomy 公司及其技术的人不多。但实际上，Autonomy 及其 CEO 迈可·林奇(MikeLynch)在知识管理界的知名度很高。迈可·林奇 1991 年毕业于剑桥大学，他主修的是神经网络。他受模式识别所用的概率算法的启发，创立了 Neurodynamics 公司，以概率论中的贝叶斯公式和香农的信息论作为其技术的理论基础，开发出文本挖掘产品。1998 年，Autonomy 公司看中林奇的技术，以 400 万美元并购了林奇的公司，林奇也成为 Autonomy 公司的 CEO。

Autonomy 最核心的产品是 Concept Agents。该产品能自动地从文本中抽取概念。

在林奇看来，按照香农的信息论，文档中除有效概念外，还有大量的冗余信息。而词或短语是否为冗余，可根据它在文档中的随机度(概率)来判定。如果能滤去冗余，就可从文档中自动抽取出表达文档主题的概念。在林奇的方案中，先要对系统进行训练，处理一些文档，由使用者对非冗余概念做出认定和识别。按照贝叶斯概率理论，这一步实际上是让系统获得关于概念的先验概率。系统在随后的自动处理中，根据这些概念在文档中出现的实际情况，按贝叶斯公式求出后验概率，以此作为冗余过滤的依据。这一方法与语种无关，由于每个用户都要对系统进行个别训练，因而系统的文本挖掘天然就具有高度个性化的特点。到目前为止，包括报业巨头默多克的新闻集团在内的一批知名公司已经成为 Autonomy 的客户，Compaq 公司也已经将 Autonomy 的技术和产品纳入其知识管理解决方案，并在客户中推广。

(5) TelTech：服务知识管理

TelTech 的创始人 JoeShuster 是一个化学工程师，他曾创建并出售了一个成功的低温工程专业公司。这一工作经历使 Shuster 深切感受到从公司外获取专业知识的困难。因此，Shuster 于 1984 年创建了 TelTech 公司。

TelTech 提供三类服务：第一类服务由专家提供。TelTech 拥有数千名签约专家，他们主要是有成就的学者、退休的资深专业人士和愿意提供资询服务的专业人士。TelTech 并不试图将这些人的知识存入计算机，再以专家系统的方式提供服务，而是维护专家档案，当客户需要服务时，TelTech 的知识工程师就帮助客户分析问题，并向客户推荐数位专家。第二类服务是专业文献检索，用户可以自己通过 TelTech 的门户网站进行检索，也可以在知识工程师的帮助下进行检索。第三类服务是产品与厂商检索，这种服务也是通过其门户网站未完成。

TelTech 成功的关键是建立了高性能的知识结构。它采用主题法，其主题词表分为不同专业，共有 3 万多个，由数位知识工程师维护，每周更新 500～1 200 个词。

以上产品只是冰山一角，可以预见，在巨大需求的拉动之下，未来的知识管理产品将更加丰富，功能更加强大，服务更加完善，设计更加人性化，传播更加普遍化。

9.1.2 知识管理制度化

9.1.2.1 知识管理制度化的含义

知识管理制度化，就是在知识管理运作过程中，以各种制度规范作为约束企业成员的行为及协调各种关系的基本手段。它包括两个方面，一是知识管理运作的正规化、系统化；二是企业成员对知识管理理念的认同和自觉践行。

9.1.2.2 实行知识管理制度化的原因

知识管理是技术与文化的结合体。目前由于信息技术的发展，知识管理所依赖的信息技术已不再是问题。组织间知识管理水平的差异主要体现为制度化水平的差异。制度作为一种"稀缺因素"，在知识管理的实施过程中起着举足轻重的作用。制度是否合理、系统，执行是否有力，关乎知识管理的效果好坏乃至成败。

①知识管理的长期性实施需要制度来保障。加内什指出：在实施知识管理的过程中，通常遇到的最大困难就是不能对该工作进行长期不断的精力投入和不懈地执行下去。

②知识管理实施的稳定性需要制度来保障。目前看来，知识管理的效果高度依赖于组织高层领导对知识管理的态度和认识。那些对知识管理理念有着透彻理解，并且意志坚定的管理者，能够说服利益相关者，并能克服种种

阻力,将知识管理转化为组织的具体行动。

③知识管理实施的复杂性需要制度来保障。知识管理的复杂性使得组织成员对其有不一致的理解。这样就会产生认识上的分歧,导致行为上的不协调、不合作,无法产生知识管理所需要的"集体一致性"。制度化可以通过制度的形式,明确界定知识管理的过程、个人的责任和配套技术的支持,减少不确定性,为组织成员的行为提供指南。

④组织成员消极抵触情绪的克服依赖于制度的约束和激励机制。2003年7月,天狮集团开始实施知识管理办公自动平台,将生产订单、费用报销、用车申请等18个审批流程都放到了新办公平台上。此前,天狮集团的用车申请须先经过部门负责人、再到集团办公室审批,最后才到车队,审批时间长。在知识管理中,新的用车流程简化到从部门负责人直接到车队。但这一做法遭到了车队的抗议。由于长期采用手工作业,车队已经很习惯用纸质的用车单,他们觉得"只能通过电脑才能知道用车状况的方式没有手写的方便"。组织成员对知识管理系统的使用缺乏积极性是一个普遍的现象。①

综上所述,未来知识管理必然会实现制度化,只有这样才能保证知识管理的实施,实现最终目标。

9.1.3 更加适应知识管理的组织结构

9.1.3.1 组织结构对知识管理实施的影响与作用

实施知识管理是为了充分开发和有效利用组织的知识资源,以实现创新,从而提高创造价值的能力。这就要求必须打破传统的金字塔型组织结构,建立起柔性、反应快捷的知识型组织结构。知识型组织结构鼓励员工之间进行知识的交流与共享。同时,团队式的工作小组使得任何一位员工的想法、建议或意见都能得到广泛的交流,学习成为了一种日常的、自觉的事情。在这样的组织结构中,知识的产生与传播速度、知识资源的积累与扩大速度,以及技术创新和管理创新的速度都会大大加快。因此,如果没有一个知识型的组织结构,成功地实施知识管理几乎是不可能的。

传统企业中的组织结构大多是金字塔式的层级管理结构,其缺点是信息传递速度缓慢且易失真,工作效率较低,营销环节多,管理难度大。在知识经济时代,企业必须调整企业的组织管理机构。从企业内部来看,原有管理层

---

① 张晓翊.企业知识管理制度化策略研究.商场现代化,2006(482):81-82.

次将逐渐减少,部分中间管理层的作用消失,中间"梗阻"现象逐渐减少,甚至消失。从企业外部来看,企业通过采取缩小规模、重组、外包,以及聘用顾问和雇佣短期劳动力的办法来实现外部调整。面对新的时代,所有的企业都将经历从集中经营走向分权经营的逆转历史过程。①

目前大多数的知识管理活动是在组织范围内开展的,组织的结构体系、文化及设施都会对知识管理产生影响。在组织的合并过程中,由于各公司的文化不同,如果处理不好合并中的问题,便会对知识管理产生冲击;而且在合并的过程中,有可能出现人员流失的情况,从而造成知识的流失。在组织实施知识管理的过程中,会对不适应实施知识管理的体系结构和文化进行改革,并且知识管理的实施本身就包含了创新的内容。所以,未来的组织结构将更加适应知识管理的发展。

9.1.3.2 知识管理的组织结构特征

知识管理的组织基础是知识管理型企业。查尔斯·萨奇博士精辟分析了这种企业与工业时代的企业相比的主要转变特征:①组织结构由缺乏柔性的等级制转变为较少约束、流动的知识网络,组织呈扁平化;②原材料、信息在职能部门间的顺序转变为公司内部以任务为中心的团队,使并行工作成为可能;③从大量严格标准的例行程序转变到能应付更多不确定性、非常规做法和加速变革的复杂性、多样性策略;④概念性原则从等级制的细致的劳动与管理分工、所有者与分离、思想(上层)与行动(下层)分离、以自我为中心(封闭在某岗位上)、一个人一个老板等,转变为同等级的人员网络过程的集成、对话式工作、联合多个企业的才干和能力共同创造某项产品或服务的虚拟企业、公司内或公司间进行资源组合来把握和传递具体市场机遇的动态团队。

知识管理型组织一般都具有如下特征:①扁平化。就是精简中间管理层,把层次众多的金字塔式组织压平,使得企业上下之间的信息传递更快,使企业的每个人都能充分发挥自己的个性和创造性。②柔性化。这是与刚性化相对应的。典型的柔性化组织有三个主要特点,一是职务界限模糊;二是集体决策,员工参与管理;三是上下左右能进行良好的意见交流。柔性化组织要根本改变由企业领导驾驭企业员工的思想观念,真正发挥广大员工的无穷的创造能力;而且还需要建立柔性化管理机制,及时将员工的个人知识(包

---

① 徐勇勇.试论企业知识管理体系.华东经济管理,2003(10)。

括显性知识和隐性知识)转化为企业广大员工共享的知识。③网络化。网络是人们彼此交谈,分享思想、信息和资源,是人与人之间互相联系的渠道。企业员工通过网络不仅可以了解到技术、创新的最新发展,而且彼此之间可以通过网络进行交流,在交流中使知识得到共享与发展。因为网络上的每一个结点都是创新的源泉,所以企业内部网络联系越广,信息就能得到越多越好的共享,知识也就得到了更好的发展。另外通过网络化组织,企业也可以与外部建立知识联盟,尽可能地吸收各种知识,并使之与本企业的知识相结合,从而增强自身的竞争力。

9.1.3.3 适应知识管理的组织设计

(1)适应知识管理的组织设计基本要求

知识是否能在企业内得到有效的应用,其中的一个重要条件就是,员工必须能够顺利地进行知识交流。员工间的知识交流不仅要在具有相同知识结构的人员之间进行,更重要的是要和具有不同知识结构的人员进行交流。这样才能从不同的知识结构和知识领域内获得灵感和启迪,并且在应用知识进行创新开发时能够直接得到不同知识结构人员的帮助,从而弥补自己的不足。可见,知识经济时代的组织结构必须有助于知识的交流和应用。而目前传统企业所采用的金字塔型组织结构却严重地禁锢了不同部门的具有不同知识结构的员工之间的接触和交流,妨碍了知识的更新和应用。因此,这种组织结构在知识型企业中已被淘汰,而代之以一种新型组织结构。

这种组织结构应该满足以下要求:

①有利于员工的相互影响、沟通和知识共享。这种沟通不仅发生在企业内部员工、部门之间,而且还应该发生在企业与外部客户、供应商、同行之间。这样不仅可以使员工了解其他员工在做什么,自己是否能够提供帮助,是否对自己的研究工作有启发;而且还能使企业了解同行在做什么,同行是否走在了自己的前面;客户需要什么,本企业是否能够满足客户的要求等。

②有利于企业的知识更新和演化。组织结构的设置应该使企业各部门之间能够交流各自所拥有的知识,能够使外界的最新知识迅速地传入企业,并能迅速地被企业员工所知晓,使企业和员工所拥有的知识在知识的内外交流和合作开发中得到更新和深化。

③有利于企业集中资源,从而完成知识的商品化。企业拥有知识的最终目的是使知识商品化,使企业获得更大的经济效益。因此,企业的组织结构应该有利于提高企业调动资源,集中力量完成知识的商品化,有助于协调知

识商品化过程中的研究、设计、制造、营销等各种活动的开展。

④有利于企业对环境的适应能力。通过对外界环境的"适应—纠正—再适应"过程使企业充满活力,以利于提高组织的工作效率,并能够迅速地对外部市场的不确定性、多变性作出反应。

⑤有利于增强企业员工的团队合作精神。知识型企业的生产经营活动涉及各种人员和多种商业活动,必须依靠员工之间的团队合作精神才能使知识的商品化活动顺利完成。应该注意的是,这个团队不仅包含企业内部人员,还应包含企业的供应商和忠实的客户。这样才能使知识产品按照市场需要设计,按照资源最优化配置来生产。要组建一个充满合作精神的团队,需要员工、客户和供应商拥有共同的语言、价值观和企业文化。此外,还需要员工具有团队合作精神。而这些都需要一个具有合作精神的组织结构为其创造基本条件。

⑥有利于对知识在商品化过程中关键角色的明确和确认,使其顺利地发挥各自应有的作用。由于知识经济中资本要素与知识要素的重要性发生了变化,知识的增值能力远远超过了资本的增值能力,因此,在企业组织结构中的知识结构就应该替代资本的权力结构。在组织权力结构设置中,应该注意让知识渊博、判断能力强的关键人物参与更多的企业战略决策。

⑦企业的组织结构有利于引导员工系统地学习知识,使员工能够系统地学习、思考,能够将分散在各个员工头脑中的零星知识资源整合成强有力的知识力量。这种学习不仅仅是从他人处获得知识和信息,更重要的是通过学习来激活员工和企业的知识创新能力。员工学习新知识,不仅要通过正规教育或业余教育来完成,更重要的是通过实践来完成。因此,对企业的组织结构、管理模式都应该进行较大的调整,使员工能够在实践中和在同他人合作中学习知识、积累知识。

⑧知识型企业的组织管理体制还应该是一种宽松的、民主的管理体制。企业的发展出路在于企业管理体制的建设,企业需要高水平的领导、正确的发展战略、优良的产品服务和实用的、创新的知识和技术。而要做到这一点,就应将企业的管理模式从严格的控制转向宽松的管理,在完善的管理体系和机制下,使每一员工均有能力和动力在企业战略的指导下充分发挥自己的能动性和创造性。

(2)适应知识管理的组织设计基本步骤。

①组织设计:从直线职能到扁平结构。

在传统的企业管理模式下,直线职能制的组织结构更能符合大规模生产信息的传播和管理的要求,它曾在很长时间内占据着组织设计的主流。但在今天,这种小幅度多层次的管理结构方式,已经不适合现代企业对市场的快速反应和信息高速流动的要求。知识经济时代的企业往往要求一种方便于知识和信息更快速上传和下达的组织结构。宽幅度、少层次的扁平组织结构正符合了这种需要。所以,今天的企业组织结构越来越趋向于扁平化,即中间管理层越来越少,形成了由企业高层、精简的中间管理层和由基层员工构成的新型组织结构模式——"倒金字塔"型组织结构。如图9-8所示。

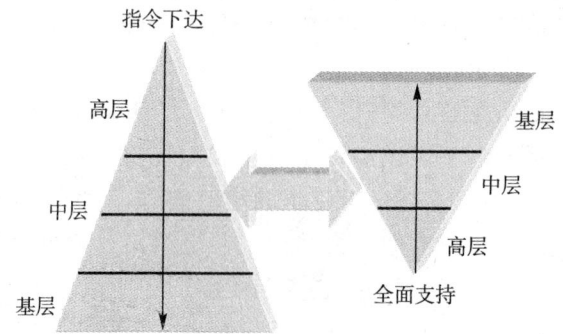

图 9-8 "倒金字塔"型扁平组织结构图

达纳公司总裁雷内·麦克逊一度将公司管理层由8层减到5层,总部人员由600多人减到150人,后来又减至85人。而年销售额却由10亿美元增至30多亿美元。支持并促进组织机构扁平化的辅助手段或前提是:采用现代化办公机器(如电子计算机)扩大信息处理和转换能力,即实现办公机械化、自动化、电算化。

美国安永公司的知识管理组织结构非常有借鉴意义。安永公司认为,知识管理需要高级管理层的支持,同时它还认为知识管理需要一个框架,而且建立这样的框架需要对组织结构进行相应的调整,以适应和促进企业的知识管理。在安永公司里,他们尝试采用了业务处理和知识管理系统。这样员工能够很容易地获取战略性的业务决策所必需的技术和知识,而且公司对这些系统也在不断地作出调整。安永公司为提高知识管理水平设立了以下的相关知识管理机构:

• 知识中心。位于巴黎和新加坡业务知识中心,是安永公司的基本咨询知识仓库。这个业务知识中心从各种内外部资源获取知识和信息,管理和维持多种知识仓库,并将这些知识通过不同的电子方式分发给公司的咨询顾问和客户。

• 转化中心。位于德克萨斯的业务转化中心的主要职责是业务开发。

• 知识网络。富有经验的实践者团队可以在供应链管理、客户服务、产品开发及共享服务等方面,通过语音邮件和群件网络来及时交流一些重要的或关键知识。

• 创新中心。位于波士顿的业务创新中心负责安排公司的全年研究日程,并提供一个安永公司倡导的主要是首席执行官和其他管理人员参加的讨论。

②知识管理:变革组织结构职能。

实施知识管理的企业,往往使自己的组织结构得到了调整和优化,高层、中层管理者和专家三者的关系及其功能则发生了更大的变化。

"倒金字塔型"组织结构(如图 9-9 所示)的主要特征有:高层、中层管理者和专家一起制定战略;专家对项目提出建议;经高层初步核准成立项目小组(中层人员参与负责项目小组专家与高层的沟通);对项目进行初步评价和考察。在此过程中,中层人员起着重要的沟通作用,他们对高层和专家的意见或矛盾的解决起着关键性的作用。

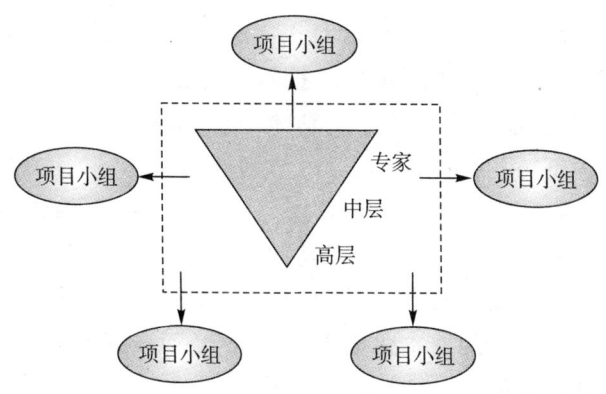

图 9-9 全流程的企业组织结构

③组织结构再造:内部市场和外部联盟。

一般来讲,组织结构指的是组织的控制方式,主要涉及组织的各种构成因素及其相互关系。鉴于知识管理是一个社会协同过程,在探讨与之相适应的组织结构时,应该从组织的内外社会关系的角度进行全面考量。

企业内部的知识管理系统主要是由知识工作管理人员和投资者组成。不论是直线制、直线职能制、事业部制等传统组织结构，还是矩阵结构、项目小组结构等权变制组织结构，由投资者产生的董事会都居于权力金字塔的顶端。但是，随着知识社会的来临，这种权力格局将发生一些新的变化。导致这一变化的主要原因是：专门知识日益成为价值创造的首要资源和决策的主要依据。作为社会分工的产物，知识工作者掌握的专门知识来自长期的专业学习和实践，知识的传递往往需要很高的成本。对此，诺贝尔经济学奖获得者哈耶克认为，一个组织的效能取决于决策权威和决策所依据的专门知识之间的配置关系，专门知识在社会中的分布要求权力分散化。他指出："如果我们……同意社会中的主要经济问题是一个对特定时空环境中的变化能迅速适应的问题，那么决策就应该留给那些熟悉环境的人们去做，他们直接了解有关的变化，也直接了解能满足要求的随时可得的资源。我们不能指望董事会在总结了所有知识之后，再发布命令，我们必须以分散化的形式来解决这个问题。"

为了解决这一问题，必须对组织的内部结构进行再造。组织内部结构再造的关键是引入分权机制，使拥有专门知识的知识工作者具有相应的决策权，从而降低信息和知识传递的成本，使其及时发挥最大的作用。有关研究中指出的"从金字塔模式转向扁平网状结构"、"从纵向层次结构转向横向网络结构"等组织模式的变迁趋势，就是引入分权机制的结果。虽然信息网络技术的进步为组织模式平面化创造了技术可行性条件，但要真正实现有效率的分权，尚需对组织制度进行革新。具体来讲，就是建立一种与利益挂钩的分权体制——内部市场，进一步将权力与利益联系起来，使知识工作者所掌握的专门知识的效用得到更有效地发挥。在内部市场中，专门知识作为一种有价的资源参与交易，知识工作者因其拥有专门知识而获得部分决策权，以其绩效实现与部分决策权相联结的股权和剩余索取权。由于内部市场使分散的决策者承担其行为的资本化成本与收益，从而较好地解决了组织结构创新中分权与控制的矛盾。

内部市场的建立，从实质上打破了原有管理范式中金字塔式的等级制度，使组织模式转向由管理信息系统支撑的柔性化网络结构。这种结构实质上是一种内部知识联盟，其核心目标是学习和创新。由于知识是一种无形的纽带，内部知识联盟因而具有动态性或虚拟性（virtual）特点，知识工作者可以随时根据创新的需求进行动态的协作。内部知识联盟常常以临时性的创新小组、新事业发展部、知识中心等形式出现,知识工作者可以同时参与多个内部知识联盟,从而使企业成为一种与电脑网络中的超文本(hypertext)相类似的超链接组织(hypertext organization)。

为了寻求长远生存和持续发展,企业应该将追求利润和承担社会责任结合起来。具体来讲,就是要与相关的社会经济主体共同建构一个生命共同体——企业共同体,即将企业视为由雇员(知识工作者)、管理人员、投资者、顾客、相关企业和公众等相关群体构成的社会经济有机体。从管理思想角度来看,企业共同体的理念强调企业是一种为社会服务的社会机构。[①] 就企业与社会环境的协同作用而言,在企业共同体中,企业与顾客的关系尤为重要。德鲁克曾指出,企业的目的是创造顾客,而不是利润。满足顾客的需求是企业生存和发展的必要条件。在知识社会中,知识管理不是一项适应性的工作,而是一项创造性的工作,企业的中心活动是通过推销和创新产品或服务来满足和创造顾客。反过来,对顾客需求的关注使企业获得了许多至关重要的信息和知识,并由此导致了许多创新的契机。美国科学基金会1969年的一项调查表明,在500个重要的工业创新中,有超过34%的部分归因于用户的建议、甚至发明,只有14%是来自先进的技术构想。据此,许多大企业以顾客为中心,通过建立顾客信息管理系统来开展知识管理。

建立企业共同体的另一个重要目的是将内部知识联盟拓展为企业共同体知识联盟。其中,最重要的形式是:由有互补的知识和专业能力的企业为交换优势知识和创新能力而建立的虚拟组织(virtual organization)。通过知识联盟,企业不仅能够学习到其他组织的知识和能力,还能够与其他组织合作创造新的知识,形成更强的创新能力。许多最具实力和竞争力的公司,如IBM、丰田、三菱、福特都建立了广泛的知识联盟,联盟的对象包括供应商、客户、合作企业、工会等相关主体。显然,企业共同体知识联盟的建立使企业和环境的界限出现模糊化的趋势,这是由知识的共享性和知识创新的社会协同性造成的。

综上所述,在知识管理的社会协同模式下的组织结构再造包括建立内部市场和企业共同体的两个方面,在此过程中,动态或虚拟的知识联盟将企业内外整合成为一个知识创新和知识共享的共同体。

---

① 李东.论知识管理中的组织创新.中南工业大学学报(社会科学版),1999(6).

④组织文化重建:创新、共享和协同发展

在当代管理思想中,"以人为本"的理念日益成为人们的共识。这一理念强调,人不是可以通过各种方法和制度加以控制的工具性客体,而是具有精神文化属性和自由意志的主体。因此,在知识管理中,要真正形成一种有利于知识创新和共享的社会协同模式,仅有技术支持系统更新和组织结构再造是不够的,还需要建立一种以人为本的内在激励机制,而这种激励机制的关键就是管理者与相关的主体共同创建一种以创新、共享和协同发展为内涵的组织文化。

创新是知识的源泉,知识社会的文化首先要强调创新精神,因此,面向知识管理的组织文化重建的首要步骤是创造一种能促进各类主体不断学习、开拓创新的文化氛围。创新精神的文化内涵很广,从知识管理的角度来看,主要有三点:一是不断学习。不断学习的组织文化要求将组织改造为学习型组织,通过学习来控制组织。在建立学习型组织的过程中,主体的系统思考、超越自我、改善心智模式和团队学习等能力将得到培养。在不断学习的组织文化氛围中,各类主体通过内在的知识积累,为主体潜力的外化——创新奠定了基础,同时也能够发展多方面的能力,克服分工导致的异化,进而为主体的自我更新和自我实现创造了条件。二是追求卓越。追求卓越的组织文化强调人的成就和人的发展前景,并以此促成主体的自我控制和自我超越。由于知识最终是一种共享性的公共产品,知识的价值也就无法被准确度量,如果知识的创新者没有内在的精神文化激励,那么,知识的持续创新是不可能实现的。三是权变。权变的组织文化是一种反思性的文化。权变的观念促使主体以实时的目标为中心,反思各种可能的方案,找出最佳方案或方案组合。以组织设计为例,德鲁克认为,未来的主管将需要一个充满组织结构的工具箱,他将不得不为每项特殊的任务选择适当的工具。权变最好地体现了创新对效率和竞争的追求。

创建知识共享的组织文化的目的在于使不同主体得到协同发展。知识社会是一个高度分工而又高度协作的社会,知识管理文化的最高境界是建构一种共生和协同发展的组织文化。共生和协同发展的组织文化的理念是实现人与人、人与组织、人与社会和自然的协同发展。显然,只有在协同发展的文化氛围中,知识社会才能可持续发展。

建构共生和协同发展的组织文化的主要途径是合作和对话。在组织内部,仅靠内部市场配置权利和责任是不够的,还必须建构协同合作的文化环境。一种是知识工作者的文化,其强调表达与构思;另一种是管理人员的文化,其强调团队与效用。从企业共同体的角度来看,不同文化之间的对话是建构共生和协同的组织文化的关键。不同文化背景的雇员(知识工作者)、管理人员、投资者、顾客、相关企业和公众,只有通过充分对话才能实现共生和协同发展。因此,从事知识管理的知识工程师(knowledge engineer)和知识主管(chief knowledge office,CKO)的主要职责之一是通过各种形式的协调行为,实现对不同文化的整合,使相关主体得到协同发展。创新、共享和协同发展将为知识管理的社会协同模式创造一个良性的文化氛围和环境。在这个环境中,知识可以在内部市场和企业共同体中高效率地流动,并实现其最大效用。

9.1.4 知识管理将更加突出以人为本理念

知识管理是促进知识传播、培养具有创新意识和创新能力的高素质人才的重要手段,同时,它也真正体现了以人为本的管理思想。组织工作中的以人为本,一方面是指组织要以其目标公众为本,一个组织的目标公众是该组织信息交流活动中最活跃、最能动、居于支配地位的一方。因此,组织要充分重视和认真分析其目标公众的意愿和需求,以他们的信息需求为导向,调整和优化组织结构,使组织最大限度地满足目标公众的需求,让他们带着需求来,携着满意去。另一方面,透过组织的管理,我们可以看到,人始终处于主导地位,是人在主动地支配和使用组织资源。而资源的有用性是通过人的作用才得以发挥的,其效果也是因人而异的。组织的发展需要建设一支高素质的人才队伍。特别是在知识经济时代,组织内外环境发生了巨大的变化,因此,充分调动人的积极性、主动性将成为组织管理工作的主要内容。以人为本的管理思想,强调充分利用人性化和多元化的管理方法去理解人、了解人,用机制调动人的主观能动性,充分发挥人的想象力、创造力,使知识管理和人本管理和谐共振,互相促进,共同发展。

未来组织将会面临更加严峻的挑战,只有充分重视组织中最活跃的因素——人,用以人为本的理念创新组织的服务和管理,组织才能在求生存与发展的机会中,赢得未来竞争的优势。

组织的员工工作在第一线,他们对组织各方面的实际工作有着比较深刻的了解,因此,组织领导在做各项决策过程中,要善于听取员工们的意见和建议,改变以往领导制定计划、员工负责实施的不科学做法。让员工参与决策不仅可以体现员工的主体地位,而且可以给组织的创新工作注入新的活力。

组织的根本目的就是要满足其目标公众日益增长的需求,一切工作都必须围绕服从和服务于目标公众需求开展。特别是在知识经济条件下,组织要充分利用科学的管理手段、积极开展资源共享,提高自动化程度和信息处理能力,从而提高工作效率,最大限度地满足目标公众的需求。能完成此类智能性工作的员工必须具有较高的专业素养,才能从浩如烟海的知识信息中获取所需的知识,并筛选提炼,择其精华,进行归类、编辑、加工、融合、创新,从而提高组织的核心竞争力。

社会的发展得益于人类对未知世界的不断探索,经济的增长得益于知识的不断创新。没有知识就没有发展,没有创新,组织就不能站在世界的高端。人是知识经济的无形资产,加强人力资源的管理与创新,是未来知识管理的重中之重。

9.2 知识管理学研究的发展趋势

杨鹤林在《图书馆论坛》(2008 年 4 期)撰写了《1998—2007 年图书情报类知识管理论文统计报告》一文。该文以 SCI 和 SSCI 为数据源基础,对 1998 年至 2007 年间 SCI 和 SSCI 收录的图书情报类知识管理论文,从发表时间分布、期刊分布、被引频次分布、作者分布等方面进行统计与分析。结果表明:1998 年至 2007 年的 10 年间,被 SCI 和 SSCI 收录的知识管理及图情类知识管理论文分别为 2 872 篇和 485 篇。十年来,SCI、SSCI 图情类知识管理论文的收录量没有大的变化,未出现新事物 S 形创新扩散的特点。说明图情类知识管理研究发展至今仍处于初级阶段,尚未体现出一个新兴学科应有的由慢到快、由低到高、由浅入深的发展规律。在发表的论文中,计算机科学与图书馆科学综合应用的文章最多。研究还表明,被 SCI、SSCI 收录的 485 篇研究论文分布在 53 种期刊上,平均每种期刊的载文量约为 9.2 篇,说明研究论文呈高度分散又相对集中的分布状态。集中发文的前 5 种刊物是《Journal of the American society for information science and technolog》、《Journal of information science》、《Journal of management information systems》、《Information & management》、《International journal of information management》。核心作者几乎都来自英美国家。但我国在知识管理研究领域也取得了突出成绩,如 1998 年 Web of Science 收录的唯一一篇知识管理文章即属于图情类,是武汉大学 Chen R 的论文《The eighth stage of information management》,这显示图情界尤其是中国图情界在该领域从一开始便有在国际上较为领先的研究水平。最后作者认为,从本次定量分析来看,尽管存在进步,图情类知识管理学的研究仍明显有不尽如人意之处,如进展较缓、创新乏力、被引情况不理想、缺乏相对稳定的核心刊物和核心作者等。这些问题说明目前图情类知识管理研究从整体来看还处于初级阶段,也说明该项研究有很大的潜力可挖,有必要进一步向纵深发展。[①]

不仅图书情报界有关知识管理学的研究还有待进一步拓展,就是整个知识管理学研究界也才刚刚起步,下一步研究还有广阔的空间。例如,对于组织知识的构成、量化和测评指标体系的研究,对于知识管理与企业竞争优势内在作用机理的研究,对于组织知识管理活动内容及相互关系的研究,对于知识转移和转化的研究,对于知识管理同组织结构、环境的互动研究,对于知识管理同技术之间关系的研究,对于知识管理同传统职能管理之间关系的研究等,都还几近空白。[②]

周玉泉等(2003)认为,知识管理学的发展方向除了技术方面外,还应在以下方面进行进一步研究:

• 相关研究的两个方向。首先,必须按照知识管理研究者的不同研究领域和商业背景安排他们的研究;第二,组织包含了不同的知识,这就需要不同类型的处理模式。如个人、团队和组织知识构成整个组织知识体系,这三种不同的知识所关注的侧重点是不同的。

• 知识管理的理论基础的进一步讨论。从目前的研究结果来看,知识管理的理论和方法基础远未形成,Grant 的公司知识观非常流行,但它没有反映组织知识的动态变化特征。一些学者认为必须重新审视知识管理是一个过程还是一个关系集合(Demarest,1997)的问题。

• 知识管理在其他领域的应用尤其是在组织进化中的应用。组织知识管理的建模已经非常成熟了,因此未来的知识管理者必须将知识管理与战略管理、信息管理结合起来。在这些领域中有价值的具有重要意义的方面是:从知识管理的角度去分析跨组织关系问题。这些不同组织的知识资产的知

---

① 杨鹤林.1998—2007年图书情报类知识管理论文统计报告.图书馆论坛,2008(4).
② 黄群慧,王钦.企业管理学研究前沿:知识来源,具体问题与判断标准——关于企业管理学研究前沿问题下问卷调查分析.经济管理.2004(2).

识外延特征和潜在互补性能,能大大促进研究者跳出单个组织的边界(Becker,2001)。这些方法将被运用于研究组织网络(Das Teng,2000)。

余光胜认为(2005),目前有待深入研究的知识管理问题有:认识论与认知学习问题,它要求重构个人学习和组织的学习机制与学习模式;知识在时间上的共享问题,它是发挥企业内部知识作用、提高企业知识创新效率的可靠保证。知识管理系统问题,应在深入研究知识共享的微观机理的基础上,从组织设计、环境塑造、认知学习、激励机制、组织文化等方面系统地构造企业的知识管理体系。另外,还有企业知识创新路径问题等。

9.3 知识管理学教育的发展趋势

9.3.1 知识管理学教育的依附性特点在相当长一段时间内将依然存在

随着知识经济社会进一步深化,社会对知识管理人才的需求必将大量增加。社会对知识管理人才的需求将推动知识管理学教育的迅速发展。目前,一些院校在图书情报学、工商管理、企业管理、科技管理、电子商务、信息系统等专业下开设知识管理相关课程,这是开展知识管理学教育的重要方式之一。在未来一段时间内,这种做法还将持续。但是由于社会对知识管理人才需求的激增,必然使开设知识管理课程的广度和深度得到前所未有的扩展。不久的将来,在人力资源、教育管理、科技管理、电子商务、物流管理、档案管理等几乎一切管理类专业及知识类专业中开设知识管理课程,将是大势所趋。

9.3.2 知识管理将以学科的身分出现

在一些发达国家,正规的知识管理学校教育已经发展得比较成熟。我国台湾地区图书资讯学教育界近年来不论是在本科生层次还是在研究生层次,都十分重视对知识管理课程的建设。为实现培养理论与实务并重的,从事资讯整理、知识管理与传播等工作的全方位资讯传播专家人才的教育目标,台湾地区的诸多高校都增设了知识管理课程,如台湾师范大学社会教育学系图书资讯学组、台湾政治大学图书与档案学研究所、世新大学资讯传播学系暨研究所等。在我国大陆地区,2000年5月,大连多所公办、民办大学的有识之士联合成立了知识经济应用理论研究课题组,经过深入研究,广泛论证,确定了知识管理专业的教学计划,申报辽宁省教育厅,并获批准开设国家学历文凭专科层次的知识(资源)管理专业。大连理工大学在研究生层次上开设了知识管理专业。这些都表明知识管理作为一个独立的学科正在迅速发展。在知识管理人才的需求的有力推动之下,知识管理学教育将会在大范围内迅速铺开。

9.3.3 知识管理学教育方式多元化

在不久的将来,知识管理的教育形式将更加多样化,除了传统的正规教育之外,还会出现形式多样的证书教育、网上教育等,形成多维一体的新型知识管理学教育体系。一些国家已经开始在这些方面做出尝试。如美国丹佛大学在图书馆情报学教育计划中实施的知识管理高级认证项目、IBM高级商业管理学院(ABI)的知识管理职业培训、香港理工大学的知识管理远程教育等。

9.3.4 知识管理学教育的办学方式多样化

未来的知识管理学教育的办学方式不再仅仅局限于传统的独立办学,各个学校还会积极与外界合作、强强联合、资源共享、优势互补,共同探索全新的知识管理学教育办学模式。如港澳台地区一方面利用自身的资源优势独立开展知识管理学教育;另一方面,积极与外界沟通交流,开展合作办学,探索知识管理学教育的新模式。1998年,澳门图书资讯管理协会、澳门业余进修中心和北京大学信息管理系三方合作开展图书资讯学教育,为知识管理学教育在澳门的发展奠定了基础。香港理工大学与德国多特蒙德科技大学合作开展了文化间知识管理课程认证教育。两所高校通过合作的方式整合了优质的知识管理学教育资源,使培训取得了良好的经济效益和社会效益。

9.4 中国知识管理的十大发展趋势

随着知识管理作为一种管理实践真正走进中国的各类组织中,未来中国的知识管理发展将呈现以下10大趋势[①]:

趋势一:知识管理将真正渗入到各行业。

进行知识管理实践的行业、组织将越来越多,除了传统的企业组织进行

---

① KMC.2007中国知识管理九大趋势.科技智囊,2007(1).

知识管理外,还会有越来越多的政府机构、行业协会、项目组织、虚拟社团等进行知识管理。例如大型运动会的知识管理、环境保护的知识管理、大江大河治理的知识管理、各类基金会及社会慈善机构的知识管理、行业的知识管理等。在企业实施知识管理的实践中,传统企业的知识管理实践将明显增多。

趋势二:企业外部知识的管理将引起重视。

以前的知识管理实践更多的是关注对组织内部知识及知识型员工的管理。随着竞争的日益加剧,将有更多的组织进行外部知识管理的实践,如发掘外部稳定、可行的显性知识源,对供应链上下游的知识管理、对作为知识载体的外部人员的管理、对外部知识的内部转移管理等。

趋势三:知识管理与单独的业务模块的结合。

在某些行业和某些企业,整个组织层面的知识管理实施存在着较大的难度。这些组织将会着重于对组织影响最大的市场营销、研发、投资和外部环境等局部的知识实施管理。通过局部业务的知识管理来获取比较直接的效益,最后再考虑对整个组织的知识进行管理。

趋势四:未来一段时间,仍然是以对组织的已有知识的管理为主,对知识社群的知识管理为辅。

由于受中国企业的管理水平制约,在知识管理实施中遇到的首要问题是"不知道自己有什么知识",因此,对组织已有知识的管理仍然是知识管理实践的主流,而对知识的创造、知识社群的建立等方面进行有效管理,只会在部分行业、企业里实行。这说明中国的知识管理实践仍然处于初级阶段。

趋势五:咨询服务是知识管理实施中的主要方式。

知识管理涉及组织的文化、制度、IT技术和管理变革。随着实施知识管理的企业对知识管理的认识逐渐深入,在以后的知识管理实践中,对咨询服务的需求将会明显增加,对咨询服务的质量要求将越来越高。

趋势六:将出现更多的知识管理系统和咨询服务提供商。

随着知识管理市场规模的扩大,将出现越来越多的知识管理系统和咨询服务提供商。除了一部分机构为新成立的外,大部分此类机构是转型而来的。这些商家的优势是对某个或某几个行业的认识较深,但缺陷是对知识管理的理解不够到位,且自身尚没有积累起真正的知识管理实践经验,因而提供的产品和服务的质量堪忧。

趋势七：个人知识管理成为知识工作者的选择。

大部分知识工作者的职业寿命都要长于其所服务的组织的寿命。我国正处于深入改革时期，因此，各类组织的不确定性因素很多，处于较大竞争压力和市场压力下的知识工作者，将会自然地选择通过个人知识管理提升自我的竞争力，通过个人的努力进行个人的知识管理实践的方式。

趋势八：知识管理学的研究和人才培养工作走向深入。

将有更多的研究机构、专家学者从事知识管理学研究。同时，经过几年的努力，知识管理的人才培养工作也会取得很大的进展。一些高校开设知识管理学的本科课程，有众多的从事知识管理学研究的硕士、博士走向工作岗位。

趋势九：知识管理成为当今组织的基础管理。

知识管理将成为企业管理中的一项基础性管理。更多的管理者认识到知识作为战略性资源的价值，在各项日常的管理实践中有意识地去做知识管理工作。知识管理不论是理论研究还是实际操作，抑或是知识管理学教育的发展，在今后都将有相当大的发展。

趋势十：移动知识管理成为今后知识管理的主要形态。

如今，移动技术呈现加速发展的趋势。未来的知识管理是建立在移动互联网技术及云技术、HTML5等新兴技术基础之上的。惟其如此，才能真正实现随时、随地进行知识的存储和共享。

参考文献

[1] [美]弗莱保罗.知识管理.徐国强译.北京:华夏出版社,2004

[2] 和金生,熊德勇.知识管理应当研究什么.科学学研究,2004(1):70-75

[3] 储节旺,周绍森,谢阳群等.知识管理概论.北京:清华大学出版社,北方交通大学出版社,2006

[4] 许晓明,龙炼.论企业的知识管理战略.复旦学报(社会科学版),2001(3)

[5] 查炜.论知识经济时代的发展趋势——从信息管理到知识管理.东岳论丛,2001(4)

[6] [英]亚当·斯密.国民财富的性质和原因的研究(上卷)(中译本).北京:商务印书馆,1972

[7] [德]弗里德里希·李斯特.政治经济学的国民体系(中译本).北京:商务印书馆,1961

[8] [英]约翰·穆勒.政治经济学原理及其在社会哲学上的若干应用(上卷)(中译本).北京:商务印书馆,1991

[9] 朱勇,徐广军.现代增长理论与政策选择.北京:中国经济出版社,2000

[10] 许国志.系统科学.上海:上海科技教育出版社,2000

[11] Wiig K M Knowledge Management Foundations:Thinking about Thinking-how People and Organizations Create,Represent,and Use Knowledge. Arlington,TX:Schema Press,1993

[12] 刘庆林.知识管理的现在与未来.北京:人民邮电出版社,2004

[13] 邱均平,赵蓉英,侯经川.2002年国内外情报学发展动向分析.情报学报,2003(5):515-519

[14] 赵丽梅,张庆普.我国知识管理研究的文献计量学分析.情报杂志,2010(6):54-58,127

[15] 马费成,张勤.国内外知识管理研究热点——基于词频的统计分析.情报学报,2006(2):163-171

[16] [美]彼得·F·德鲁克等著,杨开峰译.知识管理(《哈佛商业评论》精粹译丛).北京:中国人民大学出版社,1999

[17] Senge, P. The Fifth Discipline Fieldbook:Strategies and Tools for Building a Learning Organization[M], New York, NY,1994

[18] Nonaka, I. The knowledge-creating company. Havard Business Review,1991(Nov-Dec),pp. 96-104

[19] Davenport T H, Prusak L. Working Knowledge:How Organizations Manage What They Know. Harvard Business School Press,1998

[20] 李浩,韩维贺.中国知识管理的元分析.情报学报,2007(6):886-895

[21] Argote L Managing knoweldge in organizations:an integrative framework and review of emerging themes. Management Science,2003(04):571-582

[22] Schwartz D G. The emerging discipline of knowledge management. International Journal of Knowledge Management,2005(02):1-11

[23] Jennex M E,Croasdell D. Is knowledge management a discipline?. International Journal of Knowledge Management,2005(01):17-26

[24] 陈颖.我国图书情报界关于知识管理研究的现状及其展望.图书情报知识,2002(1):29-30

[25] 邱均平.论知识管理学的构建.中国图书馆学报,2005(5):11-16

[26] 高爽.知识管理理论的学科构建——《知识管理学》读后.情报科学,2009(5):798-800

[27] 柯平.知识管理学.北京:科学出版社,2007

[28] 盛小平,刘泳洁.知识管理不是一种管理时尚而是一门学科——兼论知识管理学科研究进展.情报理论与实践,2009(8):4-7

[29] 李长玲,翟雪梅.我国知识管理研究现状——基于学位论文的统计分析.科学学研究,2007(6):1188-1215

[30] Hou, J. M. , C. Su, et al. A Methodology of Knowledge Management Based on Ontology in Collaborative Design[C]. 2008 International Symposium on

Intelligent Information Technology Application,2008,Ii:409-413

[31] 刘林青,潘春蝶.论知识管理研究的范式二元性和知识结构.情报杂志,2005(9):72-76

[32] 奉继承.知识管理的哲学思想及其方法论研究.工业工程,2004(3):24-27

[33] 王建华.学科、学科制度、学科建制与学科建设.江苏高教.2003(3):54-56

[34] 于立华,郭东强.基于组织学习的博客知识管理模型研究.科技管理研究,2009(3)

[35] 张晓东,何攀,朱敏.知识管理模型研究述评.科技进步与对策,2011(7)

[36] 杨梅英.知识经济与管理创新.北京:经济管理出版社,1999

[37] 柯平.知识学研究导论.图书情报工作,2006(50):4

[38] 彭修义.关于开展"知识学"的研究的建议.中国图书馆学报,1981(3)

[39] 何云峰.关于建构知识科学的问题.上海师范大学学报(哲学社会科学版),2003(32):1

[40] 陆汝钤主编.世纪之交的知识工程与知识科学.北京:清华大学出版社,2001

[41] 柯平.21世纪知识学研究的目标和任务,图书情报工作,2009(1)

[42] 邱均平.知识管理学.北京:科学技术文献出版社,2006

[43] 柯平.21世纪知识学研究的目标和任务,图书情报工作,2009(1)

[44] Wolff, Kurt H. The Sociology of Knowledge:Emphasis of Empirical Attitude. Philosophy of Science,V01.10,No.2.(Apr.,1943).104-123.

[45] 黄荣怀,李茂国,沙景荣,知识工程学:一个新的重要研究领域.电化教育究,2004(10)

[46] 张金科,江保红.论21世纪的知识管理.兰州铁道学院学报(社会科学版),2001(2)

[47] 盛小平.试析知识经济时代的知识管理.情报资料工作,1999(5)

[48] 姜冬云.论知识管理学的学科体系.长春大学学报,2006(16)

[49] 党跃武.略论现代社会组织的知识管理.图书情报知识,2000(3)

[50] 王方,杨斌,毛波等.知识管理:管理教学的新领域.清华大学学报(哲学社会科学版),2000(5)

[51] 王续琨,初福玲.知识科学的兴起和发展.大连理工大学学报,2001(2)

[52] 化柏林.知识管理与知识工程的差异及发展.图书馆杂志.2008(11)

[53] 朱祖平.刍议知识管理及其体系框架.科研管理,2000(1)

[54] Polanyi M. The tacit dimension, Garden City, N. Y.: Double day Anchor, 1967

[55] 保罗·S·戈麦斯.知识管理与组织设计.蒋慧工等译.珠海:珠海出版社,1998

[56] 富立友.基于知识共享的组织文化研究.上海:复旦大学,2004

[57] Nancy M D. Common knowledge: how companies thrive on sharing what they know. [S. l.]: Harvard university Press, 2000: 30-32

[58] Tan & Margaret, Establishing mutual understanding in systems design: An empirical situation. Journal of Management Information Systems, 1994(10)

[59] Zhuge H. A knowledge flow model for peer2to2peer team knowledge sharing and management. Expert Systemswith App lications, 2002, 23(1): 23-30

[60] 李涛,王兵.我国知识工作者组织内知识共享问题的研究.南开管理评论,2003(5):16-19

[61] 张作风.知识共享机制及其在企业中的构建.北京:中国科学院文献情报中心,2004

[62] 南希·M·狄克逊.共有知识:企业知识共享的方法与案例.北京:人民邮电出版社,2002:31-33,166

[63] 李亚辉.基于组织内部知识市场的知识共享研究.哈尔滨:哈尔滨工业大学,2005

[64] 王方华等.知识管理论.太原:山西经济出版社,1999

[65] Nonaka, B Ikujiro. The knowledge2creating company. Harvard BusinessView, 1991(6):96-105

[66] 王开明,万君康.论知识的转移和扩散.外国经济与管理,2000(10):2-7

[67] Edivisson L, Sullivan P. Developing a model for managing intellectual. European Management Journal. 1999(4)

[68] Hansen M T. Introducing T2shape management. Harvard Business Review, March 2002:107-116

[69] 李志能. 智力资本经营. 上海:复旦大学出版社, 2001

[70] BroadbentM. The phenomenon of knowledge management: what does it mean to the information p rofession?. Information Outlook, 1998(5)

[71] 陈志祥, 陈荣秋, 马士华. 论知识链与知识管理. 科研管理, 2000(1):15

[72] 王瑞敏, 刘险峰. 基于知识价值链的知识管理模型研究. 情报杂志, 2006(8):58-60

[73] PoterM E. 竞争优势. 陈小悦等译. 北京:华夏出版社, 1985

[74] Lee C C, Yang J. Knowledge value chain. The Journal of Management Development, 2000, 19(9):783-794

[75] Nonaka I. The knowledge-creating company. Harvard Business Review, 1995(69):96-104

[76] 夏敬华. 协同的灵魂:知识管理. 软件世界, 2006(5)

[77] 张润彤, 曹宗媛, 朱晓敏. 知识管理概论. 北京:首都经贸大学出版社, 2005

[78] 林榕航. 知识管理原理. 厦门:厦门大学出版社, 2005

[79] 李顺才, 周智皎, 邹珊刚. 基于知识流的企业核心能力形成模式研究. 华中科技大学学报, 2000(4):92-93

[80] 张建华. KM中的双线知识集成策略. 科学学与科学技术管理, 2006(9):113

[81] 唐炎华, 石金涛. 国外知识转移研究综述. 情报科学, 2006(1):153-160

[82] Harem T, Krogh G, Ros J. Knowledge2based strategic change [M] // Krogh G, Ros J, (Eds.). Managing knowledge: perspectives on cooperation and competition. London:SAGE Publications, 1996:116-136

[83] Joshi KD, et al. Knowledge transferwithin information systems development teams: examining the role of knowledge source attributes. Decision Support Systems, 2007(43):322-335

[84] Wang P, et al. An integrated model of knowledge transfer from MNC parent to China subsidiary. Journal of World Business, 2004(39):168-182

[85] Duanmu J L, Fai F M. A p rocessual analysis of knowledge transfer: from foreignMNEs to Chinese supp liers. International Business Review, 2007(16):449-473

[86] Jasimuddin S M. Exp loring knowledge transfer mechanisms:The case of a UK-based group within a high2tech global corporation. International Journal of Information Management,2007(27):294-300

[87] KarakekesM W. A human systems comp lexity model how elite engineers acquire, create, and diffuse knowledge.[Sl.]:The University of Texas at Austin,2003:23

[88] LiL. The effects of trust and shared vision on inward knowledge transfer in subsidiaries'intra2 and inter2organizational relationship s. International Business Review,2005(14):77-95

[89] 林莉.知识联盟中知识转移的障碍因素及应对策略分析.科研管理,2004(4):29-32

[90] Darr E D, Kurtzberg T R. An investigation of partner similarity dimensions on knowledge transfer. Organizational Behaviorand Human Decision Processes,2000,82(1):28-44

[91] O'Hagan S B, Green M B. Corporate knowledge transfer via interlocking directorates:a network analysis app roach. Geoforum,2004(35):127-139

[92] 汪应洛,李勖.知识的转移特性研究.系统工程理论与实践,2002(10):8-11

[93] 左美云.企业信息化中的知识转移.中国计算机用户,2003(8):38

[94] Choi B, Lee H. An emp irical investigation of KM style and their effect on corporate performance. Information and Management,2003(40):403-417

[95] Ahn Jaehyeon, Chang Sukgwon. Assessing the contribution of knowledge to business performance:the KP3 methodology. Decision Support Systems,2004(36):403-416

[96] Lee K C, Lee S, et al. KMP I:measuring knowledge management performance. Information & Management,2005(42):469-482

[97] 储节旺.国内外知识管理理论发展与流派研究.图书情报工作,2007(4):80-83

[98] 中国科学院.迎接知识经济时代,建设国家创新体系(研究报告),1997

[99] Kang, Jina. The knowledge advantage: Tracing and testing the impact of knowledge characteristics and relationship ties on project performance. Dissertation Abstracts International, 2003, 64(2)

[100] 李华伟, 董小英, 左美云. 知识管理的理论与实践. 北京: 华艺出版社, 2000

[101] 苏新宁, 邓三鸿, 任皓. 企业知识管理研究与实践的进展. 图书情报知识, 2003(1)

[102] 付立宏, 崔波. 近年来我国知识管理研究综述. 郑州经济管理干部学院学报, 2004(2)

[103] 盛小平. 国内知识管理研究综述. 中国图书馆学报, 2002(3)

[104] 朱晓峰. 知识管理研究综述. 情报理论与实践, 2003(5)

[105] 程祁慧, 程刚. 我国企业知识管理研究进展. 情报杂志, 2005(11)

[106] 周九常. 宏观知识管理论略. 情报理论与实践, 2005(3)

[107] Maryam Alavi, Dorothy E. Leidner. Knowledge management and Knowledge management systems: Conceptual Foundations and research issues. MIS Quarterly, 2001, 25(1)

[108] 余光胜. 企业知识理论导向下的知识管理研究新进展. 研究与发展管理, 2005(3)

[109] 李浩. 企业创新中的知识管理. 北京: 人民出版社, 2009

[110] Daniel Andriessen, Knowledge as Love: How metaphors direct our efforts to manage knowledge in organizations[C]. the 8th European Conference on Knowledge Management, 2007

[111] Clemente Minonn, Towards an Integrative Approach for Managing Implicit and Explicit Knowledge: An Exploratory Study in Switzerland[C]. the 8th European Conference on Knowledge Management, 2007

[112] Christine Welch and Ashmiza Mahamed Ismail, Leader Engagement and its Impact Upon Knowledge-Sharing Behaviour in a Higher Education Context[C]. the 11th European Conference on Knowledge Management, 2010

[113] 卢金荣, 郭东强. 知识管理热点问题研究综述. 科技管理研究, 2008(1): 190-191

[114] [美] 西奥多·W·舒尔茨. 论人力资本投资. 北京: 北京经济学院出版社, 1990

[115] 高洪深,杨宏志.知识经济学教程.北京:中国人民大学出版社,2002

[116] 高洪深,丁娟娟.企业知识管理.北京:清华大学出版社,2003

[117] 白杨.企业知识管理理论初探.情报科学,2000(6):515-517

[118] 王广宇.知识管理——冲击与改进战略研究.北京:清华大学出版社,2004

[119] 储节旺,郭春侠.试论知识管理的风险.情报理论与实践,2004(2):156-159

[120] Figsllo C,Rhine N.构建知识管理网络:有效沟通的实践、工具和技术.祁延莉,乔千,董小英等译.北京:电子工业出版社,2005

[121] 杨波.如何进行知识管理.北京:北京大学出版社,2005:137-140

[122] 刘晨,屠航.图书馆知识管理信息门户应用模型.情报科学,2005(12):32-35

[123] 苏新宁,任皓,吴春玉等.组织的知识管理.北京:国防工业出版社,2004

[124] 田志刚.我们需要什么样的知识管理系统.软件世界,2004(9):88-90

[125] [美]彼得·德鲁克.管理的实践.齐若兰译.北京:机械工业出版社,2006

[126] Davenport T H. Information ecology:mastering the information and knowledge environment. New York:Oxford University Press,1997

[127] [日]竹内弘高,野中郁次郎.知识创造的螺旋:知识管理理论与案例研究.李萌译.北京:知识产权出版社,2005

[128] 刘武,朱明富.构建知识管理系统的探讨.计算机应用研究,2002,8(4):35-37

[129] 丘磐.企业知识管理路线图.科技管理研究,2005(12):182-186

[130] 叶茂林,刘宇,王斌.知识管理理论与运作.北京:社会科学文献出版社,2003

[131] 刘怡军,唐锡晋.一种支持协作与知识创造的"场".管理科学学报,2006(1):79-84

[132] 齐二石,郑晓东,郑铁松等.基于Web的虚拟企业知识管理系统研究.工业工程,2006(1):70-74

[133] 谭大鹏,霍国庆.知识转移一般过程研究.当代经济管理,2006(6):11-56

[134] 周波,高汝熹.知识转移的经济分析.科学学与科学技术管理,2006(5):53-59

[135] 张永宁,陈磊.知识特性与知识转移研究综述.中国石油大学学报(社会科学版),2007(1):64-67

[136] 周晓东,项保华.企业知识内部转移:模式、影响因素与机制分析.南开商业评论,2003(5):7-15

[137] 王兆祥.知识转移过程的层次模型.中国管理科学,2006(3):122-127

[138] 颜光华,李建伟.知识管理绩效评价研究.南开管理评论,2001(6):26-29

[139] Fairchild A M. Knowledge Management Metrics via a Balanced Score-card Methodology[A]. Proceedings of the 35th Hawaii International Conference on System ScienceUSA,2002

[140] 贾生华,疏礼兵.基于知识循环过程的知识管理绩效指数.研究与发展管理,2004(5):40-45

[141] R CHASE. The knowledge-based organization:an international survy. Journal of Knowledge Management,1997(1):121-134

[142] Liebowitz J, Megbolugbe I1A set of frameworks to aid the project manager in concep tualizing and imp lementing knowledge management initiatives. International Journal of ProjectManagement,2003(3):189-198

[143] 王钦,黄群慧.企业管理学研究前沿:知识来源、具体问题与判断标准.经济管理,2004(3):35-37

[144] 甘永成.实施知识管理的系统框架和策略.科技管理研究,2003(1)

[145] 王均林.论知识管理.郑州工业大学学报,1999(1)

[146] 樊治平,孙永洪.基于SWOT分析的企业知识管理战略.南开管理评论,2002(4)

[147] 邱均平.论知识管理学的构建.中国图书馆学学报,2005(5)

[148] 马海群:知识管理学科建设的若干基本问题思考——兼评《知识管理学》.图书情报知识,2007(9)

[149] 刘林清,潘春蝶.论知识管理研究的知识基础和主要研究领域.图书情报工作,2005(3)

[150] 廖开际.知识管理理论与应用.北京:清华大学出版社,2007

[151] 周九常.信息管理与知识管理.北京:大众文艺出版社,2004

[152] Kai Mertins, Peter Heisig, Jens Vorbeck. Knowledge Management-Concepts and Best Practices. Springer Press Ltd.,2003

[153] Tom Knight and Trevor Howes. Knowledge Management:A Blueprint for Delivery. Elsevier Ltd,2003

[154] Carl Frappaolo. Knowledge Management. Capstone Publishing,2003

[155] Bob Garvey,Bill Wliilamson. Beyond Knowledge Management t. Pearson Education Limited,2002

[156] Rumizen, M. C. Knowledge Management. John A. Woods, CWI Publishing Enterprises,2002

[157] 储节旺,周绍森,谢阳群,郭春侠.知识管理概论.清华大学出版社,北京交通大学出版社,2006

[158] Edwards J S, HandzieM, Carlsson S, et al1Knowledge management research & practice Houndmills,2003(1):149-57

[159] 储节旺.国内外知识管理理论发展与流派研究.图书情报工作,2007(4):80-83

[160] 左美云.国内外企业知识管理研究综述.工业企业管理,2000(9):30-36

[161] 马费成,张勤.国内外知识管理研究热点——基于词频的统计分析.情报学报,2006(2):163-172

[162] Liao Shushsien. Knowledge management technologies and applications-literature review from 1995 to 2002. Expert Systemswith Applications,2003(25):155-164

[163] 邱均平.知识管理学.北京:科学技术文献出版社,2006

[164] William Martin. New directions in education for LIS:knowledge management programs at RMIT. Journal of Education for Library and Information Science,1999(40) 3:142- 150

[165] 卢海平,张建军.建设知识管理学科 培养知识管理人才.辽宁高职学报,2003(5):157-159

[166] 马费成,卢涛.我国的情报学研究生教育.情报学报,2006(25):315

[167] 王知津,孙立立.我国情报学博士研究生教育走势分析.情报资料工作,2006(1):97

[168] 肖勇.信息管理专业知识管理课程的教学安排探讨.图书情报工作,2006(3):107-111

[169] 乐飞红.企业知识管理实现流程中知识地图的几个问题.图书情报知识,2000(9)

[170] 王德禄.知识管理的IT实现——朴素的知识管理.北京:电子工业出版社,2003

[171] 王晨.基于网格的Web Services.情报理论与实践,2004(1)

[172] 吴迪,王青海.网格计算及其应用研究.微型计算机应用,2003(9)

[173] 刘洁,郑丽萍,郭韦钰,时鹏,丁连红.中国织女星知识网格研究进展.计算机研究与发展,2003(12)

[174] 张晓翊.企业知识管理制度化策略研究.商场现代化,2006(482):81-82

[175] 徐勇勇.试论企业知识管理体系.华东经济管理,2003(10)

[176] 李东.论知识管理中的组织创新.中南工业大学学报(社会科学版),1999(6)